高等学校"十一五"规划教材

机械设计制造及其自动化系列

TECHNICAL FUNDAMENTALS OF MACHINERY CAD

机械CAD技术基础

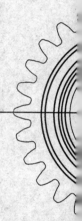

主　编　谭光宇　　隋天中　　于凤琴

副主编　冯新敏　　葛江华　　陈永秋

哈尔滨工业大学出版社

内容简介

本书系统地阐述了计算机辅助设计的基本原理、一般工作流程及其在机械设计中的应用,着重介绍了广泛应用的 CAD 系统。全书共分 12 章,主要内容包括:CAD 技术概况;CAD 常用的数据结构;图形变换;几何造型方法;CAD 相关技术;Pro/Engineer 概述;零件建模综合实例;装配;运动仿真;二维视图;计算机辅助工程分析;Pro/Engineer 模具设计。

本书可作为高等工科院校机械设计制造及其自动化、机电工程、热能工程和工业设计等专业的本科生教材,也可供从事 CAD 应用的工程技术人员参考。

This book is to systematically expound the fundamental principles, the general working procedures and applications of computer aided design (CAD) in machine design. The widely practiced CAD system is mainly focused in this book consisting totally of 12 chapters. Its main contents include general outline of CAD technique, data structures often used in CAD, graphics transformation, geometry construction method, CAD related technologies, essentials of pro/Engineering, comprehensive examples of element model constructing, assembling, motion simulation, two-dimensional view, computer-aided engineering analysis, and Pro/Moldesign module in Pro/Engineer.

This book can be used as a textbook for undergraduates in colleges/universities of engineering, aiming at those majoring in machinery design, manufacture and automation, mechatronics engineering, thermal energy engineering, and industrial design. It can also serve as a reference book for engineers and technicians engaged in CAD practice.

图书在版编目(CIP)数据

机械 CAD 技术基础/谭光宇等主编. —哈尔滨:
哈尔滨工业大学出版社,2005.8(2019.7 重印)
ISBN 978-7-5603-2188-2

Ⅰ.机… Ⅱ.谭… Ⅲ.机械设计:
计算机辅助设计-高等学校-教材 Ⅳ.TH122

中国版本图书馆 CIP 数据核字(2005)第 097807 号

责任编辑　潘　鑫　黄菊英
封面设计　卞秉利
出版发行　哈尔滨工业大学出版社
社　　址　哈尔滨市南岗区复华四道街 10 号　邮编 150006
传　　真　0451-86414749
网　　址　http://hitpress.hit.edu.cn
印　　刷　哈尔滨久利印刷有限公司
开　　本　787mm×1092mm　1/16　印张 15.75　字数 378 千字
版　　次　2005 年 8 月第 1 版　2019 年 7 月第 9 次印刷
书　　号　ISBN 978-7-5603-2188-2
定　　价　36.00 元

高等学校"十一五"规划教材

机械设计制造及其自动化系列

总　序

　　自 1999 年教育部对普通高校本科专业设置目录调整以来,各高校都对机械设计制造及其自动化专业进行了较大规模的调整和整合,制定了新的培养方案和课程体系。目前,专业合并后的培养方案、教学计划和教材已经执行和使用了几个循环,收到了一定的效果,但也暴露出一些问题。由于合并的专业多,而合并前的各专业又有各自的优势和特色,在课程体系、教学内容安排上存在比较明显的"拼盘"现象;在教学计划、办学特色和课程体系等方面存在一些不太完善的地方;在具体课程的教学大纲和课程内容设置上,还存在比较多的问题,如课程内容衔接不当、部分核心知识点遗漏、不少教学内容或知识点多次重复、知识点的设计难易程度还存在不当之处、学时分配不尽合理、实验安排还有不适当的地方等。这些问题都集中反映在教材上,专业调整后的教材建设尚缺乏全面系统的规划和设计。

　　针对上述问题,哈尔滨工业大学机电工程学院从"机械设计制造及其自动化"专业学生应具备的基本知识结构、素质和能力等方面入手,在校内反复研讨该专业的培养方案、教学计划、培养大纲、各系列课程应包含的主要知识点和系列教材建设等问题,并在此基础上,组织召开了由哈尔滨工业大学、吉林大学、东北大学等 9 所学校参加的机械设计制造及其自动化专业系列教材建设工作会议,联合建设专业教材,这是建设高水平专业教材的良好举措。因为通过共同研讨和合作,可以取长补短、发挥各自的优势和特色,促进教学水平的提高。

　　会议通过研讨该专业的办学定位、培养要求、教学内容的体系设置、关键知识点、知识内容的衔接等问题,进一步明确了设计、制造、自动化三大主线课程教学内容的设置,通过合并一些课程,可避免主要知识点的重复和遗漏,有利于加强课程设置上的系统性、明确自动化在本专业中的地位、深化自动化系列课程内涵,有利于完善学生的知识结构、加强学生的能力培养,为该系列教材的编写奠定了良好的基础。

本着"总结已有、通向未来、打造品牌、力争走向世界"的工作思路,在汇聚多所学校优势和特色、认真总结经验、仔细研讨的基础上形成了这套教材。参加编写的主编、副主编都是这几所学校在本领域的知名教授,他们除了承担本科生教学外,还承担研究生教学和大量的科研工作,有着丰富的教学和科研经历,同时有编写教材的经验;参编人员也都是各学校近年来在教学第一线工作的骨干教师。这是一支高水平的教材编写队伍。

　　这套教材有机整合了该专业教学内容和知识点的安排,并应用近年来该专业领域的科研成果来改造和更新教学内容、提高教材和教学水平,具有系列化、模块化、现代化的特点,反映了机械工程领域国内外的新发展和新成果,内容新颖、信息量大、系统性强。我深信:这套教材的出版,对于推动机械工程领域的教学改革、提高人才培养质量必将起到重要推动作用。

蔡鹤皋

哈尔滨工业大学教授

中国工程院院士

丁酉年 8 月

前　言

自从第一台计算机于 1946 年诞生以来,计算机科学成为发展最迅速的领域,特别是近十年更是突飞猛进发展。计算机技术的发展及其在制造业领域的应用,彻底改变了制造模式和制造业企业的经营理念:作为市场竞争的手段,五六十年代以扩大生产规模,70 年代以降低生产成本,80 年代则是以提高产品质量,而 90 年代以来,市场需求多样化、个性化,企业转而以产品的快速投放和市场的快速响应为竞争策略,即要求产品开发或更新换代速度更快、开发周期更短、开发成本更低。因此,随着市场竞争的日益加剧,使得产品的开发与设计日益频繁,加上用户更低的价格和更短的交货周期要求,迫使制造企业采用先进的设计和制造技术来开发产品,以便快速响应市场并快速投放产品。显然,传统的设计方法和设计手段已经无法适应瞬息万变的全球化市场和多品种、小批量、个性化的市场需求,并且已成为低成本、短周期产品开发的严重障碍。而计算机辅助设计(CAD)技术可以极大地提高产品的开发效率、产品的质量,降低成本,缩短开发周期,增强产品的市场竞争力,为企业把握先机提供根本保证。

本书内容着重突出如下特点:系统性、新颖性、实用性和扩展性。从 CAD 基本原理、方法和基础结构入手,直至虚拟现实技术这种当前 CAD 发展的最高形式,由浅入深地进行了系统介绍;力求把 CAD 的最新成果融入本书,如激光快速成型技术、虚拟现实技术和最新版本的 CAD 软件等;着力于让读者掌握 CAD 的实用方法,学以致用,清楚 CAD 的基本原理、常用数据结构、实体造型方法,便于理解 CAD 软件系统结构,自行开发 CAD 软件,以及懂得如何利用 CAD 软件进行零件设计、装配仿真、运动仿真、工程计算和模具开发,学会正确利用 CAD 工具从事设计工作;本书在介绍 CAD 的同时,还介绍了以 CAD 技术为关键技术的相关技术或制造模式,如计算机集成制造系统(CIMS)、激光快速成型技术(RP)、虚拟现实技术(VR)和科学计算可视化技术等,让读者宏观地把握 CAD 技术的可扩展性和开放性,便于开拓思路。全书共分 12 章,第 1～4 章介绍 CAD 的基本知识;第 5 章介绍 CAD 相关技术;第 6～12 章详细系统地介绍应用 Pro/ENGINEER 进行实体造型、装配、运动仿真、二维绘图、工程分析和模具设计。

本书第 1、4、10 章由燕山大学于凤琴编写;第 2、3 章和第 5 章 5.5～5.7 节由广东海洋大学谭光宇编写;第 5 章 5.1～5.4 节由哈尔滨理工大学葛江华编写;第 6、7 章由东北大学隋天中编写;第 8、9、11 章由哈尔滨理工大学冯新敏编写;第 12 章由哈尔滨理工大学陈永秋编写。全书由谭光宇、隋天中、于凤琴统稿。

此次重印,调整了版式,改正了原版中的文字错误和插图错误。

作者虽然多年来一直从事 CAD 方面的教学和科研工作,但由于我们在 CAD 理论及实践方面水平有限,书中不妥及疏漏之处,敬请批评指正。

作　者
2008 年 8 月

目　　录

第1章

CAD 技术概况

计算机辅助设计（computer aided design，简称 CAD），是辅助设计人员利用计算机强有力的计算功能和高效率的图形处理能力，进行工程和产品的设计与分析，以达到理想的目的或取得新成果的一种技术。

本章主要介绍 CAD 的硬件及软件的发展历程、CAD 技术应用、CAD 系统的构成及分类、硬件及软件组成、发展趋势等。通过对本章的学习，使读者了解 CAD 的技术特点，并对 CAD 软件技术发展有一定的了解，掌握 CAD 技术的基本知识。

1.1 CAD 技术的发展历程

CAD 硬件及软件的发展是随着计算机硬件、图形设备以及软件技术的发展而发展的，下面分别介绍 CAD 硬件及软件的发展历程。

1.1.1 CAD 硬件技术发展历程

CAD 硬件的发展主要经历五个时期。

1. 诞生时期（20 世纪 50～60 年代）

1950 年，美国麻省理工学院（MIT）研制出旋风Ⅰ号（WhirlwindⅠ）计算机上的一个配件——图形显示器，实现了图形的屏幕显示，从此结束了计算机只能处理字符数据的历史。

1958 年，美国 Calcomp 公司研制出滚筒式绘图仪，美国 Cerber 公司研制出平板式绘图仪。

20 世纪 50 年代末，美国麻省理工学院在旋风Ⅰ号计算机上开发出 SAGE 战术防空系统，第一次使用具有指挥功能的阴极射线管，用光笔在屏幕上确定目标，预示着交互式图形生成技术的诞生，为 CAD 技术的发展奠定了基础。

2. 发展及应用时期（20 世纪 60～70 年代）

20 世纪 50 年代末，出现了光笔，从此开始了交互式绘图的历史。

60 年代初，屏幕取点、功能键操作、图形动态修改等交互图形技术先后出现了。1962 年，美国麻省理工学院的博士研究生 Ivan Sutherland 研制出世界上第一台利用光笔的交互式图形系统 sketchpad，并且在一篇《计算机辅助设计纲要》的论文中提出，设计师在 CRT 显示屏的控制前台，可利用光笔操作，从概念设计到生产设计都可实现人机对话。

作为 CAD 的基础，计算机图形学得到很快发展。但当时，计算机及其图形设备价格昂贵，CAD 系统很难推广，只有美国波音公司、通用汽车公司才使用这一技术。

1964 年, 孔斯（Stave Coons）提出用小块曲面代替自由曲面, 称为孔斯曲面。孔斯和雷诺汽车公司的贝塞尔（Pierre Bezier）被称为 CAD 技术的奠基人。

3. 广泛应用时期（20 世纪 70 年代）

20 世纪 70 年代是 CAD 技术被广泛应用的阶段, 出现了图形输入输出设备、存储设备等, 同时图形软件及 CAD 支撑软件不断改善, 涌现出了一批面向中小企业的 CAD 商品软件, 使 CAD 技术得到广泛应用。当时的 CAD 技术以二维图形及三维线框模型为主。

4. 快速发展时期（20 世纪 80 年代）

20 世纪 80 年代是 CAD 技术取得快速发展的时期。由于集成电路的进一步发展, 大规模及超大规模集成电路涌现出来, 使计算机硬件的性价比提高, 微型计算机进入市场。80 年代中后期, 精简指令集计算机（RISC）技术在 CAD 系统中开始被应用, CAD 系统的性能大大提高。同时, 图形软件更趋成熟, 二维及三维图形处理技术、有限元分析、动态仿真等进入实用时期。

5. 成熟时期（20 世纪 90 年代至今）

20 世纪 90 年代至今是 CAD 技术广泛普及、不断完善、向更高水平发展的时期。随着计算机硬件、软件的更加完善和普及, CAD 系统正向智能化、集成化、网络化等方向发展。

1.1.2 CAD 软件发展历程

随着 CAD 技术的广泛应用, CAD 软件技术也得到了蓬勃的发展。直到 20 世纪 70 年代末期, CAD 软件技术仍以二维图形为主流, CAD 软件技术作为一个分支而相对独立、平稳地发展。在不同领域, CAD 以不同的线路向专业化的方向发展, 下面介绍 CAD 软件技术在机械应用领域中的发展历程。

机械应用领域中的 CAD 起步于 20 世纪 50 年代末期, CAD 技术采用二维计算机图形技术, 用传统的三视图的方法表达零部件的结构, 摆脱了繁琐、费时、精度低的手工绘图方式, 以图纸进行技术交流。

纵观 CAD 软件技术发展历程, 在机械领域中, CAD 技术经历了以下几次技术创新, 如图 1.1 所示。

1. 第一次技术创新——曲面造型技术（surface modeling）

20 世纪 60 年代, 三维 CAD 系统只是简单的线框模型造型系统（wireframe modeling）, 只能表达形体的基本信息, 不能有效表达数据之间的拓扑关系, 由于缺乏形体的表面信息, CAM（computer aided manufacturing）、CAE（computer aided engineering）均无法实现。到了 70 年代, 飞机和汽车制造中遇到大量的自由曲面问题, 当时采用多截面视图及特征纬线的方式近似表达自由曲面。由于三视图表达不完整, 频繁发生按设计所制造的样品不能满足设计者的要求。贝塞尔算法的出现, 使利用计算机处理曲线和曲面问题变成可能, 在二维 CAD/CAM 系统基础上自由建模, 推出三维曲面造型系统 CATIA, 标志着 CAD 技术的第一次创新。

2. 第二次技术创新——实体造型技术（solid modeling）

有了上述表面模型, CAM 问题可以解决, 却难以表达零件的其它特性, 如缺少重

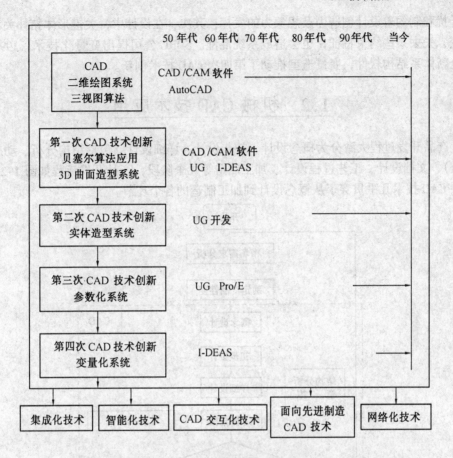

图 1.1 CAD 软件技术发展历程

心、质量、惯性矩等信息，无法进行 CAE 方面的工作。

1979 年，SDRC 公司发布了世界上第一个完全基于实体造型的大型 CAD/CAE 软件 I – DEAS，能精确表达零件的全部属性，理论上统一了 CAD、CAM、CAE，给设计带来了方便，代表了技术发展的方向。但是，实体造型技术既带来了算法改进和未来发展的希望，也带来了数据计算量的极度膨胀，因为在当时条件下，计算机及显示速度慢，直至今日实体造型才得到了实际应用。

3. 第三次技术创新——参数化造型（parameter modeling）

80 年代中期，CV 公司推出一种比无约束自由造型更新颖、更好的算法——参数化技术。它具有以下特点：基于特征造型、全尺寸约束、尺寸驱动设计修改。

CV 公司很多成员离开后，成立了 PTC 公司，开始研制 Pro/E 的参数化软件。早期 Pro/E 性能比较低，只能完成简单工作，到了 90 年代 Pro/E 软件更趋成熟，具有参数化造型、模具生成、分析模拟等功能。可以认为参数化技术标志 CAD 软件技术的第三次创新。

4. 第四次 CAD 技术创新——变量化造型

参数化造型的成功应用，一时成为了 CAD 业界的标准。1990 年以前，SDRC 公司在参数化技术方面摸索了几年，发现了参数化技术的缺陷：首先，全尺寸约束这一硬性规定干扰和制约着设计创造力及想象力的发挥；其次，在设计中，关键形体拓扑关系发生改变，失去某些约束特征，也会造成系统混乱。SDRC 公司提出变量化技术，1993 年推出全新体系结构软件，变量造型推动了第四次 CAD 技术创新。

1.2　机械 CAD 技术应用

产品开发过程大致分为概念设计、初步设计、详细设计（包括结构分析、动态仿真模拟）、文档设计、工艺过程设计、加工制造等几个阶段，产品开发流程如图 1.2 所示，其中 CAD 技术几乎贯穿了从概念设计到加工制造的各个环节。

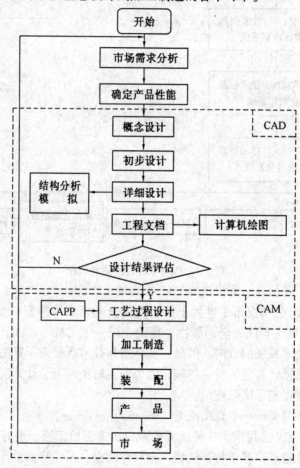

图 1.2　产品开发流程

1.2.1　概念设计

在这一阶段，设计者根据客户和市场需求，确定新产品的功能和市场定位，给出产品的概念造型或草图。CAD 的实体造型技术的应用，无疑对 CAD 的图形技术发展起到了重要作用。

1.2.2　初步设计

对概念设计中的内容进行方案分析比较，修正概念模型，使之更符合客户要求。应用 CAD 的图形技术进行设计修改，方便、快捷，设计速度得到提高，对缩短开发周期起到重要作用。

1.2.3　详细设计

详细设计是产品的真正设计阶段，需要确定产品的所有结构和尺寸。在这一阶段，还要进行有限元分析、仿真及模拟。目前的 CAD 系统都提供详细的设计手段，能完成产品的详细设计。

1.2.4　文档设计

从概念设计到加工制造，根据不同的需求产生相应的文档，以便管理，使产品开发的整个过程有机地连在一起，成为一个统一的整体。

1.2.5　工艺规程设计

工艺规程设计通常由经验丰富的工艺师与计算机配合完成。由于零件结构的不确定性，工艺规程设计往往不能由计算机独立完成，还需要工艺师的参与。计算机辅助工艺过程设计（computer aided process planning，简称 CAPP）根据输入产品信息（主要是图形信息、加工信息）拟定工艺路线、确定加工设备和工装工步、输出工艺文件。在这个过程中，CAD 的图形信息是 CAPP 的基础和关键。

1.2.6　加工制造

按照 CAD 图样和工艺过程要求，生成数控代码，完成零件的加工、部件及产品装配、推出新产品、投放市场，从而完成产品的开发。其中，CAD 的图样是加工的重要依据。

1.3　工程数据处理

在产品设计过程中，设计人员经常从各种国家标准、工程设计规范等资料中查取相关的设计数据，例如，键的公称尺寸、齿轮齿形系数、效率曲线、应力集中系数、三角胶带选型图、齿轮模数标准系列、轴直径标准系列等。采用计算机辅助设计时，这些设计资料必须以程序可调用或计算机可进行检索查询的形式提供，因此需要经过适当的加工处理。通常对设计资料处理的方法有以下两种：

①将设计资料转变为程序，即程序化。采用编程的方法对数表及线图进行处理，通常不外乎两种方法：第一，采用数组的形式将数据存储在程序中，用查表、插值的方法

检索所需数据；第二，拟合成公式编入程序，由计算获得所需数据。

②利用数据库管理设计资料。将数表中的数据或线图经离散化后按规定的格式存放在数据库中，由数据库自身进行管理，独立于应用程序，因此，可以被应用程序所共享。

1.3.1 表格数据的程序化

在产品设计过程中使用的数据表形式很多，有一维变量表、二维变量表及多维变量表。根据数据表的来源不同，可将数据表分为以下两类：

①数据本身就有精确的理论计算公式或经验公式。对于这类数据表，可以直接采用理论计算公式或经验公式编制检取有关数据的程序。例如，齿轮的齿形系数等数表，只是为了手工计算方便，才把这些公式以数据表的形式给出。

②数据彼此之间不存在一定的函数关系或是由试验获得。对于这类数据表，可采用数组形式，结合插值进行查取，也可以求其经验公式，然后编入程序。例如，各种材料的机械性能等。

以标准三角带型号及断面尺寸（表 1.1）的存储为例说明数据表的程序化。

查表 1.1 时，应用一个变量，即型号，且为非数值型，查得的函数值为三角带胶带的顶宽 a、断面高 h、节高 y_0、节宽 a_0，均为离散型实型数。以下是 C 语言的程序片段。

表 1.1 标准三角胶带型号及断面尺寸（GB 1171—74） mm

型号	顶宽 a	断面高 h	节宽 a_0	节高 y_0
O	10	6	8.5	2.1
A	13	8	11	2.3
B	17	10.5	14	4.1
C	22	13.5	19	4.8
D	32	19	27	6.9
E	38	23.5	32	8.3
F	50	30	42	11.0

```
int i;
float a[7] = {10.0, 13.0, 17.0, 22.0, 32.0, 38.0, 50.0};
float h[7] = {6.0, 8.0, 10.5, 13.5, 19.0, 23.5, 30.0};
float a0[7] = {8.5, 11.0, 14.0, 19.0, 27.0, 32.0, 42.0};
float y0[7] = {2.1, 2.3, 4.1, 4.8, 6.9, 8.3, 11.0};
```

给定 $i = 2$（即 B 型），程序可立即查出 a[2] = 17.0，h[2] = 10.5，a0[2] = 14.0，y0[2] = 4.1。

此例仅举了一维数据表的编程，二维数据表和多维数据表可参照执行。

1.3.2　线图的程序化

在产品设计资料中,有些参数之间的函数关系是用线图来表示的,如齿形系数、三角胶带传动的选型图等。根据来源不同,线图可分为以下三类。

①线图所表示的各参数之间本身有计算公式。由于计算公式复杂,为便于手工计算,将公式绘成线图,以供设计时查用。因此在程序化时,应直接应用原来的公式。

②线图所表示的各参数之间没有或找不到计算公式,这时可从曲线上读取自变量及相应的变量的数值,制成数据表,然后按处理数据表的方法处理。

③用曲线拟合的方法求得线图的经验公式,将公式编入程序。

1.3.3　工程数据的数据库管理

数据库系统包括数据库和数据库管理系统两部分。数据库是存储关联数据的集合。数据库管理系统提供对数据的定义、建立、检索、修改等操作,以及对数据的安全性、完整性、保密性的统一控制,它起着应用程序与数据库之间的接口作用。用户可以通过数据库管理系统对数据库中的数据进行处理,而无必要了解数据库的结构。

1975 年美国洛克希德公司的 Eastman 首先描述了一个可用于 CAD 的数据库,对 CAD 领域产生了重大影响,从此以后,数据库技术开始向 CAD/CAM 方向渗透。到目前为止,工程数据库系统还处在不断完善阶段。

工程数据库的研制大致采用两种方法:一是利用和改造商用数据库管理系统,使之适应工程数据库的要求;二是在原有工程的基础上,采取引进、消化、改造的方式组装或研制出适合具体应用的工程数据库管理系统。

对于工程数据库的管理,普遍采用的方法是数据库管理系统 DBMS(data base management system)、分布式数据库管理系统 DDBMS(distributed DBMS)。企业内部各部门之间用网络把各分散的数据库逻辑上集成,成为一个完整的数据库,而后采用分布式数据库管理系统进行工程数据管理。分布式数据库管理系统具有投资少、见效快、局部数据库信息存储与修改不影响其它数据库的工作、各个数据库之间实现数据共享等优点。

1.4　CAD 系统的结构与分类

CAD 系统由硬件系统和软件系统构成。硬件系统包括计算机、外围设备(包括输入输出设备、图形显示设备、外存储设备等);软件系统包括系统软件、支撑软件及应用软件。CAD 系统的构成如图 1.3 所示。

1.4.1　CAD 分类

根据硬件配置形式,CAD 系统分成三大类:主机 – 终端 CAD 系统、工作站 CAD 系统、个人微机 CAD 系统。下面分别介绍这三类系统。

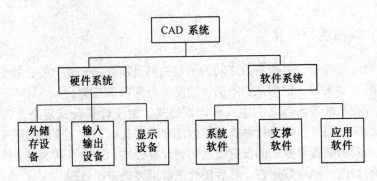

图 1.3　CAD 系统构成

1.主机 – 终端 CAD 系统

主机 – 终端 CAD 系统是由一台主机及多个图形设备组成，如图 1.4 所示。图形设备连接到主机上，计算机按自然分布布置，这个系统被已有主机的大公司所接受，属于大规模 CAD 系统，如汽车制造业、造船业等。

特点：初投资大；维护费用大；更新操作系统比较难，因为初始的软件选择不一定适合于后期的产品开发，软件需要不断更新，对于所有的图形设备都需要进行更新，工作量很大；系统响应速度慢。

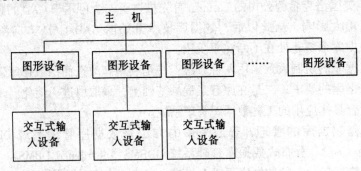

图 1.4　主机终端 CAD 系统组成

2.工作站 CAD 系统

工作站 CAD 系统是由服务器及与之联网的工程工作站组成，如图 1.5 所示。由于工作站技术的快速发展及分布式计算机管理技术的提高，使得这类系统得到广泛应用。

工作站 CAD 系统属于大规模及超大规模系统。它的特点有：

①任意工作站的工作状况不影响其它工作站。

②初投资少。

③网络能力强。

3.个人微机 CAD 系统

操作系统采用 WindowsNT、WindowsXP 等，基于 PC 机配置的个人微机 CAD 系统被小公司所采用。软件配置视个人情况而定，软件的升级、更新方便，主要用于图形处理，能适用于二维及三维图形处理，能做简单有限元处理，并属于小规模 CAD 系统。

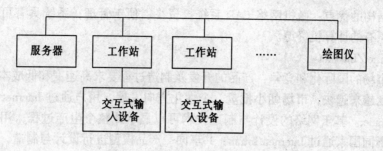

图 1.5　工作站 CAD 系统组成

1.4.2　网络结构

单机的 CAD 系统有资源不能共享、存储资源浪费、设备利用率低、不能对所有设计文档进行集中管理等缺点。但可以通过网络使小型计算机系统、工作站及个人计算机系统连接起来，成为一个整体，利用通信系统实现资源共享、设计同步。常见的 CAD 系统网络结构有个人微机及局域网、客户机/服务器、Internet/Intranet 三种形式。

1.个人微机及局域网

目前常用的局域网操作系统主要有 Novel NetWare 及实现与异种机通信的 TCP/IP 协议的网络。

个人微机中的功能有限，主要受内存容量小、主机速度低、显示分辨率低的限制。局域网以较高效率、较低成本在本地区范围内将计算机、终端及常用的外围设备连接起来，成为一个网络系统，使个人计算机可以与其它设备共享资源，更好地适应 CAD 系统的应用和一些设计要求。

2.客户机/服务器

客户机/服务器（Client/Server，简称 C/S）是企业常用的模式，如图 1.6 所示。这种模式由客户机和服务器组成。服务器主要用于承担数据库系统的数据共享、通信管理、文档管理以及向客户机提供服务。客户机主要用于管理用户执行客户应用程序、采集数据，以及向服务器提出请求。客户机/服务器采用总线形、星形或环形方式的拓扑结构。

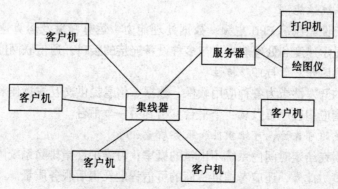

图 1.6　客户机/服务器系统框架

这种结构的优点：微机网络 CAD 系统投资少、便于管理；系统具有可扩充性；可应用企业原有的计算机资源。

3. Internet/Intranet

由于市场的国际化和竞争，产品的开发及制造过程要求高速度和低成本。因此，产品更新速度越来越快，市场朝小批量、个性化方向发展。用户通过 Internet 来构建企业内联网 Intranet。基于网络的设计与制造技术可以显示此整个生产过程，用户可以在不同城市、不同国家通过 Internet/Intranet 共享同一产品模型进行设计与制造，实现共享信息资源、人力资源，实现协同工作、并行工程、异地设计和异地制造，从而大大缩短设计周期，提高生产效率，达到降低成本、快速适应市场的目的。基于 Internet 的 CAD/CAM 系统结构如图1.7所示。

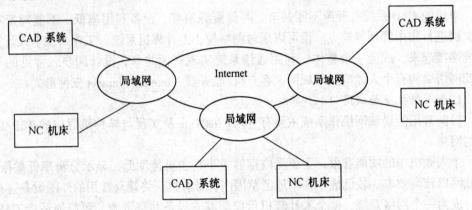

图 1.7　基于 Internet 的 CAD 系统框架

1.5　CAD 系统的硬件组成

硬件通常指构成计算机的设备实体，是一切可以触摸到的物理设备的总称。通常 CAD 系统由计算机、外围设备（包括输入输出设备、图形显示设备、外存储设备等）构成。对于选择 CAD 系统的硬件，主要考虑以下几个方面因素。

1. 硬件的系统性能

硬件的系统性能包括 CPU 主频、数据处理能力、运算精度及运算速度；内存及外存容量；图形显示速度和处理能力；与多种设备连接的接口；通信联网能力等。

2. 硬件系统的开发性与可移植性

硬件系统的开发性指为各种应用软件、数据、信息提供交互式操作和相互移植的界面；可移植性指应用程序可以从一个平台移植到另一个平台。

3. 硬件系统的可靠性、可维护性和服务质量

可靠性是指在给定时间内系统不出错的概率；可维护性指排除系统障碍以及满足新要求的难易程度。此外，还应考虑供货商的可信程度及售后服务质量。

4. 硬件系统的升级扩展能力

由于硬件的更新速度很快，故硬件配置应考虑具有升级扩展的能力。

1.5.1 主机

主机是 CAD 系统的核心。CAD 系统要求主机具有高速运算能力、处理数据能力、图形处理能力。主机的类型及性能很大程度决定着 CAD 系统的性能。主机性能指标包括 CPU 主频和内存存储容量等。

1.5.2 外存储设备

外存储设备有磁带、磁盘、磁鼓。目前广泛使用的有磁盘、磁带、移动硬盘、U 盘（闪盘）和光盘。

1.磁盘

磁盘包括软磁盘和硬磁盘两种。软磁盘（简称软盘）有 5 in 和 3 in 两种，目前主要使用 3 英寸软盘。硬磁盘有固定式和可换式两种。硬磁盘的特点是精度高、速度快。

2.移动硬盘

移动硬盘是近几年开发出来的新型移动存储设备，具有存储速度快、容量大、携带方便、价格低、可靠性高等特点，广泛用于存储数据。移动硬盘的容量有 30 GB、40 GB、60 GB、80 GB 等，接口为 USB2.0，品牌也很多，如图 1.8 所示。

3.U 盘

U 盘是一种新型的移动存储设备，取代软盘，即插即用，如图 1.9 所示。特点是携带使用方便、容量大、抗震防潮等。U 盘的容量有 32 MB、64 MB、128 MB、512 MB 等。目前，最大容量已超过 1 GB，接口为 USB2.0。

图 1.8 移动硬盘

图 1.9 U 盘

4.光盘

光盘技术始于 20 世纪 70 年代，作为新型的信息存储手段，已与常用的磁存储设备展开市场竞争。光盘技术具有以下优点：存储密度高、速度快、寿命长、可靠性好、价格低等。

数字光盘有两种，即只读存储和擦除重写存储。

1.5.3 图形输入设备

图形输入设备是将用户的图形结果及各种命令转换成电信号，并传递给计算机。

CAD 系统对于图形输入设备的要求是精度高、速度快。常用的输入设备有键盘、鼠标和操纵杆、光笔、数字化仪、扫描仪等。

1.键盘

键盘用于输入字符或字符串，字母数字键盘是最典型的设备。

2.鼠标和跟踪球

鼠标有旋转球的机械式和利用光反射的光电式两种。按照按键的数量，又分为两键和三键鼠标。CAD 系统通常采用三键鼠标。

跟踪球又称轨迹球，通过滚动球体移动光标。

3.扫描仪

扫描仪用于输入图形、图像。由于 CAD 系统处理的图形是矢量图，所以通过扫描仪得到的图像需要经过矢量处理，才能被 CAD 系统所用。扫描仪的类型很多，主要是平板式，纸张大小为 A4、光学分辨率一般为 $600 \times 1\,200$ 个像素，高清晰度扫描仪光学分辨率可达 $2\,400 \times 4\,800$ 个像素，色彩深度可达 48 位，如图 1.10 所示。

图 1.10　扫描仪

4.其它设备

其它设备如语音识别器，可以用于输入语音命令及数值。

1.5.4　图形输出设备

在 CAD 系统中，常见的图形输出设备有绘图仪和打印机。

1.绘图仪

按照工作原理，绘图仪分为笔式绘图仪和非笔式绘图仪（如喷量式滚筒绘图仪）两种。按照结构形式，绘图仪又分为平板式和滚筒式。

（1）笔式绘图仪

笔式绘图仪以墨水笔作为绘图工具，计算机通过指令控制笔和纸的相对运动，同时计算机对图形的颜色、线型进行控制，由此输出图形。根据笔与纸的移动实现方式不同，绘图仪分为平板式和滚筒式两种。

（2）喷墨式滚筒绘图仪

喷墨式滚筒绘图仪具有较高的图像及精确的线条质量，采用高速喷墨打印机打印高质量图形及效果图等。最新的喷墨式滚筒绘图仪具有双行打印技术，打印速度更快，如图 1.11 所示。

图 1.11　喷墨式滚筒绘图仪

2. 打印机

打印机是最常用的图形输出设备。打印机的种类很多，按照其工作方式，可分为击打式打印机和非击打式打印机两大类。

击打式打印机有针形、球形、轮形等多种。针形点阵打印机又称为针式打印机，有 9 针、16 针、24 针式打印机，具有结构简单、打印速度快、价格低等优点，但噪音较大。

非击打式打印机有喷墨式、静电式、激光式等多种形式，打印质量和打印速度高于击打式打印机。目前喷墨打印机和激光打印机应用最为广泛，图 1.12 为喷墨打印机、图 1.13 为激光打印机。

图 1.12　喷墨打印机　　　　　　　图 1.13　激光打印机

1.5.5　图形显示设备

显示设备是把最终产品以图形效果显示出来的部件。显示器的类型有阴极射线管（cathode ray tube，简称 CRT）显示器、液晶显示器（liquid crystal display，简称 LCD）、等离子板显示器等。阴极射线管显示器根据画面持续发光方式又分为两种：随机扫描显示器（random scan display）、光栅扫描显示器（raster scan display）。

目前应用较多的是液晶显示器和阴极射线管显示器中的光栅扫描显示器，图 1.14 为光栅扫描式阴极射线管显示器、图 1.15 为液晶显示器。

　图 1.14　光栅扫描式阴极射线管显示器　　　　图 1.15　液晶显示器

1.6　CAD 系统的软件组成

　　CAD 系统软件包括系统软件、支撑软件及应用软件。对于 CAD 系统，当选择软件时，一般考虑以下几个因素。

　　①软件的性能价格比。根据 CAD 应用的需要，选择能够满足使用要求、运行可靠平稳、具有良好的人机界面、价格合理的软件。

　　②软件/硬件的匹配。不同的软件要求在不同的硬件环境下运行。

　　③软件的二次开发。为更好地发挥 CAD 软件的功能以及在特定应用领域的要求，需要对软件进行二次开发，因此必须了解选择的软件是否具有二次开发的功能，以及使用何种计算机语言等。

　　④软件的开发性。软件的开发性指具有与其它 CAD 系统的接口及数据交换能力和与通用的数据库接口能力，能提供应用开发工具，以便系统的应用和扩展。

　　⑤软件商的实力。包括软件商的售后信誉、经济实力、技术实力、软件版本升级等技术能力。

1.6.1　系统软件

　　系统软件是指使用、控制、管理计算机各个部件运行，并高效充分地发挥计算机各设备功能，为用户提供方便服务所需程序的总称。系统软件具有两个特点：一是通用性，不同应用领域的用户都可以使用它；二是基础性，系统软件是支撑软件和应用软件的基础。系统软件包括操作系统和语言编译系统。

　1.操作系统

　　操作系统是软件系统的核心，用于管理计算机软件硬件资源。操作系统具有五大管理功能，即存储管理、设备管理、文档管理、作业管理及处理机管理。

　　用于微机和工作站的操作系统有 Windows nX、OS/2、UNIX、Windows XP、Win/me、Linux 等，用于小型机的操作系统有 UNIX 和 XENIX。

2. 语言编译系统

语言编译系统是指将高级语言编写的程序翻译成计算机能够接受的机器指令。根据功能，将高级语言划分为程序设计语言、数据库语言、仿真语言、人工智能语言。

程序设计语言常用的有 C、Visual C ++、Visual Basic、Builder 等。数据库语言主要包括数据描述语言（data description language，简称 DDL）、数据操作语言（data manipulation language，简称 DML）。仿真语言常用的有 GPSS（general purpose simulation system）、SLAM（simulation language for analogue modeling）等。人工智能语言是知识处理语言，用于规划、预测、决策、诊断等方面。人工智能语言常用的有表处理语言（LISP）及逻辑程序语言（PROLOG）等。

1.6.2　支撑软件

支撑软件是 CAD 系统的核心。常用的支撑软件有以下几种类型。

1. 二维绘图软件

二维绘图软件侧重于二维图形绘制。目前微机上广泛使用 Autodesk 公司的 AutoCAD 软件、我国凯思 PICAD、开目 CAD、高华 CAD、CAXA 等。

2. 三维建模软件

三维建模软件可提供一种完整、准确的描述和显示三维形状的方法和工具。三维建模软件具有消隐、渲染、实体参数计算、质量特性计算等功能。常用的三维建模软件有 PTC 公司的 Pro/E、Autodesk 公司的 MDT 和 Inventor、UG 公司的 UG 和 Solid Edge、Solid Works 公司的 Solid Works 等。国内的三维建模软件有 CAXA – 3D、金银花的 MDA 等。

3. 数据管理软件

在 CAD 系统中，数据库具有重要地位。数据库是存储、管理、使用数据的一种软件。数据库管理系统能够支持各子系统之间的数据共享与传递。CAD 系统涉及的数据包括图形数据、非图形数据，其数据量大，数据种类繁多，给数据管理带来更多的困难。目前比较流行的数据管理系统有 SQL、Server、Oracle、SYBASE、DB2 等。

4. 计算分析软件

计算分析软件包括有限元分析和模拟仿真软件。有限元分析可以进行静态、动态、热特性分析，常用的有限元分析软件有 ANSYS、DEFORM、SAP、MARC 等。仿真技术是建立真实系统的计算机模型的技术，在产品设计时，能实时模拟产品生产和各部分运行的全过程，预测产品的性能、产品的制造过程等。常见的模拟仿真软件有 MSC 公司的 Visual Nastran Desktop 软件、Working Model 软件。

5. 文字处理软件

CAD 系统利用 WPS 和 Office 的强大文字处理能力，实现文字编辑，为 CAD 系统的文档服务。

6. 网络软件

CAD 系统正向网络化、发布式管理方向发展。要求 CAD 软件本身具有网络化，也要求具有网络化管理功能。常见的网络软件有 Novel 公司的 Netware 软件。目前最热门的是 Internet 和在 Internet 上构建 Intranet。

1.6.3　应用软件

应用软件是应用者为解决实际问题，在系统软件和支撑软件基础上，用高级语言编写而成的针对某一应用领域为一个或多个用户服务专门设计的软件。应用软件类型比较多，由于其普及性差、针对性强，故价格很昂贵。应用软件也称为软件的"二次开发"。

1.7　CAD 的发展趋势

CAD 技术已经成为加速产品更新、提供产品质量、提高市场竞争能力的工具；是提高产品设计和工程设计水平、降低能耗、缩短产品开发周期、提高劳动生产率的重要手段。CAD 技术的发展方向可以概括为集成化、智能化、网络化、多媒体化。

1. 集成化

应用领域不同，集成的具体含义也不同。即使在同一领域，不同阶段、不同层面，集成的含义也有差异。被广泛认同的说法是，集成是指实现系统（或模块）之间信息的交换、传递和共享。CAD 系统的集成是将不同功能、不同模块集成到一起，形成一个完整系统，即 CAD/CAPP/CAM/CAE 系统，使该系统能够在 CAPP、CAM、CAE 模块之间进行数据传递和共享。

2. 智能化

传统 CAD 技术实质上是"数值＋计算"程序，它有以下缺点：

①决策环节需要用户完成，需要用户有较好的专业知识和丰富的经验；

②有关课题知识和利用这些知识的方法掺杂在一起，修改不便，难以移植；

③对大型、复杂问题，单纯用 CAD 会导致知识组织爆炸；

④在建立数学模型时，应用了许多假设与简化，导致简化后的数学模型与实际情况不符，很难得到理想的模型。

为克服上述问题，人们提出了智能的 CAD 系统，即把人工智能（artificial intelligence，简称 AI）的方法和技术引入传统的 CAD 系统，模拟人脑的推理过程，分析归纳设计/工艺知识，提出设计/工艺方案，从而提高设计/工艺水平、缩短产品开发周期、降低成本、提高效率。人工智能的一个重要分支是专家系统（expert system，简称 ES），它为 CAD 系统提供了一个强有力的工具。

专家系统是基于知识的智能程序，在特定领域，以专家水平解决实际问题。它由知识库、推理机、解释系统、知识获取系统、人机接口五部分组成。

3. 网络化

网络技术是计算机技术和通信技术相互渗透的产物，并且相伴发展，并在计算机应用和信息的传递中起着越来越重要的作用。人们在解决了计算机的运算速度、容量、功能、性价比等一系列问题之后，通过 Internet 和 Intranet 进行通信，实现计算机之间通信及软硬件、信息等方面共享，统一考虑各工作单位的软硬件资源配置，实现产品的国际化开发和生产，以达到通过网络实现低成本、高效能的最佳效果。

当今世界已经进入信息化时代，信息同样是一种资源，而且越来越成为重要资源，信息在使用和传递过程中不但不会损耗，还会增值，并且只有作用和流通才会充分发挥其效能。而网络则为信息传递提供了广阔空间。

4.多媒体化

应用虚拟现实技术、面向对象技术、网络技术以及可视化技术有助于实现 CAD 交互化。可视化技术使数据处理速度适当地加快，实现在人与人之间图像通信、观察计算的过程及结果、了解计算过程中的变化，并通过改变参数对计算过程进行引导和控制，使科学计算方式发生根本性变化。

虚拟现实技术为研究人员提供相互作用的多维图像、气味、声音等多媒体化的虚拟环境，研究人员利用人体的视觉、味觉、听觉等器官进行逼真体验，直接参与和考察虚拟对象在所处环境中的变化，置身于虚拟世界中。虚拟现实技术具有多感知性、交互化、沉浸感等重要特征。

第2章
CAD 常用的数据结构

CAD 内部以及 CAD 与 CAPP、CAM 之间的数据集成，要求用户提供给计算机的已不是简单的、孤立的数据，而是存在一定关系的批量数据。这些数据是计算机操作的原材料，需要事先进行组织构造，让它们按照某种具体的结构形式相互关联在一起，这种关联就是数据结构。

尽管计算机的存储空间越来越大，运算速度越来越快，CAD 系统所采用的方法越来越先进，例如，方案设计采用专家系统，结构设计采用三维实体造型，但是 CAD 软件所要完成的工作也越来越复杂，对计算机空间和速度的要求也越来越高。而合理的数据结构不但可以减少程序所占的空间，还可以减少程序运行所用的时间。

本章介绍了 CAD 常用的数据结构，包括数组、栈、队、链表和树。

2.1 基本概念

1. 数据

数据是指用来描述客观事物的、能输入计算机中并被计算机接受和处理的各种字符、数字的集合。

2. 数据元素

数据元素是数据的基本单位，是数据这个集合中一个个相对独立的个体。例如，在设计产品的过程中，可以把该产品的每个部件的每一个零件看做一个相对独立的单元，这时每个零件就是一个数据元素。对一个零件进行形体分析可知，复杂形体可看成是由若干个长方体、圆柱体等基本几何形体组成的，这些基本几何形体也可以作为数据元素。因此数据元素本身可能是简单的，也可能是复杂的。

在复杂的线性表中，一个数据元素可以由若干个数据项组成，此时，常把数据元素称为记录，而含有大量记录的线性表称为文件。

3. 数据的逻辑结构

通常所说的数据结构一般是指数据的逻辑结构。数据的逻辑结构仅考虑数据之间的逻辑关系，它独立于数据的存储介质。

4. 数据的物理结构

数据的物理结构也称存储结构，是数据结构在计算机中的映象。计算机处理信息的最小单位叫做位（bit），一个位表示一个二进制的数，若干位组合起来形成一个位串。用一个位串表示一个数据元素，称这个位串为一个节点，节点是数据元素在计算机中的映象。映象的方法不同，数据元素在计算机中的存储结构也不同，顺序映象得到顺序的存储结构，非顺序映象得到非顺序的存储结构，也称链式存储结构。

5.数据类型

数据类型是程序设计语言允许变量处理不同类型的值。程序设计语言都提供一组基本的数据类型。C 语言提供字符型、整型、浮点型和双精度型 4 种基本的数据类型，每个变量在使用之前必须定义其数据类型。不同的数据类型确定了数据元素在计算机中所占有位串的大小，也决定了可表示的数值的范围。另外，有的程序语言还可以将不同类型的数据组合成一个有机的整体，构造出新的数据类型，用来实现各种复杂的数据结构的运算。

2.2 线 性 表

线性表结构是一种最常用的数据结构形式，包括向量、数组、栈、队列和链表。

2.2.1 线性表的逻辑结构

线性表是一种最常用且最简单的数据结构，是 n 个数据元素的有限序列，即

$$(a_1, a_2, a_3, \cdots, a_{i-1}, a_i, a_{i+1}, \cdots, a_n)$$

数据元素 a_i 可以是一个数，也可以是一个符号，还可以是一个线性表，甚至可以是更复杂的数据结构。线性表具有以下特点：

①线性表是数据元素的一个有限序列。

②线性表中数据元素的个数定义为线性表的长度 n，当 $n=0$ 时，为空表。

③数据元素在线性表的位置取决于它们自己的序号，数据元素之间的相对位置是线性的，如 a_1 是第一个元素，a_n 是最后一个元素。

④除了第一个和最后一个数据元素外，每个数据元素有且只有一个直接前趋，有且只有一个直接后继。当 $1<i<n$ 时，a_i 的前一个元素 a_{i-1} 是它的直接前趋，a_i 的后一个元素 a_{i+1} 是它的直接后继。$i=1, 2, \cdots, n-1$ 的元素 a_i 有且只有一个直接后继。$i=2, 3, \cdots, n$ 的元素 a_i 有且只有一个直接前趋。

尽管线性表中的数据元素可以是各种类型的数据结构，但同一表中数据元素的类型是相同的。

2.2.2 线性表的存储结构

1.线性表的顺序存储结构

顺序存储就是用一组连续的存储单元，按照数据元素的逻辑顺序依次存放。一般情况下，线性表是按照数据元素的逻辑顺序依次存放的，即按顺序分配的原则，用一组连续的存储单元依次存储各个元素。数据元素在存储器中的存放地址和该元素的下标一一对应。假定一个线性表 $A(n)$，它的每个数据元素占 l 个存储单元，第一个数据元素在内存中的开始地址为 $L(a_1)$，那么，第 i 个数据元素的存储位置为

$$L(a_i) = L(a_1) + (i-1)l$$

线性表的顺序存储结构如图 2.1 所示，图中 $b=L(a_1)$。

线性表的顺序存储结构具有以下特点：

①有序性：各数据元素之间的存储顺序与逻辑顺序一致；

②均匀性：每个数据元素所占存储空间的长度是相等的。

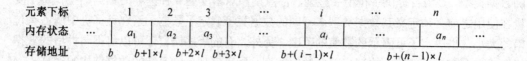

图 2.1　线性表的存储结构

因为线性表在顺序存储结构中是均匀有序的，所以只要知道线性表的首地址各数据元素的序号，就能知道它的实际地址。因此对表中数据元素进行的访问、修改运算速度快。在删除或插入运算时，必须进行大量数据元素的移动，增加运算时间。因此，这种存储结构多用于查找频繁、很少增删的场合，如工程手册中的数表。向量、数组、栈、队列属于顺序存储结构。

2. 线性表的链式存储结构

链式存储结构是指用一组任意的存储单元存放表中的数据元素。由于存储单元可以是不连续的，因此为了表示表中元素的逻辑关系，除了存储元素本身的信息之外，还要存储这个元素直接后继或直接前趋的存储位置。这两种信息组成数据元素的存储映象，称其为节点。节点包括两种域，存放数据元素本身的域称为数据域，存储直接后继或直接前趋地址指针的域称为指针域。如图 2.2 所示。

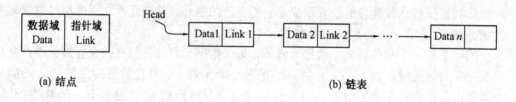

(a) 结点　　　　　　　　　　　　　　　　　　　(b) 链表

图 2.2　链表结构

在链式存储结构中，数据元素在逻辑结构上的相邻性不是靠连续的存储地址来保证，而是靠每个节点的链指针。在这种存储结构中，元素的插入和删除操作非常容易。单向链表和双向链表属于链式存储结构。

2.2.3　数组

几乎所有的程序设计语言都把数组作为固有数据类型。数组可以看成是线性表的扩充，数组的存储也采用顺序分配的原则，即在存储器中开辟一块连续的存储空间，依次存放数组的各个元素。

我们可以用数组来顺序地表示线性表，线性表是一个一维表，与线性表不同的是，数组可以是多维的。如 $A[i]$，$B[i, j]$，$C[j_1, j_2, j_3, \cdots, j_n]$ 都可以表示一个数组，括号内的 i，j，j_1，j_2，j_3，$\cdots$，j_n 称为数组下标，下标的个数表明数组的维数，下标数值表明该维的长度。$A[4]$ 是一维数组，数组长度为 4；$B[3, 5]$ 是二维数组，第一维长度为 3，第二维长度为 5。前面的 $C[j_1, j_2, j_3, \cdots, j_n]$ 则是 n 维数组。当 $n = 1$ 时，

n 维数组 $C[j_1, j_2, j_3, \cdots, j_n]$ 退化为一维数组 $C[j]$。注意：C 语言中，数组的下标从 0 开始，到数组长度减 1。在数组定义时，数组的下标表示数组的长度。如数组 $A[4]$ 的长度为 4，四个数据元素分别为 $A[0] \sim A[3]$。

定义了数组的维数和各维的长度，系统便为它分配存储空间，因此，只要给出一组下标便可求得相应数组元素的存储位置。由于数组的存储空间是顺序分配的，数组一旦被定义，它的长度和维数就不再改变。

同线性表的删除操作一样，删除一个数据元素，被删除元素之后的所有数据元素都要前移一个数据元素所占的存储空间的长度。插入一个数据元素需要将被插入数据元素之后的所有数据元素向后移动一个数据元素所占有的长度。如果插入和删除操作不是在数组的尾部，其运算量是相当大的，特别是数据量比较大时更是如此。除了元素存取和修改之外，数组不宜作插入和删除操作。

2.2.4 栈

1. 栈的逻辑结构

栈也是线性表，它与普通线性表的区别就在于对它的运算仅限定在表尾。

假定栈 $s = (a_1, a_2, a_3, \cdots, a_{i-1}, a_i, a_{i+1}, \cdots, a_n)$，则 a_1 称为栈底元素，a_n 为栈顶元素。进栈的顺序是 a_1，a_2，a_3，$\cdots$，a_n，出栈的顺序是 a_n，a_{n-1}，$\cdots$，a_3，a_2，a_1。它的显著特点是后进先出（last in first out，简称 LIFO），如图 2.3 所示。

2. 栈的存储结构

理论上讲，顺序存储或链式存储都可以作为栈的存储结构。由于栈的容量一般是可以预见的，而且运算仅限于栈顶，所以通常采用顺序存储作为栈的存储结构。

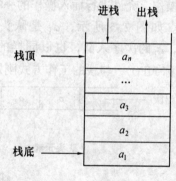

图 2.3 栈结构

3. 栈的运算

（1）建立一个栈

栈的存储结构用数组 $s[n]$。设 m 为栈的上界，则在 C 语言中，由于第 1 个数组元素是 $s(0)$，所以栈的上界 m 等于 $n-1$。设一栈顶指针为 TOP，它不必指向数据元素的实际地址，只记录数据元素的逻辑序号即可。当元素尚未进栈时，令 TOP 等于 -1。

（2）进栈

如果有元素进栈，首先检查栈顶指针 TOP，如果 TOP 等于 m，表示栈满，显示出错信息，否则将发生上溢。如果 TOP $< m$，令 TOP = TOP + 1，将该元素赋给 $s[\text{TOP}]$。

（3）出栈

出栈即取走栈顶元素。首先检查栈顶指针 TOP，如果 TOP = -1，表示栈空，显示出错信息，否则将发生下溢。如果 TOP > -1，出栈元素为 $s[\text{TOP}]$，然后令 TOP =

$TOP-1$。出入栈操作如图 2.4 所示。

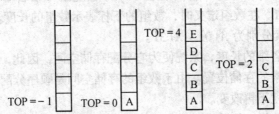

图 2.4 出入栈操作

4. 栈的应用举例

栈是一种应用很广的数据结构。例如在交互式图形系统中，将显示区域存入栈中，需要时可以恢复前几次的显示状态。用栈存放每次操作的命令，可以恢复到前几个命令时的状态。在计算机语言编译系统中，栈是一个非常重要的数据结构。

2.2.5 队列

队列是两端开口的线性表，队列只限定在表的一端进行插入操作，在表的另一端进行删除操作。允许进行插入操作的一端称为"队尾"，而允许进行删除操作的一端称为"队头"。如图 2.5 所示，a_1 是队头元素，a_n 是队尾元素，队列中元素以 a_1，a_2，a_3，…，a_n 的次序入队，也以同样的次序出队，其工作方式是先进先出（first in first out，简称 FIFO），与栈的工作方式刚好相反。

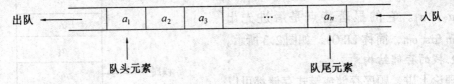

图 2.5 队列结构

在对队列进行运算时，由于队列的两端均可浮动，因此，需要设立两个指针，分别指向队头（Front）和队尾（Rear）。这里规定指针 Front 总是指向实际队头的前一位置，而指针 Rear 指向队尾元素。

显然，当 Rear = 0 或 Front = Rear 时，队列为空；当 Rear 等于上界时，队列满。

队列的主要运算是入队和出队。入队时，队尾指针加 1；出队时，队头指针加 1。

计算机程序设计中经常用到队列结构。最典型的例子是操作系统中的作业排队，当系统中有多道程序运行时，可能同时有几个作业的运行结果需要通过通道输出，这就要按申请的先后次序排队。申请输出的作业从队尾进行队列，当通道传输完一个作业，要接受一个新作业时，队头的作业先从队列中退出输出操作。

2.2.6 单向链表

从性质上说，单向链表结构仍然属于线性表，但表中的元素已不再是简单的一个数据元素或是只包含多个相同类型数据的记录，而是由多个数据域（至少有一个）和一个指针域组成。在单向链表中，节点只有一个指针域，通常存放直接后继的地址。在顺序存储的线性表中，数组名即为线性表的首地址，也是表的第一个数据元素的地址。在链式存储的线性表中，一般不建数组，所以第一个元素的地址需要专门存放在某指针型变量的存储单元中。通常设置与链表节点相同的一个节点，它的指针域存放第一个元素的地址，数据域可以是空的，也可以存放表长等其它信息，该节点通常称为链头节点。单链表的最后一个节点的指针域是空的。如图2.2所示。

1. 建立单向链表

假定线性表为（A，B，C，D，E），将其按单向链表存储。

首先定义节点的数据类型，它有两个成员，即 data 和 nextPtr。data 用来存放数据元素本身，所以，本例它应该是字符的。一个或多个普通类型的变量组成了该节点的数据域。nextPtr 存放该节点的直接后继的地址，所以它应该是指针型的，而且是指向该节点（struct slink）类型数据的指针。单向链表的 C 语言节点结构描述为：

```
struct slink {
              char          data;
              struct slink  * nextPtr;
} * head;
```

2. 访问

链表中数据元素的存储顺序与逻辑顺序无关。如果访问第 i 个元素，首先通过链头节点 h 找到第一个节点的指针域，从而找到第二个节点；……直至找到第 i 个节点，即可访问该节点的数据域。

3. 修改

修改第 i 个元素的值，将第 i 个数据元素的值改为 M。首先找到该节点，然后修改这个节点的数据域。在程序中进行如下操作：

node - > data = 'M';

4. 删除

若删除第 i 个元素 M，则要找到第 $i-1$ 和第 i 个节点，并将第 $i-1$ 个节点的指针域中第 i 个节点的地址改为第 $i+1$ 个节点的地址，最后释放第 i 个节点所占的存储空间。删除操作如图2.6所示。

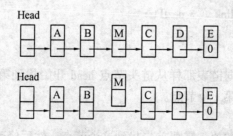

图2.6 删除一个节点

5. 插入

在第 i 个数据元素之前插入一个数值为 'M' 的元素，首先要为该元素申请一个新节点作为存储空间，在新节点的数据域存放数值 'M'，再找到第 $i-1$ 个节点，令新节点指针域的指针等于第 $i-1$ 个节点指针域的指针，修改第 $i-1$ 个节点的指针，让其存放这个新节点的地址。即让第 $i-1$ 个节点指向新节点，而新节点指向第 i 个节点即可。插入操作如图 2.7 所示。

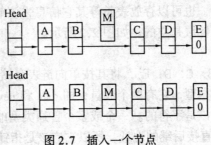

图 2.7　插入一个节点

2.2.7　双向链表

单向链表只给出节点的直接后继地址，无法得到该节点的前趋地址，为解决此问题，在每个节点的指针域增加一个指针域，用来存放节点的直接前趋地址。即第 i 个节点的指针域存放第 $i-1$ 个节点的地址。由于第 1 个节点没有直接前趋，所以，它的指向直接前趋的指针域是空的。同样，由于最后一个节点没有直接后继，所以，该节点指向其直接后继的指针域也是空的。一般再设置一个链尾节点，在它指向直接前趋的指针域存放最后一个节点的地址。

假定线性表为 (A，B，C，D，E)，将其按双向链表存储，并进行访问、修改、删除和插入的运算。

1.建立双向链表

首先要定义节点的数据类型，它有 3 个成员：data、nextPtr 和 prePtr。data 用来存放数据元素的数值，nextPtr 用来存放节点直接后继的地址，prePtr 存放节点直接前趋的地址。head 和 rear 分别为链头和链尾节点。双向链表的节点结构如下：

```
struct dlink {
        char         data;
        struct dlink * prePtr;
        struct dlink * nextPtr;
} * head, * rear;
```

2.访问

双向链表可以像单向链表那样从链头节点 head 开始找到第 i 个节点，还可以从链尾节点开始找到后起的第 j 个节点。

3.修改

若修改第 i 个节点的值，需要首先找到这个节点，然后修改该节点的数据域即可。

4.删除

删除第 i 个数据元素，涉及 3 个节点，即第 $i-1$，i，$i+1$。将节点 $i-1$ 的指针域 nextPtr 存放节点 i 指针域 nextPtr 的内容，将节点 $i+1$ 的指针域 prePtr 存放节点 i 指针域

prePtr 的内容。然后释放节点 i 所占的存储空间。删除操作如图 2.8 所示。

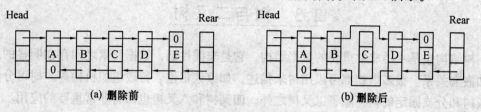

(a) 删除前　　　　　　　　　　　　　　(b) 删除后

图 2.8　双向链表的删除操作

5. 插入

在第 i 个数据元素前插入一个新的数据元素。首先为该元素申请存储空间，得到一个新节点，如图 2.9（a）所示。这个新节点的数据域存放该元素的值。再找到第 $i-1$ 个和第 i 个节点；新节点的指针域 nextPtr 存放第 $i-1$ 个节点的指针域 nextPtr 的内容，指针域 prePtr 存放第 i 个节点指针域 prePtr 的内容；节点 $i-1$ 的指针域和节点 i 指针域存放新节点的地址。如图 2.9 所示。

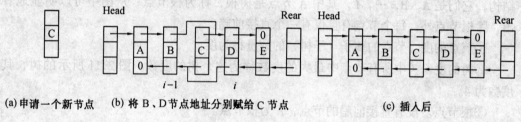

(a) 申请一个新节点　　(b) 将 B、D 节点地址分别赋给 C 节点　　　　(c) 插入后

图 2.9　双向链表的插入操作

2.2.8　循环链表

单向链表只给出节点的直接后继，无法求得某节点的前趋。单向链表最后一个节点的指针域是空的，如果将其存放第一个节点的地址，就形成了循环链表，如图 2.10（a）所示。在循环链表中，从任一节点出发可以达到表中所有的节点，从而克服了单向链表不能访问其前趋节点的缺点。

如果将双向链表的最后一个节点的指针域存放第一个节点的地址，同时将第一个节点的指针域存放最后一个节点的地址就形成了双向循环链表，如图 2.10（b）所示。

循环链表构成一个环，因此从表中任一节点出发均可找到其它节点。

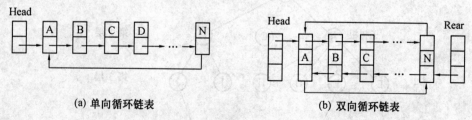

(a) 单向循环链表　　　　　　　　　　　　(b) 双向循环链表

图 2.10　循环链表

2.3　树与二叉树

树结构也是一类非常重要的数据结构，它是非线性的，数据元素之间存在明显的层次和嵌套关系。很多事物都可以用树来描述，如家族祖谱、行政组织机构等。树可分为一般树和分支固定的树，除了二叉树之外，四叉树和八叉树也都有非常重要的应用。

2.3.1　树的逻辑结构

树是由一个或一个以上节点组成的有限集 T，其中一个节点称为根，其余节点可分为若干个互不相交的有限集 T_1，T_2，T_3，$\cdots$，T_n，每一个集合本身又是一棵树，称为根的子树。可见，树结构是一个递归定义。图 2.11 为树的逻辑结构。

结合图 2.11 所示的树结构，介绍下面一些基本术语。这是一个拥有 12 个节点的树结构，它们是 A，B，$\cdots$，L，其中 A 节点是树根，称为根节点；从图中可以明显地看出，除根节点外，每个节点有且仅有一个直接前趋。

①节点的度。节点的孩子（子树）的数量称为度。

②树的度。树中所有节点中最大的度数称为这个树的度数。图 2.11 所示的树，其度数为 4。

③根节点。没有直接前趋的节点，A 为根节点。

④分支节点。度不为 0 的节点，或者有直接后继的节点。如节点 B、F、D、J。每个分支节点可以有不只一个直接后继。

⑤叶节点。没有直接后继的节点，或者说度为 0 的节点。如节点 E、K、G、H、C、I、L 都是树叶，也称终端节点。

⑥双亲。节点的直接前趋称为该节点的双亲。如 A 是 B 的双亲。

⑦孩子。节点的直接后继称为该节点的孩子。如 B 是 A 的孩子。

⑧兄弟。同一双亲的孩子间称为兄弟。如 E、F、G、H。

⑨堂兄弟。双亲在同一层的节点互为堂兄弟。如 G 与 I、J 互为堂兄弟。

⑩深度。树的最大层次数量称为树的深度或高度，图 2.11 所示的树，其深度为 4。

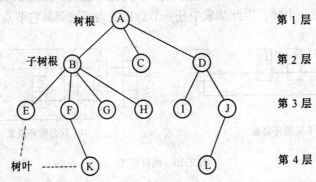

图 2.11　树的逻辑结构

⑪祖先。从根到该节点所经的所有节点都是该节点的祖先。如节点 L 的祖先是 A、D、J 节点。

⑫子孙。以该节点为根的子树中的任一节点都是该节点的子孙。如 I、J、L 是 D 的子孙，节点 A 的子孙则是树中其余的 11 个节点。

⑬边。节点间的连线

2.3.2 树的存储结构

由于树的逻辑结构为非线性的，所以只能用链式作为它的存储结构。可采用定长或不定长两种方式描述树的节点。

1.定长方式

以最大度数节点的结构作为该树的所有节点的结构，如图 2.12（a）所示，每个节点都有 n 个子树域。将图 2.12（b）所示的树用定长节点作为它的存储结构，如图 2.12（c）所示。

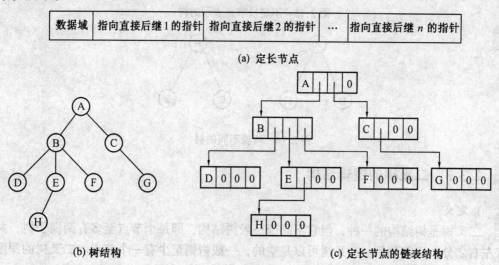

数据域	指向直接后继 1 的指针	指向直接后继 2 的指针	...	指向直接后继 n 的指针

(a) 定长节点

(b) 树结构　　　　　　　　　　(c) 定长节点的链表结构

图 2.12　定长节点表示的树

2.不定长方式

每个节点增加一个存放度数的域，节点长度将随着度数不同而不同，如图 2.13（a）所示。采用不定长节点表示图 2.12（b）所示的树，如图 2.13（b）所示。

定长方式存储中，所有的节点是同构的，运算方便，但浪费一定空间。而在不定长方式存储中，可节省一些空间，但运算不方便。

在计算机中，数据的表示总是有序的，树结构在计算机内的表示也隐含着一种确定的相对次序，因此，树结构中的各子树之间的相对位置也是确定的，如果交换同一层次各子树的位置就构成了不同的树。如图 2.14 所示为两棵不同的树。

数据域	节点的度 n	指向直接后继 1 的指针	指向直接后继 2 的指针	⋯	指向直接后继 n 的指针

(a) 不定长节点

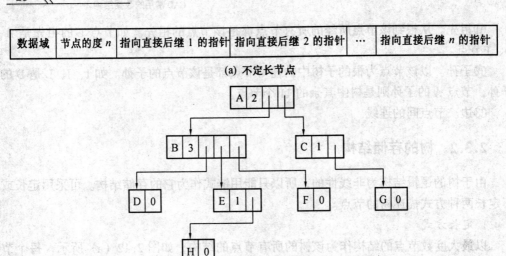

(b) 不定长节点的链表结构

图 2.13　不定长节点表示的树

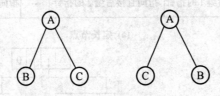

图 2.14　两棵不同的树

2.3.3　二叉树的逻辑结构

1.定义

二叉树是树结构的一种，但它不同于一般树结构，即每个节点至多有两棵子树，并有左右之分，不能颠倒。二叉树可以是空的，一般树则至少有一个节点。二叉树的深度和度的定义与树一致。二叉树的五种基本形态如图 2.15 所示。

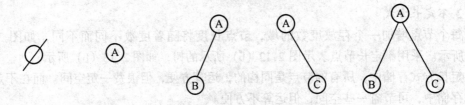

图 2.15　二叉树的五种基本形态

2.特殊二叉树

①深度为 k 的有 $2^k - 1$ 个节点的二叉树称为满二叉树，如图 2.16 (a) 所示。

②深度为 k，节点为 n 的二叉树，它从 1 到 n 的标号如果与深度为 k 的满二叉树的标号一致，就称为顺序二叉树，如图 2.16 (b) 所示。

③节点的度数或者为零，或者为 2 的二叉树，称为完全二叉树，如图 2.16 （a）、（c）所示。

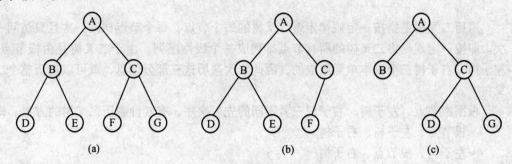

(a)　　　　　　　　　　(b)　　　　　　　　　　(c)

图 2.16　特殊二叉树

2.3.4　二叉树的存储结构

对于满二叉树的存储结构，可采用顺序存储。如果 $i = 1$，此节点是根节点。如果 $i = k$，$k/2$ 是节点 i 的双亲节点，$2k$ 是 i 的左孩子，$2k + 1$ 是 i 的右孩子。这种存储结构的特点是节省空间，可以利用公式随机地访问每个节点和它的双亲及左右孩子，但不便删除或插入运算，如图 2.17 所示。

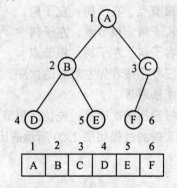

图 2.17　顺序二叉树的顺序存储

对于一般二叉树，通常采用多重链表结构，每个节点设三个域：数据域存放节点的值，左子树域存放左子树的地址，右子树域存放右子树的地址，如图 2.18 所示。这种存储结构会浪费一些存储空间，但便于删除或插入运算。

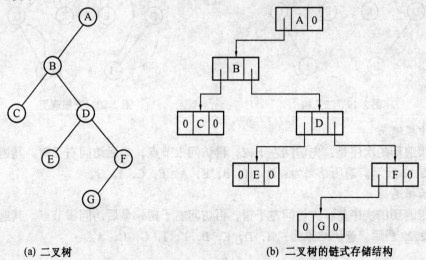

(a) 二叉树　　　　　　　　　　(b) 二叉树的链式存储结构

图 2.18　二叉树的链式存储

2.3.5 二叉树的遍历

遍历二叉树是指按一定规律走遍二叉树的每个节点，每个节点访问一次且只访问一次。即按一定规则将二叉树的所有节点排列成一个线性序列。由于二叉树是由根节点、左子树、右子树三个基本单元组成的，因此依次遍历这三部分信息，就可以遍历整个二叉树了。

根据根节点、左子树、右子树三者不同的先后次序，有 6 种遍历二叉树的方案。即
- 根节点、左子树、右子树
- 左子树、根节点、右子树
- 左子树、右子树、根节点
- 根节点、右子树、左子树
- 右子树、根节点、左子树
- 右子树、左子树、根节点

前三种是按着先左后右的次序，属于常用的遍历方式。

1. 先根遍历

先根遍历的次序是：先访问根节点，再访问左子树，最后访问右子树。遍历图 2.19 所示二叉树的过程如图 2.20 所示遍历结果为：A，B，D，H，E，C，F，G，I。

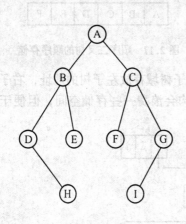

图 2.19 二叉树

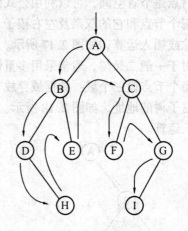

图 2.20 先根遍历

2. 中根遍历

中根遍历的次序是：先访问左子树，再访问根节点，最后访问右子树。其遍历示意图如图 2.21 所示。遍历结果为：D，H，B，E，A，F，C，I，G。

3. 后根遍历

后根遍历的次序是：先访问左子树，再访问右子树，最后访问根节点。其遍历示意图如图 2.22 所示。遍历结果为：H，D，E，B，F，I，G，C，A。

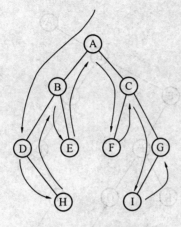

图 2.21　中根遍历

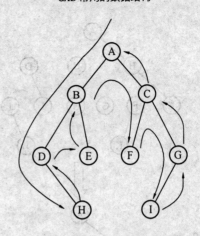

图 2.22　后根遍历

2.3.6　树的二叉树表示

用二叉树表示一般树可以节省存储空间，一般树转换为二叉树的规则是：

①树的根节点为二叉树的根节点。

②保留根节点的孩子（从左到右），第一个孩子作为二叉树的左子树。

③根节点的其余孩子作为该左子树的右子树（与左子树原属于兄弟关系，现变为父子关系）。

将图 2.11 所示的一般树转换为二叉树的过程如图 2.23 所示。

①保留每个节点与最左孩子的边，去掉其余各边。

②连接同一双亲的所有兄弟。

③以树根节点为轴心，将整棵树顺时针旋转 45° 即可得到转换后的二叉树。

2.3.7　二叉树应用举例

1.利用二叉树排序

排序就是对一组无序的数据按递增或递减的规律重新排列。用二叉树排序的过程分为两步：先构造这棵二叉树，然后对这棵二叉树进行遍历。例如，对一组数据（a_1，a_2，a_3，…，a_{i-1}，a_i，a_{i+1}，…，a_n）按非递减的规律排序。

（1）构造二叉排序树

每一个数据将对应二叉树的一个节点。该节点在二叉树上的位置是这样确定的：第一个数据元素 a_1 作为这棵二叉树的根节点；若 $a_2 < a_1$，a_2 作为 a_1 的左子树，否则作为 a_1 的右子树；第 i 个数据元素 a_i 同这棵二叉树的根节点比较，若 $a_i < a_1$，则 a_i 应位于 a_1 的左边，再同 a_1 的左子树节点比较，否则同 a_1 的右子树节点比较，依次类推，直到找到该数据元素的位置为止。建立数组（9，36，45，13，26，7，12，48）的二叉排序树如图 2.24 所示。

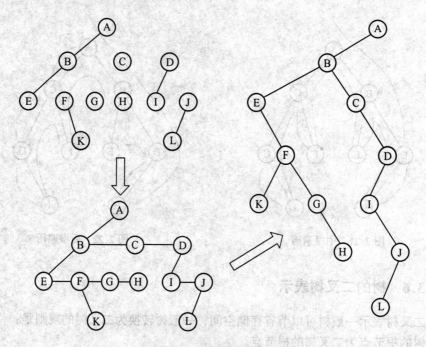

图 2.23　一般树转换成二叉树

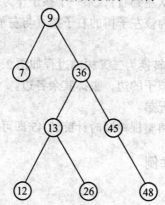

图 2.24　建立二叉排序树

（2）中根遍历二叉排序树

按照上面的方法建立二叉树以后，用中根遍历方式遍历该二叉树，图 2.24 所示的二叉树排序的结果是：7，9，12，13，26，36，45，48。

2.三维立体造型的 CSG 树

一个复杂的形体可以看做由一些比较简单的形体经过交、并、差运算形成。二叉树可以描述复杂形体这一形成过程，因此，这样的树也可称做 CSG 树。图 2.25（a）给出一个复杂形体的形成过程，该过程也可以用图 2.25（b）所示的 CSG 树来描述，从图中可以看出，这是一棵二叉树，树叶节点是构成这个复杂形体的各个简单形体，其余节点描述了对它的左右子树的运算种类，经过三层五次运算，就得到了这个复杂形体。

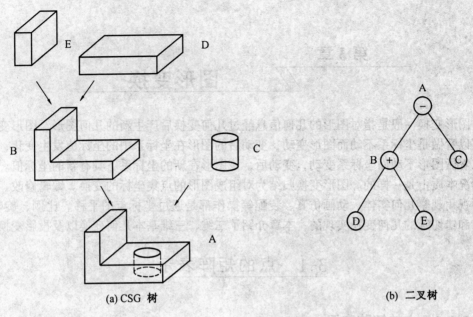

(a) CSG 树   (b) 二叉树

图 2.25   CSG 拼合过程

第3章

图形变换

　　图形变换一般是指对图形的几何信息经过几何变换后产生新的几何图形。图形变换既可以看做是坐标系不动而图形变动，变动后的图形在坐标系中的坐标值发生变化；也可以看做图形不动而坐标系变动，变动后，该图形在新的坐标系下具有新的坐标值。两种情况本质上是一样的。图形变换归结为对组成图形的点集坐标的变换。编辑修改、从各种视角观察几何实体、动画仿真、装配等操作都是通过坐标点的平移、比例、旋转、镜射和错切等的几何变换实现的，本章介绍了二维、三维基本几何变换以及投影变换。

3.1　点的矩阵表示

3.1.1　点的矩阵表示

　　在二维空间中，用坐标 (x, y) 表示平面上的一点。为了便于进行各种变换运算，通常把二维空间中的点表示成 1×2 行矩阵或者表示成 2×1 列矩阵。即

$$[x \quad y]_{1 \times 2}, \quad \begin{bmatrix} x \\ y \end{bmatrix}_{2 \times 1}$$

3.1.2　二维图形的矩阵表示

　　点是构成图形的最基本要素。一个三维实体可以看成是由若干个面围成的，而面是由线围成的，一条曲线可以看做是由许多短直线段拟合而成，一条直线则是由两个端点连接而成的。所以，一般情况下，可以认为图形是一个点集。因此，图形实体的变换实际上就是点集的变换，而点的几何变换则是图形变换的基础。

　　点是构成图形的最基本要素，可用点的集合（简称点集）来表示一个二维图形，其矩阵形式为

$$\begin{bmatrix} x_1 & y_1 \\ x_2 & y_2 \\ \vdots & \vdots \\ x_n & y_n \end{bmatrix}_{n \times 2}$$

3.2　二维图形的基本变换

　　在计算机绘图中，常常要对图形进行比例、镜射、旋转、平移、投影等各种变换，既然图形可以用点集来表示，那么，二维图形的基本变换就可以通过点集的变换来实

现。点的位置改变了，图形就会随之改变，即

$$旧点（集）\times 变换矩阵 \xrightarrow{\text{矩阵运算}} 新点（集）$$

3.2.1 平移变换

平移是指点从一个位置移动到另一个位置的直线移动，即点 $p(x, y) \longrightarrow$ $p^*(x^*, y^*)$。令 X、Y 轴方向的偏移量分别为 l 和 m，则

$$\begin{cases} x^* = x + l \\ y^* = y + m \end{cases}$$

或 $$[x^* \quad y^*] = [x + l \quad y + m]$$

平移变换如图 3.1 所示，图中实线图形框为原始位置，虚线图形框为沿 X 轴平移 l 和沿 Y 轴平移 m 所到达的位置。

3.2.2 比例变换

设 a 和 d 分别为 X、Y 轴方向的缩放比例系数。则点 $p(x, y) \longrightarrow p^*(x^*,$ $y^*)$ 的变换为

$$\begin{cases} x^* = ax \\ y^* = dy \end{cases} 或 [x^* \quad y^*] = [ax \quad dy] = [x \quad y]\begin{bmatrix} a & 0 \\ 0 & d \end{bmatrix} = [x \quad y] \cdot T$$

式中 $T = \begin{bmatrix} a & 0 \\ 0 & d \end{bmatrix}$，称为比例变换矩阵。

比例变换如图 3.2 所示，图中实线图形框为原始图形，虚线图形框为放大 2 倍后的图形。

比例因子 a 和 d 分别取不同的值（$a > 0$，$d > 0$）将获得不同的变换结果：

• 恒等变换：$a = d = 1$，变换后点的坐标不变。

• 等比变换：$a = d \neq 1$，当 $a = d > 1$ 时，变换后图形等比例放大，如图 3.2 所示。当 $a = d < 1$ 时，变换后图形等比例缩小。

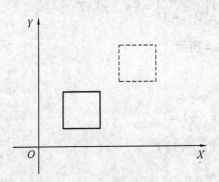

图 3.1 平移变换

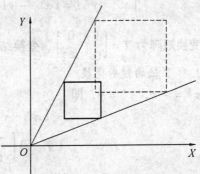

图 3.2 比例变换（等比例变换）

• 若 $a \neq d$，变换后图形产生畸变。如取 $a = 2$，$d = 0.5$，则变换矩阵为 $T =$

$$\begin{bmatrix} 2 & 0 \\ 0 & 0.5 \end{bmatrix}, 图形框的变换为$$

$$\begin{bmatrix} 10 & 20 \\ 20 & 20 \\ 20 & 10 \\ 10 & 10 \end{bmatrix} \begin{bmatrix} 2 & 0 \\ 0 & 0.5 \end{bmatrix} = \begin{bmatrix} 20 & 10 \\ 40 & 10 \\ 40 & 5 \\ 20 & 5 \end{bmatrix}$$

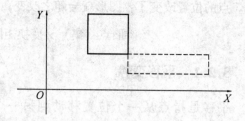

图 3.3　不等比例变换

变换后的图形如图 3.3 所示，图中虚线框为变换后的图形。

3.2.3　旋转变换

设点 (x, y) 绕坐标原点逆时针旋转角 θ，则点 $p(x, y) \longrightarrow p^*(x^*, y^*)$ 的变换为

$$\begin{cases} x^* = x\cos\theta - y\sin\theta \\ y^* = x\sin\theta + y\cos\theta \end{cases}$$

或

$$[x^* \quad y^*] = [x\cos\theta - y\sin\theta \quad x\sin\theta + y\cos\theta]$$

$$[x \quad y]\begin{bmatrix} \cos\theta & \sin\theta \\ -\sin\theta & \cos\theta \end{bmatrix} = [x \quad y] \cdot \boldsymbol{T}$$

式中 $\boldsymbol{T} = \begin{bmatrix} \cos\theta & \sin\theta \\ -\sin\theta & \cos\theta \end{bmatrix}$，称其旋转变换矩阵。

3.2.4　镜射变换

镜射变换即产生图形的镜像，用来计算镜射图形，也称为对称变换。包括对于坐标轴、坐标原点、±45°直线和任意直线的镜射变换。

1.对 X 轴的镜射变换

对 X 轴的镜射变换应有 $x^* = x, y^* = -y$，即

$$[x^* \quad y^*] = [x \quad -y] = [x \quad y]\begin{bmatrix} 1 & 0 \\ 0 & -1 \end{bmatrix} = [x \quad y] \cdot \boldsymbol{T}$$

变换矩阵为 $\boldsymbol{T} = \begin{bmatrix} 1 & 0 \\ 0 & -1 \end{bmatrix}$，变换结果如图 3.4 所示。

2.对 Y 轴的镜射变换

$x^* = -x, y^* = y$，即

$$[x^* \quad y^*] = [-x \quad y] =$$

$$[x \quad y]\begin{bmatrix} -1 & 0 \\ 0 & 1 \end{bmatrix} = [x \quad y] \cdot \boldsymbol{T}$$

变换矩阵为 $\boldsymbol{T} = \begin{bmatrix} -1 & 0 \\ 0 & 1 \end{bmatrix}$，变换结果如图 3.4 所示。

3.对原点的镜射变换

$x^* = -x, y^* = -y$，即

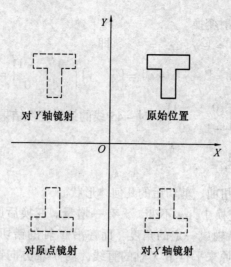

图 3.4　镜射变换

$$[\ x^* \quad y^* \ ] = [\ -x \quad -y \ ] = [\ x \quad y \ ] \begin{bmatrix} -1 & 0 \\ 0 & -1 \end{bmatrix} = [\ x \quad y \ ] \cdot T$$

变换矩阵为 $T = \begin{bmatrix} -1 & 0 \\ 0 & -1 \end{bmatrix}$，镜射变换结果如图 3.4 所示。

4. 对 ±45° 线的镜射变换

（1）对 45° 线的镜射

对 45° 线的镜射应有 $x^* = y$，$y^* = x$。其镜射变换为

$$[\ x^* \quad y^* \ ] = [\ y \quad x \ ] = [\ x \quad y \ ] \begin{bmatrix} 0 & 1 \\ 1 & 0 \end{bmatrix} = [\ x \quad y \ ] \cdot T$$

则变换矩阵为 $T = \begin{bmatrix} 0 & 1 \\ 1 & 0 \end{bmatrix}$，镜射变换结果如图 3.5 所示。

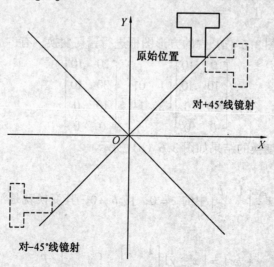

图 3.5　±45° 镜射变换

（2）对 – 45°线的镜射变换

对 – 45°线镜射，$x^* = -y$，$y^* = -x$，即

$$[x^* \quad y^*] = [-y \quad -x] = [x \quad y]\begin{bmatrix} 0 & -1 \\ -1 & 0 \end{bmatrix} = [x \quad y] \cdot T$$

则变换矩阵为 $T = \begin{bmatrix} 0 & -1 \\ -1 & 0 \end{bmatrix}$，对 – 45°线的镜射变换结果如图 3.5 所示。

3.2.5　错切变换

错切用于描述受到扭曲、剪切后的几何体形状。

在沿 X 轴的错切变换中，y 不变，x 有一增量。变换后原来平行于 Y 轴的直线，向 X 轴方向错切成与 X 轴成一定的角度。而在沿 Y 轴的错切变换中，x 坐标不变，y 坐标有一增量。变换后原来平行于 X 轴的直线，向 Y 轴方向错切成与 Y 轴成一定的角度。

$$[x^* \quad y^*] = [x + cy \quad y + bx] = [x \quad y]\begin{bmatrix} 1 & b \\ c & 1 \end{bmatrix} = [x \quad y] \cdot T$$

式中 $T = \begin{bmatrix} 1 & b \\ c & 1 \end{bmatrix}$ 为错切变换矩阵，其中 c 和 b 不同时为 0。

1. 沿 X 轴向错切

令错切变换矩阵 $T = \begin{bmatrix} 1 & b \\ c & 1 \end{bmatrix}$ 中的 $b = 0$，且 $c \neq 0$，其变换就是沿 X 轴方向的错切。即

$$[x^* \quad y^*] = [x + cy \quad y] = [x \quad y]\begin{bmatrix} 1 & 0 \\ c & 1 \end{bmatrix} = [x \quad y] \cdot T$$

当 $c > 0$ 时，错切沿着 X 轴的正向；当 $c < 0$ 时，错切沿 X 轴负向。错切直线与 X 轴的夹角为 $\tan \alpha = \dfrac{y}{cy} = \dfrac{1}{c}$。

如果设 $c = 2$，对图 3.6（a）中的方形图框进行错切变换，有

$$\begin{bmatrix} 0 & 10 \\ 10 & 10 \\ 10 & 0 \\ 0 & 0 \end{bmatrix}\begin{bmatrix} 1 & 0 \\ 2 & 1 \end{bmatrix} = \begin{bmatrix} 20 & 10 \\ 30 & 10 \\ 10 & 0 \\ 0 & 0 \end{bmatrix}$$

沿 X 轴方向错切变换的结果如图 3.6（b）所示。

2. 沿 Y 轴向错切

令错切变换矩阵 $T = \begin{bmatrix} 1 & b \\ c & 1 \end{bmatrix}$ 中的 $c = 0$，且 $b \neq 0$，其变换就是沿 Y 轴方向的错切。即

$$[x^* \quad y^*] = [x \quad y + bx] = [x \quad y]\begin{bmatrix} 1 & b \\ 0 & 1 \end{bmatrix} = [x \quad y] \cdot T$$

当 $b > 0$ 时，错切沿着 Y 轴的正向；当 $b < 0$ 时，错切沿 Y 轴负向。错切直线与 Y

轴的夹角为 $\tan \alpha = \dfrac{x}{bx} = \dfrac{1}{b}$。

如果设 $b = 2$，对方形图框进行错切变换，有

$$\begin{bmatrix} 0 & 10 \\ 10 & 10 \\ 10 & 0 \\ 0 & 0 \end{bmatrix} \begin{bmatrix} 1 & 2 \\ 0 & 1 \end{bmatrix} = \begin{bmatrix} 0 & 10 \\ 10 & 30 \\ 10 & 20 \\ 0 & 0 \end{bmatrix}$$

沿 Y 轴方向错切变换的结果如图 3.6（c）所示。

注意，上面介绍的错切变换的错切方向是指第 I 象限而言，其余象限的点的错切方向应做相应的改变。

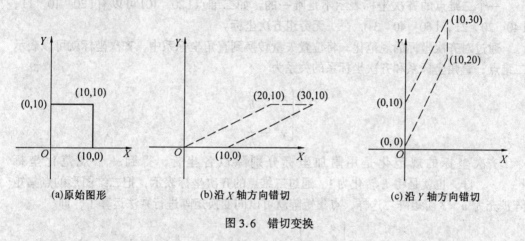

(a)原始图形　　　(b)沿 X 轴方向错切　　　(c)沿 Y 轴方向错切

图 3.6　错切变换

3.3　二维齐次坐标和齐次变换矩阵

3.3.1　二维齐次坐标

前面我们已经介绍了五种基本变换，除了平移变换，其余四种变换的系数都可以用一个 2×2 矩阵来表示，即 $\boldsymbol{T} = \begin{bmatrix} a & b \\ c & d \end{bmatrix}$。变换矩阵中的 a、b、c、d 为变换比例因子，对它们取值不同，可以实现各种不同变换。为了使格式统一，现在我们研究一下平移变换的系数矩阵。

如前面所设，令 X、Y 轴方向的偏移量分别为 l 和 m，考虑到上面的 2×2 变换矩阵，进一步推导平移变换

$$[\, x^* \quad y^* \,] = [\, x + l \quad y + m \,] = [\, 1 \cdot x + 0 \cdot y + l \quad 0 \cdot x + 1 \cdot y + m \,]$$

其系数矩阵应为 $\boldsymbol{T} = \begin{bmatrix} 1 & 0 \\ 0 & 1 \\ l & m \end{bmatrix}$。

为了统一，可以将二维基本变换矩阵的形式由 2×2 阶矩阵扩充成一个 3×2 阶矩

阵，即

$$T = \begin{bmatrix} a & b \\ c & d \\ l & m \end{bmatrix}_{3 \times 2}$$

这样以来又出现了一个新的问题，即二维图形的点集矩阵是 $n \times 2$ 阶，而变换矩阵是 3×2 阶，二者无法相乘，不能进行图形变换运算。为此，引入齐次坐标的概念。

在齐次坐标系中，n 维空间的位置矢量用 $n+1$ 维矢量表示，即二维空间的位置矢量用三维矢量表示。一个二维位置矢量 $[x \quad y]$ 用齐次坐标表示即为 $[x \quad y \quad h]$，其中的 h 为附加坐标，是一个不为零的参数。

一个二维点的齐次坐标表示不是唯一的，如二维点 $[20 \quad 10]$ 可以有 $[20 \quad 10 \quad 1]$，$[40 \quad 20 \quad 2]$，$[60 \quad 40 \quad 3]$，……无穷组齐次坐标。

通过对齐次坐标的规范化，将位置矢量转换到直角坐标系中，齐次坐标就可以表示二维点，直角坐标系和齐次坐标系的关系为

$$\begin{cases} x^* = \dfrac{x}{h} \\ y^* = \dfrac{y}{h} \end{cases}$$

齐次坐标的规范化是用附加坐标分别除以各坐标，得到一个规范化坐标 $[x \quad y \quad 1]$，也就是将 h 转化为 1。通过二维点的齐次坐标表示，把二维图形的点集矩阵扩充为 $n \times 3$ 阶矩阵。这样，点集矩阵就可以同变换矩阵进行乘法运算了，即

$$[x \quad y \quad 1]\begin{bmatrix} a & b \\ c & d \\ l & m \end{bmatrix} = [ax + cy + l \quad bx + dy + m]$$

3.3.2 二维齐次变换矩阵

为了使二维变换矩阵具有更多的功能，可将 3×2 阶变换矩阵进一步扩充为 3×3 阶矩阵，即

$$T = \begin{bmatrix} a & b & p \\ c & d & q \\ l & m & s \end{bmatrix}$$

这个 3×3 阶矩阵中各元素的功能和几何意义各不相同，可以分割成四块

$$T = \left[\begin{array}{cc:c} a & b & p \\ c & d & q \\ \hdashline l & m & s \end{array}\right]$$

其中，2×2 阶矩阵 $\begin{bmatrix} a & b \\ c & d \end{bmatrix}$ 可以实现图形的比例缩放、镜射、错切、旋转等变换；1×2 阶矩阵 $[l \quad m]$ 可以实现图形的平移变换；2×1 阶矩阵 $[p \quad q]^T$ 可以实现图形的透视变换；而 $[s]$ 可以实现图形的全比例变换。

有关二维齐次坐标点集与齐次变换矩阵的变换运算这里不再赘述，为了方便查阅，现将五种二维图形的基本变换矩阵列出，见表 3.1。

表 3.1　二维图形的基本变换矩阵

变换矩阵名称	矩阵元素的几何意义	变换矩阵
平移变换	l——X 方向上的平移量 m——Y 方向上的平移量	$T = \begin{bmatrix} 1 & 0 & 0 \\ 0 & 1 & 0 \\ l & m & 1 \end{bmatrix}$
镜射变换	对 X 轴镜射	$T = \begin{bmatrix} 1 & 0 & 0 \\ 0 & -1 & 0 \\ 0 & 0 & 1 \end{bmatrix}$
	对 Y 轴镜射	$T = \begin{bmatrix} -1 & 0 & 0 \\ 0 & 1 & 0 \\ 0 & 0 & 1 \end{bmatrix}$
	对 $+45°$ 线镜射	$T = \begin{bmatrix} 0 & 1 & 0 \\ 1 & 0 & 0 \\ 0 & 0 & 1 \end{bmatrix}$
	对 $-45°$ 线镜射	$T = \begin{bmatrix} 0 & -1 & 0 \\ -1 & 0 & 0 \\ 0 & 0 & 1 \end{bmatrix}$
	对坐标系原点镜射	$T = \begin{bmatrix} -1 & 0 & 0 \\ 0 & -1 & 0 \\ 0 & 0 & 1 \end{bmatrix}$
比例变换	a——X 方向上的比例因子 d——Y 方向上的比例因子	$T = \begin{bmatrix} a & 0 & 0 \\ 0 & d & 0 \\ 0 & 0 & 1 \end{bmatrix}$
错切变换	沿 X 向错切 c——错切量，$c \neq 0$	$T = \begin{bmatrix} 1 & 0 & 0 \\ c & 1 & 0 \\ 0 & 0 & 1 \end{bmatrix}$
	沿 Y 向错切 b——错切量，$b \neq 0$	$T = \begin{bmatrix} 1 & b & 0 \\ 0 & 1 & 0 \\ 0 & 0 & 1 \end{bmatrix}$
旋转变换	θ——旋转角，逆时针为正，顺时针为负	$T = \begin{bmatrix} \cos\theta & \sin\theta & 0 \\ -\sin\theta & \cos\theta & 0 \\ 0 & 0 & 1 \end{bmatrix}$
全比例变换	s——全图的比例因子	$T = \begin{bmatrix} 1 & 0 & 0 \\ 0 & 1 & 0 \\ 0 & 0 & s \end{bmatrix}$

3.4　二维图形的组合变换

有些变换仅用一种基本变换是不能实现的，必须有两种或多种基本变换组合才能实现。这种由多种基本变换组合而成的变换称之为组合变换，相应的变换矩阵叫做组合变换矩阵。组合变换的目的是对一个点进行一次性变换，使得变换的效率更高。

1. 绕任意点旋转变换

平面图形绕任意点 p（x^*，y^*）旋转 α 角，需要通过以下几个步骤来实现：

将旋转中心平移到原点，变换矩阵为

$$T_{-x,-y} = \begin{bmatrix} 1 & 0 & 0 \\ 0 & 1 & 0 \\ -x_p & -y_p & 1 \end{bmatrix}$$

将图形绕坐标系原点旋转角，变换矩阵为

$$T_{R(\alpha)} = \begin{bmatrix} \cos\alpha & \sin\alpha & 0 \\ -\sin\alpha & \cos\alpha & 0 \\ 0 & 0 & 1 \end{bmatrix}$$

将旋转中心平移回到原来位置，变换矩阵为

$$T_{x,y} = \begin{bmatrix} 1 & 0 & 0 \\ 0 & 1 & 0 \\ x_p & y_p & 1 \end{bmatrix}$$

因此，绕任意点的旋转变换矩阵为

$$T = T_{-x,-y} \cdot T_{R(\alpha)} \cdot T_{x,y} =$$

$$\begin{bmatrix} 1 & 0 & 0 \\ 0 & 1 & 0 \\ -x_p & -y_p & 1 \end{bmatrix} \begin{bmatrix} \cos\alpha & \sin\alpha & 0 \\ -\sin\alpha & \cos\alpha & 0 \\ 0 & 0 & 1 \end{bmatrix} \begin{bmatrix} 1 & 0 & 0 \\ 0 & 1 & 0 \\ x_p & y_p & 1 \end{bmatrix} =$$

$$\begin{bmatrix} \cos\alpha & \sin\alpha & 0 \\ -\sin\alpha & \cos\alpha & 0 \\ x_p(1-\cos\alpha)+y_p\sin\alpha & -x_p\sin\alpha+y_p(1-\cos\alpha) & 1 \end{bmatrix}$$

2. 对任意直线的镜射变换

基本变换中的镜射变换适用于通过坐标原点的任意直线。如果直线不通过原点，则首先将该直线平移，使其过原点，然后再沿用基本的镜射变换，即可求得相对于任意直线的镜射变换矩阵。

设任意直线的方程为 $Ax + By + C = 0$，直线在 X 轴和 Y 轴上的截距分别为 $-C/A$ 和 $-C/B$，直线与 x 轴的夹角为 α，$\alpha = \arctan(-A/B)$。如图 3.7 所示，对任意直线的镜射变换可由以下几个步骤来完成：

①平移直线。沿 x 向将直线平移，使其通过原点（也可以沿 y 向平移），其变换矩阵为

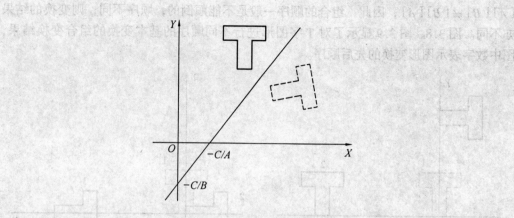

图 3.7 对任意直线的镜射变换

$$T_{C/A} = \begin{bmatrix} 1 & 0 & 0 \\ 0 & 1 & 0 \\ C/A & 0 & 1 \end{bmatrix}$$

②绕原点旋转。使直线与 X 坐标轴重合（也可以与 Y 轴重合），变换矩阵为

$$T_{R(-\alpha)} = \begin{bmatrix} \cos(-\alpha) & \sin(-\alpha) & 0 \\ -\sin(-\alpha) & \cos(-\alpha) & 0 \\ 0 & 01 \end{bmatrix} = \begin{bmatrix} \cos\alpha & -\sin\alpha & 0 \\ \sin\alpha & \cos\alpha & 0 \\ 0 & 0 & 1 \end{bmatrix}$$

③对于 x 轴进行镜射变换。其变换矩阵为

$$T_{M(X)} = \begin{bmatrix} 1 & 0 & 0 \\ 0 & -1 & 0 \\ 0 & 0 & 1 \end{bmatrix}$$

④绕原点旋转。使直线回到原来与 x 轴成角 α 的位置，变换矩阵为

$$T_{R(\alpha)} = \begin{bmatrix} \cos\alpha & \sin\alpha & 0 \\ -\sin\alpha & \cos\alpha & 0 \\ 0 & 0 & 1 \end{bmatrix}$$

⑤平移直线。使其回到原来位置，变换矩阵为

$$T_{-C/A} = \begin{bmatrix} 1 & 0 & 0 \\ 0 & 1 & 0 \\ -C/A & 0 & 1 \end{bmatrix}$$

通过以上五个步骤，即可实现图形对任意直线的镜射变换。其组合变换为

$$T = T_{C/A} \cdot T_{R(\alpha)} \cdot T_{M(X)} \cdot T_{R(-\alpha)} \cdot T_{-C/A} = \begin{bmatrix} \cos2\alpha & \sin2\alpha & 0 \\ \sin2\alpha & -\cos2\alpha & 0 \\ (\cos2\alpha-1)\ C/A & \sin2\alpha C/A & 1 \end{bmatrix}$$

3.组合变换顺序对图形的影响

通过上面的变换可以看出，组合变换是通过基本变换组合而成的，点或点集的多次变换可以一次完成，这要比逐次进行变换效率高。由于矩阵的乘法不符合交换律，即

$[A][B] \neq [B][A]$，因此，组合的顺序一般是不能颠倒的，顺序不同，则变换的结果亦不同。图 3.8、图 3.9 显示了对 T 字图形进行不同顺序的基本变换的组合变换结果，图中数字表示图形变换的先后顺序。

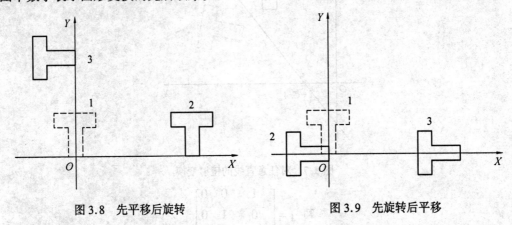

图 3.8　先平移后旋转　　　　　　图 3.9　先旋转后平移

3.5　三维图形的变换

3.5.1　三维基本变换矩阵

三维图形的变换是二维图形变换的简单扩展，在齐次坐标系，二维变换可以用 3×3 阶矩阵表示，三维变换可以用 4×4 阶矩阵表示。

三维点为 $[x \quad y \quad z]$，它的齐次坐标为 $[x \quad y \quad z \quad 1]$。三维变换矩阵则用 4×4 阶矩阵表示，同样可以把三维基本变换矩阵划分为四块

$$T = \begin{bmatrix} a & b & c & p \\ d & e & f & q \\ h & i & j & r \\ l & m & n & s \end{bmatrix}_{4 \times 4} \quad 即 \begin{bmatrix} 3 \times 3 & 3 \times 1 \\ 1 \times 3 & 1 \times 1 \end{bmatrix}$$

三维基本变换矩阵中各子矩阵块的几何意义如下：

$$\begin{bmatrix} a & b & c \\ d & e & f \\ h & i & j \end{bmatrix}_{3 \times 3}$$
产生比例、镜射、错切、旋转等基本变换。

$[l \quad m \quad n]_{1 \times 3}$　产生平移变换

$$\begin{bmatrix} p \\ q \\ r \end{bmatrix}_{3 \times 1}$$
产生透视变换

$[s]_{1 \times 1}$　产生全比例变换

由此可见，三维平移变换需要定义三个平移矢量 (l, m, n)，旋转变换需要定义

三个旋转角度（α，β，γ），比例变换则需要定义三个比例因子（a，e，j），而错切变换则涉及到 b，c，d，f，h，i 六个参数……

3.5.2 三维基本变换

1. 平移变换

将空间一点（x，y，z）平移一个新的位置（x^*，y^*，z^*），即点

$$p\,(x,\ y,\ z) \longrightarrow p^*\,(x^*,\ y^*,\ z^*)$$

其变换矩阵为

$$T = \begin{bmatrix} 1 & 0 & 0 & 0 \\ 0 & 1 & 0 & 0 \\ 0 & 0 & 1 & 0 \\ l & m & n & 1 \end{bmatrix}$$

平移变换运算为

$$[x^*\quad y^*\quad z^*\quad 1] = [x\quad y\quad z\quad 1]\cdot T = [x+l\quad y+m\quad z+n\quad 1]$$

式中 l、m、n 分别为沿 X、Y、Z 方向上的平移偏移量。

2. 旋转变换

三维旋转变换可分为绕坐标轴旋转变换和绕任意轴的旋转变换。可以把三维旋转变换看成是三个绕 X，Y，Z 轴的二维旋转变换，旋转变换方法与二维相似，但三维旋转变换要比二维复杂得多。三维旋转变换矩阵如下

绕 X 轴旋转 α 角的变换矩阵为 $T_{RX} = \begin{bmatrix} 1 & 0 & 0 & 0 \\ 0 & \cos\alpha & \sin\alpha & 0 \\ 0 & -\sin\alpha & \cos\alpha & 0 \\ 0 & 0 & 0 & 1 \end{bmatrix}$

绕 Y 轴旋转 β 角的变换矩阵为 $T_{RY} = \begin{bmatrix} \cos\beta & 0 & \sin\beta & 0 \\ 0 & 1 & 0 & 0 \\ -\sin\beta & 0 & \cos\beta & 0 \\ 0 & 0 & 0 & 1 \end{bmatrix}$

绕 Z 轴旋转 γ 角的变换矩阵为 $T_{RZ} = \begin{bmatrix} \cos\gamma & \sin\gamma & 0 & 0 \\ -\sin\gamma & \cos\gamma & 0 & 0 \\ 0 & 0 & 1 & 0 \\ 0 & 0 & 0 & 1 \end{bmatrix}$

几何形体分别绕 X，Y，Z 轴旋转 90° 的变换结果如图 3.10 所示。

3. 比例变换

三维基本变换矩阵左上角的 3×3 矩阵的主对角线上的元素 a、e、j 的作用是使几何体产生比例变换。相对于坐标原点的三维比例变换矩阵为

$$T = \begin{bmatrix} a & 0 & 0 & 0 \\ 0 & e & 0 & 0 \\ 0 & 0 & j & 0 \\ 0 & 0 & 0 & 1 \end{bmatrix}$$

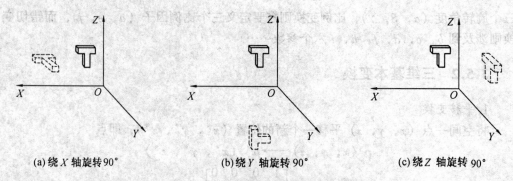

(a) 绕 X 轴旋转 $90°$ (b) 绕 Y 轴旋转 $90°$ (c) 绕 Z 轴旋转 $90°$

图 3.10 绕坐标轴的旋转变换

比例变换运算如下

$$[x^*\quad y^*\quad z^*\quad 1] = [x\quad y\quad z\quad 1] \cdot T_s = [ax\quad ey\quad jz\quad 1]$$

4. 镜射变换

三维镜射变换包括对原点、坐标轴和坐标平面的镜射。镜射平面的变换矩阵如下：

对 XOY 平面的镜射变换矩阵为 $T_{XOY} = \begin{bmatrix} 1 & 0 & 0 & 0 \\ 0 & 1 & 0 & 0 \\ 0 & 0 & -1 & 0 \\ 0 & 0 & 0 & 1 \end{bmatrix}$

对 XOZ 平面的镜射变换矩阵为 $T_{XOZ} = \begin{bmatrix} 1 & 0 & 0 & 0 \\ 0 & -1 & 0 & 0 \\ 0 & 0 & 1 & 0 \\ 0 & 0 & 0 & 1 \end{bmatrix}$

对 YOZ 平面的镜射变换矩阵为 $T = \begin{bmatrix} -1 & 0 & 0 & 0 \\ 0 & 1 & 0 & 0 \\ 0 & 0 & 1 & 0 \\ 0 & 0 & 0 & 1 \end{bmatrix}$

5. 错切变换

错切变换是指三维立体沿 X，Y，Z 三个方向产生错切，错切变换是画斜轴测图的基础，其变换矩阵为

$$T = \begin{bmatrix} 1 & b & c & 0 \\ d & 1 & f & 0 \\ h & i & 1 & 0 \\ 0 & 0 & 0 & 1 \end{bmatrix}$$

$$[x^*\quad y^*\quad z^*\quad 1] = [x\quad y\quad z\quad 1] \cdot T =$$
$$[x + dy + hz \quad bx + y + iz \quad cx + fy + z \quad 1]$$

从上面变换可以看出，一个坐标的变化受到另外两个坐标变化的影响。各种错切参数的选取如下：

• 沿 X 含 Y 错切：$b = c = f = h = i = 0$，$d \neq 0$。

• 沿 X 含 Z 错切：$b = c = d = f = i = 0$，$h \neq 0$。

- 沿 Y 含 X 错切：$c = d = f = h = i = 0$，$b \neq 0$。
- 沿 Y 含 Z 错切：$b = c = d = f = h = 0$，$i \neq 0$。
- 沿 Z 含 X 错切：$b = d = f = h = i = 0$，$c \neq 0$。
- 沿 Z 含 Y 错切：$b = c = d = h = i = 0$，$f \neq 0$。

3.5.3 三维基本变换矩阵的组合

与二维组合变换一样，通过对三维基本变换矩阵的组合，可以实现对三维几何体的复杂变换。现在用三维组合变换方法来解决绕任意轴旋转变换问题，首先设一条空间一般位置直线作为旋转轴，以下称为旋转轴直线，该直线的开始端点坐标为 (x, y, z)，方向余弦为 $[n_1, n_2, n_3]$，空间一点 $P_1(x_1, y_1, z_1)$ 绕该直线旋转 θ 角到点 $P_2(x_2, y_2, z_2)$，即

$$[x_2 \quad y_2 \quad z_2 \quad 1] = [x_1 \quad y_1 \quad z_1 \quad 1] \cdot T_R$$

式中 T_R 为绕任意轴的旋转变换矩阵，它是由基变换矩阵组合而成，矩阵 T_R 的求解步骤如下：

①将点 P_1 与作为旋转轴的直线一起平移，让旋转直线通过原点，并且该直线的端点与原点重合，其变换矩阵为

$$T_{-x,-y,-z} = \begin{bmatrix} 1 & 0 & 0 & 0 \\ 0 & 1 & 0 & 0 \\ 0 & 0 & 1 & 0 \\ -x & -y & -z & 1 \end{bmatrix}$$

②旋转轴直线先绕 X 轴旋转 α 角，使其与 XOZ 平面共面，如图 3.11（a）所示。然后再绕 Y 轴旋转角 β，使其与 Z 轴重合，如图 3.11（b）所示。其变换矩阵为

$$T_{RX(\alpha),Y(-\beta)} = \begin{bmatrix} 1 & 0 & 0 & 0 \\ 0 & \cos\alpha & \sin\alpha & 0 \\ 0 & -\sin\alpha & \cos\alpha & 0 \\ 0 & 0 & 0 & 1 \end{bmatrix} \begin{bmatrix} \cos(-\beta) & 0 & -\sin(-\beta) & 0 \\ 0 & 1 & 0 & 0 \\ \sin(-\beta) & 0 & -\cos(-\beta) & 0 \\ 0 & 0 & 0 & 1 \end{bmatrix}$$

（绕 X 轴旋转 α 角）　　　　　　　（绕 Y 轴旋转 β 角）

由图 3.11（a）可知

$$\begin{cases} n = \sqrt{n_2^2 + n_3^2} \\ \cos\alpha = n_3/n \\ \sin\alpha = n_2/n \end{cases}$$

图中的矢量 ON 为旋转轴直线，定义 ON 为单位矢量，$|ON| = 1$

由图 3.11（b）可知

$$\begin{cases} \cos\beta = n/|ON'| = n \\ \sin\beta = n_1/|ON'| = n_1 \end{cases}$$

代入步骤②的旋转变换矩阵中，得

$$T_{RX(\alpha),Y(-\beta)} = \begin{bmatrix} 1 & 0 & 0 & 0 \\ 0 & n_3/n & n_2/n & 0 \\ 0 & -n_2/n & n_3/n & 0 \\ 0 & 0 & 0 & 1 \end{bmatrix} \begin{bmatrix} n & 0 & n_1 & 0 \\ 0 & 1 & 0 & 0 \\ -n_1 & 0 & n & 0 \\ 0 & 0 & 0 & 1 \end{bmatrix}$$

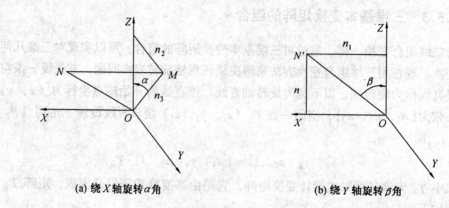

(a) 绕 X 轴旋转 α 角　　　　　　　　　　(b) 绕 Y 轴旋转 β 角

图 3.11　旋转轴直线旋转变换

③将 $P1$ 点绕 Z 轴（此时，旋转轴直线与 Z 轴重合）旋转 θ 角，变换矩阵为

$$T_{RZ(\theta)} = \begin{bmatrix} \cos\theta & \sin\theta & 0 & 0 \\ -\sin\theta & \cos\theta & 0 & 0 \\ 0 & 0 & 1 & 0 \\ 0 & 0 & 0 & 1 \end{bmatrix}$$

④作步骤②的逆变换，将旋转轴直线旋转回到原来的位置，变换矩阵为

$$T_{RY(\beta),X(-\alpha)} = \begin{bmatrix} n & 0 & -n_1 & 0 \\ 0 & 1 & 0 & 0 \\ n_1 & 0 & n & 0 \\ 0 & 0 & 0 & 1 \end{bmatrix} \begin{bmatrix} 1 & 0 & 0 & 0 \\ 0 & n_3/n & -n_2/n & 0 \\ 0 & n_2/n & n_3/n & 0 \\ 0 & 0 & 0 & 1 \end{bmatrix}$$

⑤作步骤①的逆变换，将旋转轴直线平移回到原来的位置，变换矩阵为

$$T_{X,Y,Z} = \begin{bmatrix} 1 & 0 & 0 & 0 \\ 0 & 1 & 0 & 0 \\ 0 & 0 & 1 & 0 \\ x & y & z & 1 \end{bmatrix}$$

上述五步连起来，就组合成了绕任意轴的旋转变换矩阵，即

$$T = T_{-X,-Y,-Z} \cdot T_{RX(\alpha),Y(-\beta)} \cdot T_{RZ(\theta)} \cdot T_{RY(\beta),X(-\alpha)} \cdot T_{-X,-Y,-Z}$$

3.6　三维图形的投影变换

投影是把空间几何形体投射到投影面上而得到平面图形，其分类如下：

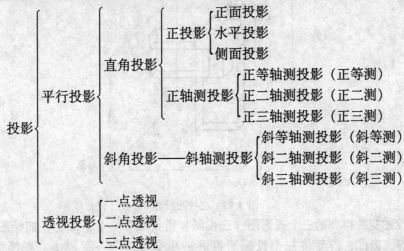

在工程设计中，产品的几何模型通常需要从各种角度将三维几何形体投影到平面上，用平面图来描述，即用二维图形表达三维几何体。其中除了三视图（即正投影）比较容易绘制以外，其他投影实现起来比较困难。常用的投影法有正投影、正等测和透视投影。

三维投影是由投影中心发射的多条投影射线定义的，这些投影射线通过几何形体上的每一个点，最后交于投影平面上，从而构成了三维几何形体的投影。一般情况下，经过投影以后的三维直线段仍然是直线段，直线段的投影变换实际上就是对直线段的两个端点的投影变换。因此，几何形体（可用点集表示）的投影变换也就是点集的投影变换。

平行投影与透视投影不同之处就在于投影中心（光源）、被投影的几何体、投影平面三者之间的位置关系不同。当光源距离被投影的几何体有限远时，从光源发出的射线发散，投影到投影平面上的图形被放大。图形本身各点也因同投影中心的远近不同而在投影平面上产生变形，从而呈现较强的立体感。而当光源距离几何形无限远时，可以把光线看成是相互平行的，投影到平面上的图形反映几何形体的实形和实长，但投影图形缺少立体感。

3.6.1　平行投影变换

1.正投影变换

几何形体的一个投影不能确定其空间状态，为了准确地表达几何形体，将几何形体放在由三个相互垂直的投影面中，三个投影面两两相交，互相垂直，其三条交线形成坐标轴，也是投影方向。正投影就是利用这三个独立的二维投影图来表示一个三维几何形体。

正投影变换的方法可以形成三面视图，图 3.12 表示物体与三个投影平面（XOZ，XOY，ZOY）的相对位置关系。

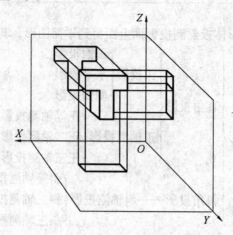

图 3.12　三视图投影

由正投影变换得到的三个投影图（三视图）需要放在一个平面上，如绘图机输出、屏幕显示等。因此，需要将三个投影图再进一步变换到同一平面上。变换的方法是 XOZ 面不动，将 XOY 面绕 OX 轴顺时针旋转 $90°$，再将 ZOY 面绕 OZ 轴逆时针旋转 $90°$，这样就在一个平面内得到几何形体的三个投影图。

（1）正面投影

将物体向正面（XOZ 面）投影，即令 $y = 0$，变换矩阵为

$$
T_{XOZ} = \begin{bmatrix} 1 & 0 & 0 & 0 \\ 0 & 0 & 0 & 0 \\ 0 & 0 & 1 & 0 \\ 0 & 0 & 0 & 1 \end{bmatrix}
$$

点在 XOZ 面上投影的坐标变换为

$$
[\, x^* \quad y^* \quad z^* \quad 1\,] = [\, x \quad y \quad z \quad 1\,]\, T_V = [\, x \quad 0 \quad z \quad 1\,]
$$

（2）水平面投影

将物体向水平面（XOY 面）投影，即令 $z = 0$，然后将所得到的投影再绕 X 轴顺时针旋转 $90°$，使其与 XOZ 面共面，再沿负 Z 方向平移一段距离，以使 XOY 面投影和 XOZ 面投影之间保持一段距离。变换矩阵为

$$
T_{XOY} = \begin{bmatrix} 1 & 0 & 0 & 0 \\ 0 & 1 & 0 & 0 \\ 0 & 0 & 0 & 0 \\ 0 & 0 & 0 & 1 \end{bmatrix} \begin{bmatrix} 1 & 0 & 0 & 0 \\ 0 & \cos\left(-\dfrac{\pi}{2}\right) & \sin\left(-\dfrac{\pi}{2}\right) & 0 \\ 0 & -\sin\left(-\dfrac{\pi}{2}\right) & \cos\left(-\dfrac{\pi}{2}\right) & 0 \\ 0 & 0 & 0 & 1 \end{bmatrix} \begin{bmatrix} 1 & 0 & 0 & 0 \\ 0 & 1 & 0 & 0 \\ 1 & 0 & 1 & 0 \\ 0 & 0 & -n & 0 \end{bmatrix} =
$$

$$\begin{bmatrix} 1 & 0 & 0 & 0 \\ 0 & 0 & -1 & 0 \\ 0 & 0 & 0 & 0 \\ 0 & 0 & -n & 1 \end{bmatrix}$$

点在 XOY 面上投影的坐标为

$$[x^* \quad y^* \quad z^* \quad 1] = [x \quad y \quad z \quad 1] T_{\mathrm{H}} = [x \quad 0 \quad -y-n \quad 1]$$

（3）侧面投影

将物体向侧面（ZOY 面）作正投影，即令 $x = 0$，然后绕 Z 轴逆时针转 $90°$，使其与 XOZ 面共面，为保证与正面投影有一段距离，再沿负 X 方向平移一段距离，这样即得到侧视图。变换矩阵如下

$$T_{ZOY} = \begin{bmatrix} 0 & 0 & 0 & 0 \\ 0 & 1 & 0 & 0 \\ 0 & 0 & 1 & 0 \\ 0 & 0 & 0 & 1 \end{bmatrix} \begin{bmatrix} \cos \dfrac{\pi}{2} & \sin \dfrac{\pi}{2} & 0 & 0 \\ -\sin \dfrac{\pi}{2} & \cos \dfrac{\pi}{2} & 0 & 0 \\ 0 & 0 & 1 & 0 \\ 0 & 0 & 0 & 1 \end{bmatrix} \begin{bmatrix} 1 & 0 & 0 & 0 \\ 0 & 1 & 0 & 0 \\ 0 & 0 & 1 & 0 \\ -l & 0 & 0 & 1 \end{bmatrix} =$$

$$\begin{bmatrix} 0 & 0 & 0 & 0 \\ -1 & 0 & 0 & 0 \\ 0 & 0 & 1 & 0 \\ -l & 0 & 0 & 1 \end{bmatrix}$$

点的侧面投影变换为

$$[x^* \quad y^* \quad z^* \quad 1] = [x \quad y \quad z \quad 1] T_{\mathrm{W}} = [-y-l \quad 0 \quad z \quad 1]$$

由上所述，我们可以看到，三个视图中 y^* 均为 0，这是由于变换后，三个视图均落在 XOZ 平面上了。这样，可用 x^*、z^* 坐标直接画出三个视图。

2. 正轴测投影变换

正轴测投影是将几何体绕 Z 轴旋转 γ 角，再绕 Y 轴旋转 β 角，然后向 ZOY 面投影而得。正轴测投影变换需要如下三个变换矩阵运算

$$T = \begin{bmatrix} \cos \gamma & \sin \gamma & 0 & 0 \\ -\sin \gamma & \cos \gamma & 0 & 0 \\ 0 & 0 & 1 & 0 \\ 0 & 0 & 0 & 1 \end{bmatrix} \begin{bmatrix} \cos \beta & 0 & -\sin \beta & 0 \\ 0 & 1 & 0 & 0 \\ \sin \beta & 0 & \cos \beta & 0 \\ 0 & 0 & 0 & 1 \end{bmatrix} \begin{bmatrix} 1 & 0 & 0 & 0 \\ 0 & 1 & 0 & 0 \\ 0 & 0 & 1 & 0 \\ 0 & 0 & 0 & 1 \end{bmatrix}$$

对 T 形图进行正等轴测投影变换的结果如图 3.13、图 3.14 所示。

3. 斜轴测投影变换

三维错切变换是画斜轴测图的基础。斜轴测投影变换是通过将物体先沿 X 含 Y 错切、再沿 Z 含 Y 错切，最后向 XOZ 面投影实现。其变换矩阵为

$$T = \begin{bmatrix} 1 & 0 & 0 & 0 \\ d & 1 & 0 & 0 \\ 0 & 0 & 1 & 0 \\ 0 & 0 & 0 & 1 \end{bmatrix} \begin{bmatrix} 1 & 0 & 0 & 0 \\ 0 & 1 & f & 0 \\ 0 & 0 & 1 & 0 \\ 0 & 0 & 0 & 1 \end{bmatrix} \begin{bmatrix} 1 & 0 & 0 & 0 \\ 0 & 0 & 0 & 0 \\ 0 & 0 & 1 & 0 \\ 0 & 0 & 0 & 1 \end{bmatrix} = \begin{bmatrix} 0 & 0 & 0 & 0 \\ d & 0 & f & 0 \\ 0 & 0 & 1 & 0 \\ 0 & 0 & 0 & 1 \end{bmatrix}$$

（沿 X 含 Y 错切） （沿 Z 含 Y 错切） （向 XOZ 面投影） （斜轴测投影变换矩阵）

对 T 形图进行斜二轴测投影变换，其结果如图 3.15 所示。

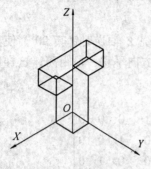

图 3.13　正等轴测图

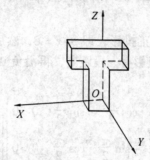

图 3.14　正二轴测图

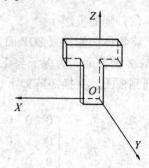

图 3.15　斜二轴测图

3.6.2　透视投影变换

1.基本概念

透视投影也称中心投影，比轴测图更富有立体感和真实感，它将投影面放在光源和投影对象之间，如图 3.16 所示。有关术语如下：

- 视点 S：观察点的位置，亦即投影中心。
- 画面：即投影面
- 点 P 的透视：PS 与画面的交点 P'

直线的灭点：直线上无穷远点的透视。一组平行线有一个共同的灭点，若该组平行线与某坐标平行，则此灭点称为主灭点。根据主灭点的个数，透视投影可分为：

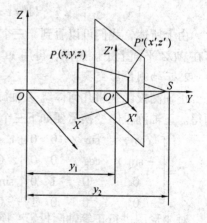

图 3.16

①一点透视。只有一个主灭点，此时画面平行于投影对象的一个坐标平面，因此也称为平行透视。

②二点透视。有两个主灭点，此时画面平行于投影对象的一根坐标轴（例如 Z 轴），而与两个坐标平面成一定的角度（一般为 $20° \sim 30°$），因此也称之为成像透视。

③三点透视。有三个主灭点，此时画面与投影对象的三根坐标轴均为不平行，因此也叫做斜透视。

2.一点透视

如图 3.16 所示，空间中有一点 P（x，y，z），设 S 为视点，并在 Y 轴上，画面垂

直于 Y 轴且交于 O 点，即画面平行于 XOZ 平面。显然，画面是在一个二维坐标系中，用 $X'O'Z'$ 表示。画面据坐标系原点的距离为 y_1，视点距原点的距离为 y_2，由相似三角形的关系可有

$$\begin{cases} x' = \dfrac{y_2 - y_1}{y_2 - y}x \\[3mm] z' = \dfrac{y_2 - y_1}{y_2 - y}z \end{cases}$$

如令 OO' 重合，则画面就是 XOZ 平面，即 $y_1 = 0$，则有

$$\begin{cases} x' = \dfrac{y_2}{y_2 - y}x = \dfrac{x}{1 - y/y_2} \\[3mm] z' = \dfrac{y_2}{y_2 - y}z = \dfrac{z}{1 - y/y_2} \end{cases}$$

对物体上的每个顶点都做上述处理，在画面上就可得到这些顶点的透视，顺序连接这些点，即得到物体的一点透视图。

把这种简单的透视投影变换写成矩阵的形式，有

$$[x^* \quad y^* \quad z^* \quad 1] = [x \quad y \quad z \quad 1]\begin{bmatrix} 1 & 0 & 0 & 0 \\ 0 & 1 & 0 & -\dfrac{1}{y_2} \\ 0 & 0 & 1 & 0 \\ 0 & 0 & 0 & 1 \end{bmatrix}\begin{bmatrix} 1 & 0 & 0 & 0 \\ 0 & 0 & 0 & 0 \\ 0 & 0 & 1 & 0 \\ 0 & 0 & 0 & 1 \end{bmatrix} =$$

（透视变换）　　　（向 XOZ 面投影）

$$[x \quad y \quad z \quad 1]\begin{bmatrix} 1 & 0 & 0 & 0 \\ 0 & 0 & 0 & -\dfrac{1}{y_2} \\ 0 & 0 & 1 & 0 \\ 0 & 0 & 0 & 1 \end{bmatrix} =$$

（一点透视投影变换矩阵）

$$\left[x \quad 0 \quad z \quad 1 - \dfrac{y}{y_2}\right] \xrightarrow{\text{规范化}} \left[\dfrac{x}{1 - (y/y_2)} \quad 0 \quad \dfrac{z}{1 - (y/y_2)} \quad 1\right]$$

令 $q = -1/y_2$，则主灭点在 Y 轴上的 $y = 1/q$ 处、画面上 XOZ 平面的一点透视投影变换矩阵为

$$T = \begin{bmatrix} 1 & 0 & 0 & 0 \\ 0 & 1 & 0 & q \\ 0 & 0 & 1 & 0 \\ 0 & 0 & 0 & 1 \end{bmatrix}\begin{bmatrix} 1 & 0 & 0 & 0 \\ 0 & 0 & 0 & 0 \\ 0 & 0 & 1 & 0 \\ 0 & 0 & 0 & 1 \end{bmatrix} = \begin{bmatrix} 1 & 0 & 0 & 0 \\ 0 & 0 & 0 & q \\ 0 & 0 & 1 & 0 \\ 0 & 0 & 0 & 1 \end{bmatrix}$$

对点进行一点透视投影变换，有

$$[x^* \quad y^* \quad z^* \quad 1] = [x \quad y \quad z \quad 1]T_1 =$$

$$[x \quad 0 \quad z \quad 1 + qy] \xrightarrow{\text{规范化}} \left[\dfrac{x}{1 + qy} \quad 0 \quad \dfrac{z}{1 + qy} \quad 1\right]$$

为了增强透视效果，通常将几何形体置于画面（XOZ 面）后、水平面（XOY 面）

下，若几何形体不在该位置，应首先把物体平移到此位置，然后再进行透视投影变换。

q 决定了视点的位置，一般选择视点位于画面（XOZ 面）前。

例：对立方体形图进行一点透视投影变换。

首先将其平移到 XOZ 面后、XOY 面下，平移量为：$l=20$，$m=-4$，$n=-30$；然后进行透视投影变换，设 $q=-0.1$，变换结果如图 3.17 所示。

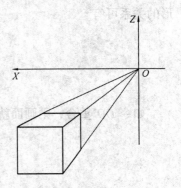

3. 二点透视

首先改变物体与画面的相对位置，使物体绕 Z 轴旋转角，以使物体上的主要平面（XOZ，YOZ 平面）与画面成一定角度，然后进行透视投影变换，即可获得二点透视投影图，变换矩阵为

$$T_2 = \begin{bmatrix} \cos\gamma & \sin\gamma & 0 & 0 \\ -\sin\gamma & \cos\gamma & 0 & 0 \\ 0 & 0 & 1 & 0 \\ 0 & 0 & 0 & 1 \end{bmatrix} \begin{bmatrix} 1 & 0 & 0 & 0 \\ 0 & 0 & 0 & q \\ 0 & 0 & 1 & 0 \\ 0 & 0 & 0 & 1 \end{bmatrix} =$$

图 3.17　一点透视

$$\begin{bmatrix} \cos\gamma & 0 & 0 & q\sin\gamma \\ \sin\gamma & 0 & 0 & q\cos\gamma \\ 0 & 0 & 1 & 0 \\ 0 & 0 & 0 & 1 \end{bmatrix}$$

如果物体所处位置不合适，则需对物本进行平移，为使旋转变换不受平移量的影响，平移变换矩阵应放在旋转变换矩阵与透视变换矩阵之间。

例：对立方体图形进行二点透视投影变换。

先对立方体图形进行旋转变换，然后再进行平移变换，最后进行透视投影变换，即可得到立方体图形的二点透视。设 $\gamma=30^\circ$，$q=-0.07$，平移量 $l=-4$，$m=-4$，$n=-26$，变换结果如图 3.18 所示。

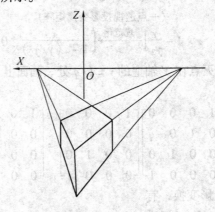

图 3.18　二点透视

4. 三点透视

为了观察方便起见，现将物体放到一般位置。首先绕 Z 轴旋转 γ 角，再绕 X 轴旋

转 α 角，使物体上的三个坐标平面与画面都倾斜，然后进行透视投影变换，即可得到物体的三点透视视图，变换矩阵为

$$T_3 = \begin{bmatrix} \cos\gamma & \sin\gamma & 0 & 0 \\ -\sin\gamma & \cos\gamma & 0 & 0 \\ 0 & 0 & 1 & 0 \\ 0 & 0 & 0 & 0 \end{bmatrix} \begin{bmatrix} 1 & 0 & 0 & 0 \\ 0 & \cos\alpha & \sin\alpha & 0 \\ 0 & -\sin\alpha & \cos\alpha & 0 \\ 0 & 0 & 0 & 1 \end{bmatrix} \begin{bmatrix} 1 & 0 & 0 & 0 \\ 0 & 0 & 0 & q \\ 0 & 0 & 1 & 0 \\ 0 & 0 & 0 & 1 \end{bmatrix} =$$

$$\begin{bmatrix} \cos\gamma & \sin\gamma\cos\alpha & \sin\gamma\sin\alpha & 0 \\ -\sin\gamma & \cos\gamma\cos\alpha & \cos\gamma\sin\alpha & 0 \\ 0 & -\sin\alpha & \cos\alpha & 0 \\ 0 & 0 & 0 & 1 \end{bmatrix} \begin{bmatrix} 1 & 0 & 0 & 0 \\ 0 & 0 & 0 & q \\ 0 & 0 & 1 & 0 \\ 0 & 0 & 0 & 1 \end{bmatrix} =$$

$$\begin{bmatrix} \cos\gamma & 0 & \sin\gamma\sin\alpha & q\sin\gamma\cos\alpha \\ -\sin\gamma & 0 & \cos\gamma\sin\alpha & q\cos\gamma\cos\alpha \\ 0 & 0 & \cos\alpha & -q\sin\alpha \\ 0 & 0 & 0 & 1 \end{bmatrix}$$

如果需要把物体平移到合适的位置，则应把平移变换矩阵放在旋转变换与透视变换矩阵之间。

例：设 $\gamma = 60^\circ$，$\alpha = 30^\circ$，$q = -0.1$，平移量 $l = 0$，$m = -4$，$n = -24$，对立方体图形进行三点透视投影变换，变换结果如图 3.19 所示。

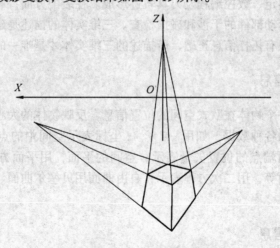

图 3.19 三点透视

第4章

几何造型方法

几何模型是 CAD 系统的核心部分，通常用几何造型方法构建几何模型。在 CAD 系统中，对产品设计的操作是在几何模型的基础上进行的。对于 CAM 和 CAE 阶段，也是在 CAD 几何模型的基础上进行操作，如生成刀具路径和数控指令，对对象进行分析、模拟以及判断各运动部件之间的运动状态等。由此可见，在整个产品设计和制造过程中，几何设计、工程分析、工艺过程设计、数控编程等各个环节都与几何造型有关，几何造型为设计、计算及制造提供基础信息。这一章主要介绍几何造型的几种造型方法，要求读者掌握几何造型的基本方法。

4.1　概　述

几何模型是由几何信息和拓扑信息构成的模型，为图形的显示和输出提供信息，并且作为设计的基础为分析、模拟、加工等提供信息。在设计方面，显示零部件形状、计算物理特性、生成零部件的工程图等。在加工方面，几何模型提供与加工有关的信息，并且进行工艺过程制定、数控编程及刀具轨迹形成。在装配方面，利用几何模型进行模拟装配过程，进行运动部件的干涉和碰撞检查。三维实体的描述是建立在几何信息和拓扑信息的基础上，只有拓扑信息正确，所描述的三维实体才是唯一的。

4.1.1　几何信息

几何信息是指一个物体在欧式空间的位置信息，反映物体的大小及位置。通常用三维的直角坐标系表示各种数据，如用 x、y、z 坐标表示空间中的点；空间的直线用两端点的坐标表示或两端点的位置矢量表示；空间的平面，用平面方程表示；空间的曲面，如圆柱面、球面等，用二次方程表示；自由曲面用贝塞尔曲面、样条曲面、孔斯曲面等表示。

4.1.2　拓扑信息

拓扑信息是指物体的几何元素（顶点 Vertex、棱线 Edge、表面 Face）数量以及它们之间的相互关系的信息。例如某一表面与其它面之间的相邻关系、面与顶点之间的包含关系等均为拓扑信息。多面体的几何元素之间的拓扑关系有 9 种，如表 4.1 和图 4.1 所示。对于三维实体的描述至少需要两种拓扑关系才能将其表达准确和表述惟一。

表 4.1 多面体的拓扑关系

多面体的拓扑信息			表示方法
顶点与顶点、棱线、表面的拓扑关系	1	顶点的相邻性	V：{V}
	2	顶点与棱线的包含性	V：{E}
	3	顶点与表面的包含性	V：{F}
棱线与顶点、棱线、表面的拓扑关系	4	棱线与顶点的相邻性	E：{V}
	5	棱线与棱线的相邻性	E：{E}
	6	棱线与表面的包含性	E：{F}
表面与顶点、棱线、表面的拓扑关系	7	表面与顶点的包含性	F：{V}
	8	表面与棱线的包含性	F：{E}
	9	表面与表面的相邻性	F：{F}

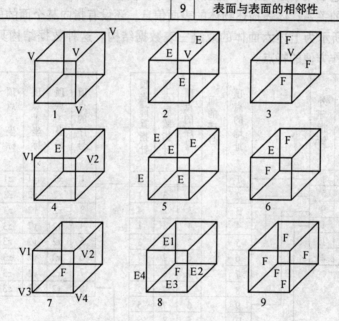

图 4.1 多面体的拓扑关系

4.1.3 常见的数据结构

三维物体的信息主要以数据结构为计算机内部的储存方式。不同的几何造型技术采用的数据结构也不同。为提高造型系统的效率，对数据结构要求操作时间短、储存空间小。对于三维物体造型系统的常见数据结构有翼边数据结构和双链三表数据结构。

翼边数据结构（winged edge structure）是存储与边有关的信息。从已知的边可以得知与这条边有关的顶点、面、边的信息。如图 4.2 所示，以六面体的数据结构为例，对于六面体中的边 E10 的翼边数据结构，从边 E10 可以得知与之相邻的四条边的信息、两个面的信息以及两个顶点的信息。这种数据结构具有数据结构简单，对顶点、边、面的操作快的优点，但是需要的储存空间大。

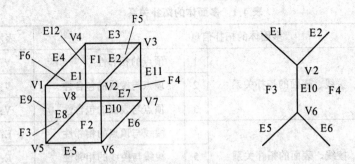

图 4.2　翼边数据结构

双链三表数据结构采用体、面、顶点三个表存储三维实体的信息。顶点表描述顶点的坐标，确定了顶点的空间位置，即三维物体的空间位置和大小，设置了前置指针和后续指针；面表描述了用于定义某面的全部顶点号、设有顶点的前置指针和后续指针，确定此面与各顶点的关系；体表描述物体的表面信息，还设有指向某个面的前置指针和后续指针。图 4.3 所示为上述六面体的双链三表数据结构。这种数据结构具有储存空间小、对数据表操作方便的特点。

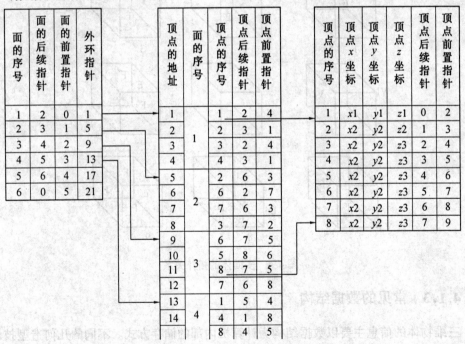

图 4.3　双链三表数据结构

4.2　线框模型

线框模型（wireframe model）通过顶点和棱线（直线、曲线）描述物体的外形，在计算机内生成二维或三维图像。这种模型是最早应用的三维几何模型，用户需要逐点、逐线创建三维模型。线框模型用于创建的图素有点、线、圆弧、样条曲线、贝塞尔曲线等。下面以立方体为例说明线框模型，如图4.4所示。

立方体的线框模型在计算机内存储的数据结构如图4.4中的（b）、（c）所示。首先设定 x、y、z 坐标轴，用其8个顶点坐标表示立方体在空间中的几何信息，用其12条边表示其拓扑信息。用 V_1、V_2…V_8 表示8个顶点，用 E_1、E_2…E_{12}表示12条边。为了表示立方体的空间位置，用表的形式表示顶点坐标和棱线，图素的可见性用属性表示，0代表可见，1代表不可见。

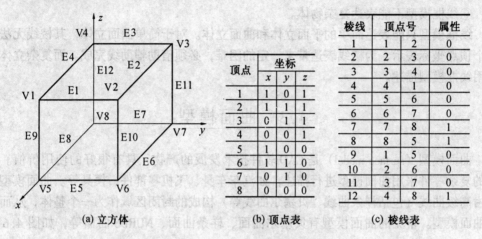

顶点	坐标		
	x	y	z
1	1	0	1
2	1	1	1
3	0	1	1
4	0	0	1
5	1	0	0
6	1	1	0
7	0	1	0
8	0	0	0

棱线	顶点号		属性
1	1	2	0
2	2	3	0
3	3	4	0
4	4	1	0
5	5	6	0
6	6	7	0
7	7	8	1
8	8	5	1
9	1	5	0
10	2	6	0
11	3	7	0
12	4	8	1

(a) 立方体　　　　　(b) 顶点表　　　　　(c) 棱线表

图4.4　立方体线框模型设计结构

综上所述线框模型具有以下特点：

①数据结构简单、易于实现、占内存少、对硬件系统要求不高、系统成本低。

②线框模型直观性好、创建模型操作简便灵活、易学易用。

③计算机处理速度快。

④线框模型在计算机绘图方面得到广泛应用。有了三维物体的三维数据，可以产生任意视图，视图之间可以保持正确的投影关系，利用投影法得到零件的三视图，生成任意视点的轴测图和透视图。

⑤线框模型具有二义性。虽然物体用计算机表示出所有的棱线，但是物体的真实形状需要人确定。当物体比较复杂时，棱线过多，容易引起不确定的理解。例如，对图4.5所示的物体可能有的几种理解。

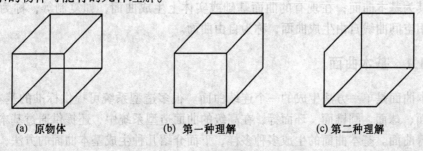

(a) 原物体　　　　　(b) 第一种理解　　　　　(c) 第二种理解

图4.5　线框模型的二义性

⑥线框模型表达的信息不完整。因为线框模型是用顶点和棱线描述物体的形状，表

示的形状特征的信息不够充分。

⑦线框模型不能用来计算物体的几何特性。由于线框模型仅仅提供顶点和棱线信息，无法计算物体的面积、体积、质量、惯性距等特性。线框模型所有的棱线都是可见的，所以不能实现消隐处理、剖切处理、两个面的求交处理，也无法实现 CAM、CAE 的操作。

⑧缺乏有效性。线框模型的数据结构表达的是顶点和棱线的约束条件，缺少边与面、面与面、面与体之间的关系信息，即拓扑信息，因此无法构建有效的实体。

⑨线框模型不能表达复杂物体。

线框模型只能表达简单的平面立体和曲面立体。对于简单曲面立体，其棱线无法用几个顶点坐标表示，为棱线表达带来一定的困难，必须借助辅助线完成。而复杂立体无法用线框模型描述。

4.3　曲面模型

曲面模型（surface model）是 CAD 软件技术发展的产物，具有很好的使用价值。很多的复杂零件采用曲面模型进行描述，如汽车车身、飞机零部件、模具等。曲面模型是把由高级曲线（包括样条曲线、贝塞尔曲线等）构成的封闭区域作为一个整体，从而创建曲面模型。常见的曲面模型有贝塞尔曲面、样条曲面、NURBS 曲面等，如图 4.6 所示。

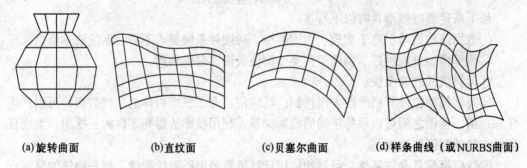

(a)旋转曲面　　　　(b)直纹面　　　　(c)贝塞尔曲面　　　(d)样条曲线（或NURBS曲面）

图 4.6　常见曲面模型

在曲面造型系统中，曲面的生成方法有：利用轮廓直接生成的，如各种扫描曲面等，称其为基本曲面；在现有的曲面基础或实体上生成曲面，如复制等，称为派生曲面；利用空间曲线自由生成曲面，称为自由曲面。

4.3.1　基本曲面

基本曲面是单一方法生成的一个连续曲面。很多造型系统可提供标准的基本曲面，如圆柱面、球面、圆锥面、环面等，在高级的曲面造型系统中，还提供通过基本曲面的方法获得曲面。基本曲面的生成多种多样，下面介绍几种生成基本曲面的方法，如直纹面、路径扫描、旋转扫描、混合扫描等。

1.直纹面

直纹面是通过一条轮廓按照指定方向扫描一定长度获得曲面,如图 4.7 所示。

2.路径扫描

路径扫描是由一条封闭或不封闭的轮廓沿一定路径扫描而成,如图 4.8 所示。

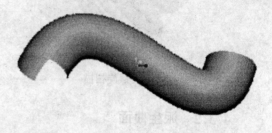

图 4.7　直纹面　　　　　　　　　　　　　　图 4.8　路径扫描

3.旋转扫描

旋转扫描是一条轮廓线绕一条回转中心旋转扫描而成,旋转角度有 90°、180°、270°、360°及任意角度,形成旋转曲面,如图 4.9 所示。

4.混合扫描

混合扫描是通过连接几个封闭轮廓生成一个连续曲面。混合扫描与实体的混合扫描一样,也有平行、旋转、一般三种形式。图 4.10 为平行混合扫描的实例。

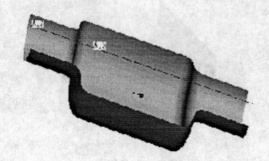

图 4.9　旋转扫描　　　　　　　　　　　图 4.10　混合扫描

5.高级扫描

高级扫描曲面采用变截面和螺旋扫描来创建的。图 4.11 所示为螺旋扫描,图 4.12 所示为变截面扫描。

 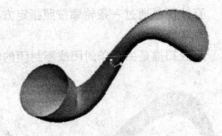

图 4.11　螺旋扫描　　　　　　　　　图 4.12　变截面扫描

4.3.2　派生曲面

派生曲面是在原有的曲面或者实体的基础上创建新曲面。有以下几种方法：

1.偏移曲面

偏移曲面是通过一个已有的封闭或者非封闭的参考曲面沿指定方向偏移获得。图 4.13 所示为四分之一球面的偏移实例。

2.复制曲面

在原有的曲面上进行复制，得到与原来的曲面完全重合的曲面，图 4.14 所示从圆柱表面复制的圆柱面。

图 4.13　偏移曲面　　　　　　　　　图 4.14　复制面

4.3.3　自由曲面

自由曲面是通过曲线或者边界来定义曲面的。

1.通过曲线定义曲面

可以通过空间两条曲线构建自由曲面，如图 4.15 所示，也可以通过若干条空间交错曲线构建自由曲面，图 4.16 所示为通过 4 条空间曲线建立的曲面。

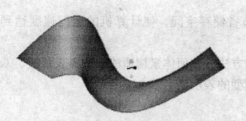
图 4.15 通过两条曲线建立的曲面

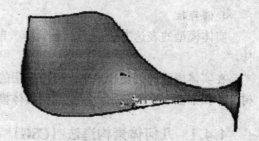
图 4.16 通过四条曲线建立的曲面

2. 通过边界定义曲面

可以通过边界定义、边界控制点来创建曲面，图 4.17 所示为通过边界生成的曲面。

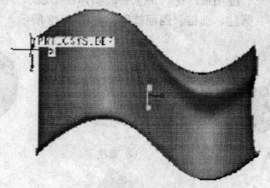
图 4.17 边界定义曲面

4.4　实体模型

实体模型（solid model）是把一封闭的空间作为实体，将其完整的几何和拓扑信息存储在计算机中。实体模型的数据结构不仅记录全部的几何信息，而且还记录了所有的点、线、面、体的拓扑信息，这是实体模型与线框模型及曲面模型的本质区别。实体模型的应用范围越来越广泛，从有限元分析计算到工艺过程制定、NC 数控机床刀具轨迹生成及数控自动编程等都能顺利实现，还在动画、广告、模拟、仿真、医学、服装等领域得到普及并被广泛应用。

为保证三维实体的有效性，对三维实体的表达方法提出以下要求。

1. 适应性

表达方法的适用范围要比较广，能够表达很多的物理实体。

2. 唯一性

用实体模型表达的物体在空间中是唯一的，无二义性，一种给定的表达方法仅与一个实体对应。

3. 有效性

在理想的情况下，实体模型的表达方法不产生无效表达，即没有单独的边、孤立的点等无效实体。

4.储存性

实体模型的表达方法应当尽量紧凑，节省储存空间，使计算机的运行速度达到最佳。

在实体模型的创建技术中，目前采用的方法有几何体素构造法、边界表示法、八叉树法、扫描法，下面分别介绍这几种实体模型的表示法。

4.4.1　几何体素构造法（CSG）

几何体素构造法（constructive solid geometry，简称 CSG）是利用计算机内部已有的基本体素或通过旋转、拉伸等实体构建方法得到的基本体素进行拼合造型的方法。几何体素构造法是目前最常见、应用最广泛、最重要的实体模型表示方法。常用的基本体素有长方体、球体、圆环、圆柱、圆锥、四面体等，如图 4.18 所示。

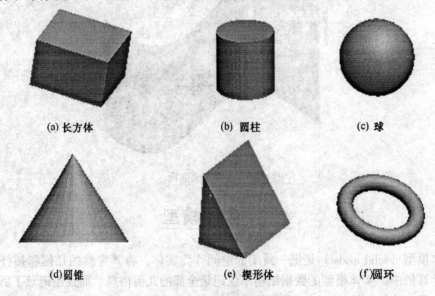

(a) 长方体　　　　　　(b) 圆柱　　　　　　(c) 球

(d) 圆锥　　　　　　(e) 楔形体　　　　　　(f) 圆环

图 4.18　常见体素

利用这种方法建立实体模型时，引入常用的集合运算，即布尔运算，集合的并（union，∪）、交（intersection，∩）及差（subtraction，-）运算。下面以简单的例子说明图素的集合运算。对图素的拼合造型，必须保证图素是封闭的实体或面域，图 4.19 所示为面域的集合运算，图 4.20 所示为体素的集合运算。

用 CSG 法表示一个物体时，可用二叉树表达。这个树叫 CSG 树。图中树的叶子代表参加集合运算的基本体素，如立方体、圆柱等。CSG 法基本操作为，首先把实体分解为若干个基本体素，用拼合造型的方法对其进行集合运算，最终得到实体。CSG 法表示实体的方法并不唯一，同一体素可以有几种不同的拼合造型方法。下面举例说明如图 4.21 所示的两种体素的分解，图 4.22 为第一种体素分解的 CSG 树造型方法，图 4.23 为第二种体素分解的 CSG 树造型方法。

用 CSG 树法表示实体模型的特点如下：

①体素的拼合造型为集合运算。

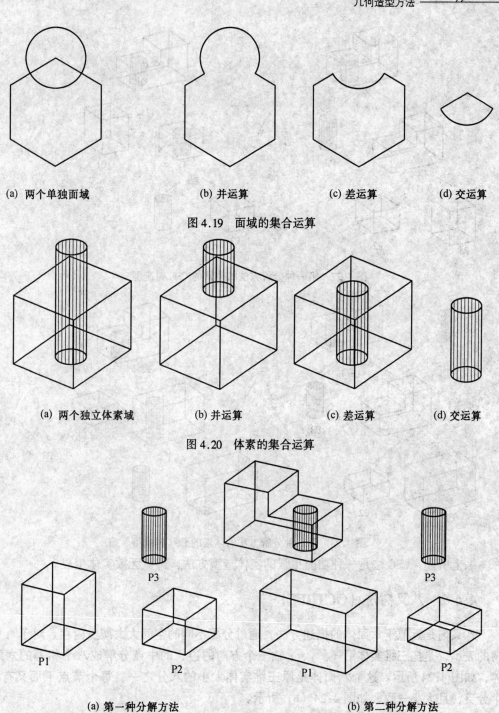

(a) 两个单独面域　　　(b) 并运算　　　(c) 差运算　　　(d) 交运算

图 4.19　面域的集合运算

(a) 两个独立体素域　　　(b) 并运算　　　(c) 差运算　　　(d) 交运算

图 4.20　体素的集合运算

P3　　　　　　　　　　　　　　P3

P1　　　P2　　　　　　P1　　　P2

(a) 第一种分解方法　　　　　　　　(b) 第二种分解方法

图 4.21　体素的分解

②体素拼合造型得到的实体为有效实体，不存在二义性。

③利用 CSG 树方法表达复杂物体时非常简单易行，所定义的几何形状不易产生错误。

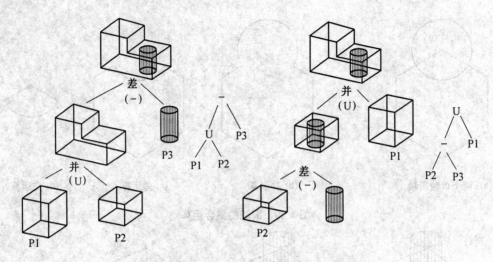

图 4.22　第一种分解方法的体素的 CSG 树造型

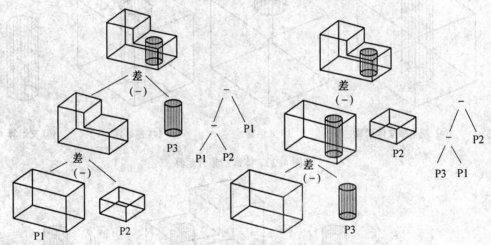

图 4.23　第二种分解方法的体素的 CSG 树造型

综上所述，CSG 法是一种功能很强的实体造型方法，避免无效实体生成。

4.4.2　八叉树法（OCTREE）

八叉树是近似于六面体的描述方法，通过分配不同的空间大大减少内存。对于八叉树的表示，是把三维实体沿 x、y、z 轴三个方向的边长的中点分解成八个相等的六面体，如图 4.24 所示。这个六面体是原三维实体大小的八分之一，每个节点下面又有 8 个分支，且大小一致，如图 4.24 （b）所示。

创建八叉树表示方法的步骤如下：

①被表达的三维实体是一个封闭的实体，将这个实体作为树根。

②把三维实体分解成八个六面体，根据六面体在空间的位置，用不同的颜色表示。如果六面体完全在三维实体的内部，用"黑色"表示，如图 4.24 （a）中的 8 号六面体；如果六面体完全在外部，用"白色"表示，如图 4.24 （a）中的 7 号六面体；如果六面

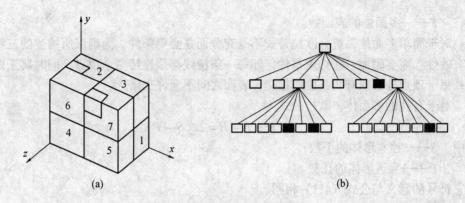

图 4.24 八叉树的实体表示

体部分在外部部分在内部，用"灰色"表示，如 4.24（a）中的 6、4 号等六面体。

③重复第二步，直到达到预先确定的六面体的最小值。

4.4.3 边界表示法（B – rep）

边界表示法是一种重要的三维实体的表示方法。在许多的实体造型技术中，都应用这种表示方法。

边界表示法（boundary representation，简称 B – rep）是采用描述三维物体表面的方法表示三维物体。边界表示法通过表达三维实体的点、线、面的连接关系，以及实体在各个面的信息来描述三维实体。

边界表示法是用封闭的边界表面来表示三维实体，并通过边界表面的并集运算构建，图 4.21 中的实体，由 8 个边界表面构成，这些面又用顶点、棱线表示，所以边界表示法用三维物体的顶点、棱线、表面来描述一个物体，如图 4.25 所示。

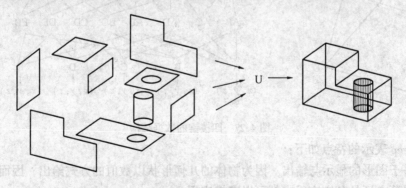

图 4.25 B – rep 构建的实体模型

B – rep 方法描述三维实体时应用欧拉公式的平面多面体中点、线、面的连接关系。没有孔的多面体称为简单多面体。对于简单多面体，可将其顶点、棱线和表面数目之间的关系表示为

$$V - E + F = 2 \tag{4.1}$$

式中 V——多面体的顶点数；

E——多面体的棱线数；

F——多面体的表面数。

对于简单多面体，符合欧拉公式不是充分而是必要条件。为确保所描述的三维实体的有效性，需要附加一些约束条件，即每一条棱线必须连接两个顶点，同时属于两个表面；每个顶点处必须有 3 条棱线相交，表面之间不允许交错。

对于有孔的多面体，欧拉公式为

$$V - E + F - H = 2(S - P) \tag{4.2}$$

式中　　S——独立形体的个数；

　　　　P——穿透形体的孔数。

其它符号的意义与公式（4.1）相同。

图 4.26 所示为符号欧拉公式的简单多面体及有孔多面体。

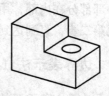

图 4.26　符合欧拉公式的多面体

在 B - rep 表示方法中，根据要求不同，有多种数据结构形式，常用的数据结构有翼边结构和双链三表结构，图 4.27 所示为四棱锥的数据结构。

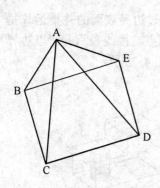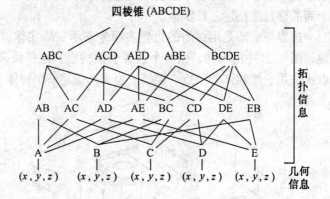

图 4.27　四棱锥的数据结构

B - rep 表示的特点如下：

①易于图形的显示与输出。因为物体的几何形状以数值的方式给出，因而这些数据无论在屏幕上还是其它应用中都可以直接应用。

②B - rep 表示方法易于存储数据。对于三维实体的描述，不仅需要几何图形的数据，而且需要实体的材质、比重等属性信息。属性数据与物体的表面、棱线等几何形状息息相关，对于存储这些数据，边界表示法易于处理。

③B - rep 表示方法可以非常简单地转化成线框模型。

④B - rep 表示方法所表示的三维物体无二义性。

⑤B - rep 表示方法可以表达复杂物体。

⑥B-rep 表示方法的数据结构数据量大，需要很多的存储空间。

⑦B-rep 表示方法的数据输入比较麻烦。

⑧B-rep 表示方法不具有唯一性。

4.4.4 扫描法（Sweep）

扫描法是沿空间某一轨迹把一封闭的面域拉伸或旋转得到三维实体的方法。通过拉伸得到三维实体的方法称为平移扫描；通过旋转得到三维实体的方法称为旋转扫描。下面分别对这两种方法予以介绍。

1. 平移扫描

平移扫描可以把二维面域沿直线扫描形成三维实体，例如圆柱、棱柱均可以采用这种方法得到。对这种方法做一些扩展，可以得到复杂的三维实体。沿扫描的方向，可以缩放面域，得到锥形物体，也可以沿垂直于面域的直线方向扫描，如图 4.28 所示，A 为面域，箭头指向为扫描方向，即路径，得到三维实体。

2. 旋转扫描

旋转扫描是把一封闭面域绕某一轴线旋转某一角度得到三维实体的方法，例如回转体。对于旋转扫描，轴线可以是直线或曲线，这样能够得到复杂的三维实体，如图4.29所示，面域 A 为沿轴线旋转一周形成的实体。

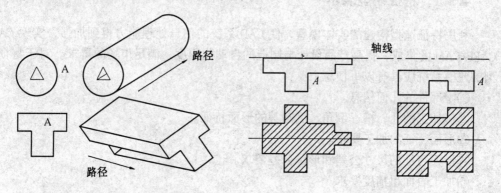

图 4.28 平移扫描形成的物体   图 4.29 旋转扫描形成的实体

对于许多物体，用扫描法是一种自然而直观的表示法，所以许多的实体造型系统采用扫描法构建三维实体。只要设计出所需要的二维封闭面域，使用扫描命令即可得到三维实体，因此扫描法成为形体输入的一种有力的工具。但是对于即使是简单的扫描体，布尔运算结果也是不封闭的。

综上所述，上述四种实体的描述方法各有优缺点。从发展的角度来看，一个造型系统应同时具有几种造型方法，使造型方法灵活、方便。目前，大多数的造型系统都具有 CSG 法、B-rep 法、扫描法等，这几种造型方法之间的数据转换是十分重要的。例如，可以 CSG 数法将转换成 B-rep 法，但从 B-rep 法转换成 CSG 数法还实现不了。因此，各种三维实体表示法之间的数据转换的算法是今后几何造型系统研究的重要课题。

4.5 特征造型

上述实体造型的优点是在计算机内部存储了三维实体的几何与拓扑的信息，能够实现对实体的特性（体积、重心、惯性距等）自动计算、进行有限元的分析、动画模拟等操作。但基于实体建模的 CAD 系统存在以下问题。

对于 CAD 系统提供的三维实体的几何信息，对产品信息的描述不完整，没有提供与后续环节有关的全部信息，如工艺过程、尺寸公差、装配等信息，不能产生符合数据交换的模型，使得 CAD/CAPP/CAM 集成困难；实体造型具有局限性，只能构建部分零件，造型的应用范围不广泛。随着 CAD 技术的发展，特别是集成和自动化程度的提高，能够促进特征模型的开发和应用。特征模型是 CAD 实体建模的一种新方法，所构建的模型不仅包括几何信息，而且包括与结构有关的信息，形成符合数据交换的产品信息模型，能够实现 CAD/CAPP/CAM 的集成。

特征造型（Feature Model）是以实体模型为基础，用具有特定设计和加工功能的特征作为造型的基本元素来构建零部件的几何模型，并基于特征的 CAD/CAPP/CAM 系统开发和研究时主要考虑的功能。

4.5.1 特征模型表示

利用特征造型构建的实体模型，使 CAD 系统的信息处理能力得到加强，实现 CAD/CAPP/CAM 的集成，提高产品设计与制造的自动化程度，满足市场的需求。对于特征模型的建模系统应具有以下信息：

①零部件的几何信息。

②机加工的孔、槽、倒角、倒圆等的形面特征。

③形面特征的加工要求。

④形面特征的尺寸公差和形位公差要求。

⑤加工表面粗糙度要求。

目前特征模型的表示主要采用 CSG 树法、B－rep 方法以及二者的混合方法。采用 CSG 树法描述特征模型时，CSG 树法对特征的删除、特征编辑、特征的符号表示、特征模型的参数化等具有易于实现的特点。采用 B－rep 方法描述特征模型时，B－rep 方法能够很好地支持图形的显示、尺寸的标注、特征的检查、特征的识别和转换、其它的需要表面信息的应用等。采用 CSG 树法和 B－rep 方法的混合表示方法时，CSG 树法用于储存物体的定位和形状信息，B－rep 方法用于描述物体的几何信息和拓扑信息。目前很多的特征模型的描述采用 CSG 树法和 B－rep 方法的混合模型。

对于一般零件的特征模型数据模式可划分为以下四个层次。

1.总体特征

总体特征包括最基本的设计、工艺等信息，如设计基准、尺寸公差、技术要求、表面粗糙度、材料等，这些信息为后续环节提供相关的产品信息。

2．宏观特征

宏观特征是指零件的类型（如轴套类、轮盘类、叉架类、箱壳类等）所反映的信息，对应于 CSG 树表示层。

3．工序特征

工序特征是指由工艺过程、加工特点、造型方法共同确定的局部形状特征或表面特征，对应于外壳层。

4．微观特征

微观特征是指对应于 B－rep 表示的结构中的顶点、棱线、表面等信息。

下面以轴套类零件为例来说明特征信息的表示，如图 4.30 所示。

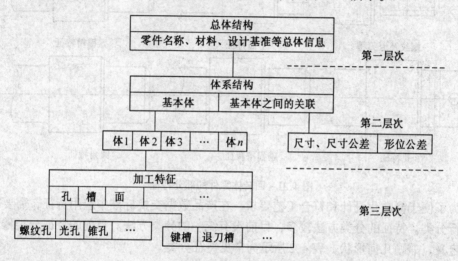

图 4.30　轴套类零件信息描述

第一层次是总体特征，描述零件的总体尺寸、材料、尺寸基准等信息；第二层次是构成基本体的特征以及基本体之间的关联关系；第三层次是加工特征单元，包括孔（螺纹孔、光孔等）、槽（键槽、退刀槽）等。

4.5.2　特征定义与分类

特征是零件某一部分形状与属性的信息集合，如凸台、槽、孔、倒角等特征。特征不仅表达零件的几何信息，而且为加工、有限元分析及其它应用提供完整的信息。图 4.31 所示为回转体零件的部分特征。

基于特征的设计是 CAD 技术发展的趋势。特征设计是指，产品设计阶段捕捉几何信息以外的设计、加工信息，使用参数化特征设计，描述零件的几何信息以及几何特征之间的功能关系，通过拼合运算等操作构建零件特征。对于特征还没有明确、统一的定义，因为应用环节不同，对于特征模型的几何和拓扑信息的表达的差异、对于特征的理解也不一致。例如，在设计阶段，特征被认为是具有一系列特征属性的几何形状；在工艺过程制定阶段，特征是零件上一个特殊部分，具有一定的几何形状和工艺过程信息；

在产品生产周期中，特征是具有几何和加工信息的一个整体。对于特征进一步研究和认识，得知它应具有以下信息：

①特征与零件的几何表示息息相关。

②在不同的应用环节中，特征的形式与内容不同。

③特征可以转换和被其它的系统识别。

④在不同环节中的特征应满足不同环节的要求。

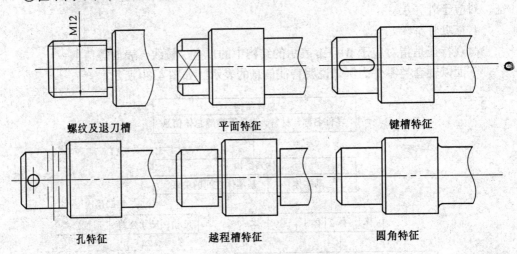

图 4.31　回转体零件的部分特征

为了便于参数化设计和符合工艺要求，在产品数据交换标准中应用特征，需要对特征进行分类。特征的分类方法较多，目前没有统一的分类方法。目前的特征分类依赖于特征定义、兼顾几何形状，表 4.2 所示为常见特征分类。

表 4.2　特征分类

分类方式	特征名称	分类方式	特征名称
设计阶段	原型特征	集成制造阶段	设计特征
	几何特征		工艺特征
			分析特征
	概念特征		检查特征
	工艺特征		装配特征
工艺特征	形状特征	制造阶段	毛坯特征
	材料特征		基本特征
	精度特征		表面特征
	工艺特征		拼合特征

4.5.3　基于参数化设计的特征造型

参数化造型应用约束（几何和尺寸约束）来定义和修改模型，实现对物体的尺寸和形状的编辑。参数化特征为设计和编辑标准化、模块化、系列化零件提供方便。基于参数化的特征造型是以提供尺寸驱动的方式实现的。尺寸驱动的模型由几何约束、尺寸约束和拓扑约束三部分组成。当修改某一尺寸时，系统会自动找到该尺寸的起始几何和终止元素，使它们按新尺寸对模型进行调整。如果几何元素不满足约束，拓扑约束不变，则按照尺寸驱动几何图形，图 4.32 所示为基于参数化的螺栓的特征造型，图 4.32（a）为尺寸确定前的模型，尺寸分别为 A、B、C，图 4.32（b）为尺寸驱动后的模型，图中变化的尺寸为 $A+X$，图中的拓扑关系在尺寸驱动前后不变。具有参数的特征能够非常方便地提供几何形状、尺寸等信息，设计者根据这些信息，采用参数化的造型方法生成许多与此特征近似的特征，保留原有的大量信息，为造型提供方便。

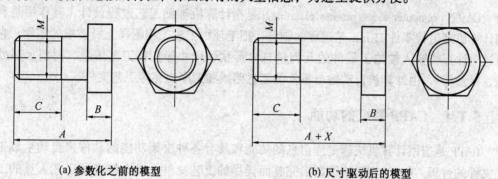

(a) 参数化之前的模型　　　　　　　　(b) 尺寸驱动后的模型

图 4.32　基于参数化造型的尺寸确定模型

4.5.4　装配建模

几何造型，无论是线框模型、曲面模型、实体造型还是特征造型等描述的是单个零件信息，而不是零件的装配信息。目前，设计者将设计出的零件，在产品开发周期后期阶段组装在一起，形成装配模型，进行装配检查，校核零部件装配是否符合要求、是否满足产品设计的功能。这种装配模型适合于对简单产品进行开发的小型设计组，对于模型的编辑及修改比较方便，另外装配零部件易于实现。

装配建模的基本功能有以下几方面。第一，装配模型为把零件组装成部件和子部件提供逻辑结构。这种结构能够保证设计者识别单个零件，并且跟踪与某一零件相关的数据，保持零件与子部件之间的关系；第二，装配模型能够产生零件之间的参数化限制关系，根据零件测量形状和尺寸信息，把这些信息应用到另一个零件上，使设计者在零件之间的接触位置上，自由地加入一些几何数据。总之，装配建模系统使设计者能够创建和管理零件之间的装配限制、确定零件的运动和位置。

第 5 章

CAD 相关技术

5.1 CAPP 技术

CAPP（computer aided process planning）是指计算机辅助工艺过程设计，其作用是利用计算机来进行零件加工工艺过程的制订，把毛坯加工成工程图样上所要求的零件。它通过向计算机输入被加工零件的几何信息（形状、尺寸等）和工艺信息（材料、热处理、批量等），由计算机自动输出零件的工艺路线和工序内容等工艺文件。

5.1.1 CAPP 系统的功能

CAPP 是应用计算机快速处理信息的功能和具有各种决策功能的软件来自动生成工艺文件的过程。CAPP 能迅速编制出完整而详尽的工艺文件，大大提高了工艺人员的工作效率，可以获得符合企业实际条件的优化工艺方案，给出合理的工时定额和材料定额，并有助于对工艺人员的宝贵经验进行总结和继承。CAPP 不仅能实现工艺设计自动化，还能把生产实践中行之有效的若干工艺设计原则及方法转换成工艺决策模型，并建立科学的决策逻辑，从而编制出最优的制造方案。CAPP 是连接 CAD 和 CAM 的桥梁，是实现 CAD/CAM 集成的一项重要技术。

CAPP 系统一般具有以下功能：输入设计信息；选择工艺路线、决定工序、机床、刀具；决定切削用量；估算工时与成本；输出工艺文件以及向 CAM 提供零件加工所需的设备、工装、切削参数、装夹参数以及反映零件切削过程的刀具轨迹文件等。

5.1.2 CAPP 系统的结构组成

CAPP 系统的种类很多，但其基本结构主要可分为如下五大组成模块：零件信息的获取、工艺决策、工艺数据库/知识库、人机界面和工艺文件管理/输出，如图 5.1 所示。

①零件信息的获取。零件信息是 CAPP 系统进行工艺过程设计的对象和依据，对零件信息常用的输入方法主要有人机交互输入和从 CAD 造型系统所提供的产品数据模型中直接获取两种方法。

②工艺决策。工艺决策模块是以零件信息为依据，按预先规定的决策逻辑，调用相关的知识和数据，进行必要的比较、推理和决策，生成所需要的零件加工工艺规程。

③工艺数据库/知识库。工艺数据库/知识库是 CAPP 的支撑工具，它包含了工艺设计所要求的工艺数据（如加工方法、切削用量、机床、刀具、夹具、工时、成本核算等多方面信息）和规则（包括工艺决策逻辑、决策习惯、加工方法选择规则、工序工步归

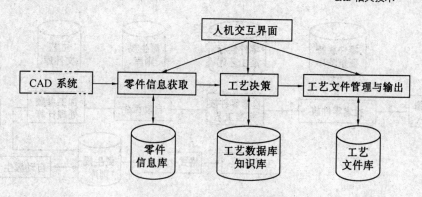

图 5.1 CAPP 系统的构成

并与排序规则等)。

④人机交互界面。人机交互界面是用户的操作平台,包括系统菜单、工艺设计界面、工艺数据/知识输入界面、工艺文件的显示、编辑与管理界面等。

⑤工艺文件管理与输出。如何管理、维护和输出工艺文件是 CAPP 系统所要完成的重要内容。工艺文件的输出包括工艺文件的格式化显示、存盘和打印等内容。

5.1.3 CAPP 系统的类型及其工作原理

CAPP 系统是根据企业的类别、产品类型、生产组织状况、工艺基础及资源条件等各种因素而开发应用的,不同的系统有不同的工作原理,目前常用的 CAPP 系统可分为派生式、创成式和综合式三大类。

1. 派生式 CAPP 系统

派生式 CAPP 系统是指,在成组技术的基础上,按零件结构和工艺的相似性用分类编码系统将零件分为若干零件加工族,并给每一族的零件制定优化加工方案和编制典型工艺规程,再将其以文件的形式存储在计算机中。在编制新的工艺规程时,首先根据输入信息编制零件的成组编码,根据编码识别它所属的零件加工族,检索并调出该零件族的标准工艺规程,然后进行编辑、筛选,从而得到该零件的工艺规程,产生的工艺规程可存入计算机供检索用。图 5.2 所示为派生式 CAPP 系统的工作原理。

派生式 CAPP 系统继承和应用了企业较成熟的传统工艺,应用范围比较广泛,有较好的实用性,但系统的柔性较差,对于复杂零件和相似性较差的零件,不适宜采用派生式 CAPP 系统。

2. 创成式 CAPP 系统

创成式 CAPP 系统是一个能综合零件加工信息,自动地为一个新零件创造工艺规程的系统。如图 5.3 所示,创成式 CAPP 系统能够根据工艺数据库的信息和零件模型,在没有人工干预的条件下,自动产生零件所需要的各个工序和加工顺序,自动提取制造知识,自动完成机床、刀具的选择和加工过程的优化,通过应用决策逻辑,模拟工艺设计人员的决策过程,自动创成新的零件加工工艺规程。

创成式 CAPP 系统便于实现计算机辅助设计和计算机辅助制造系统的集成,具有较高的柔性、适应范围广,但由于系统自动化要求高、应用范围广,系统实现较为困难,

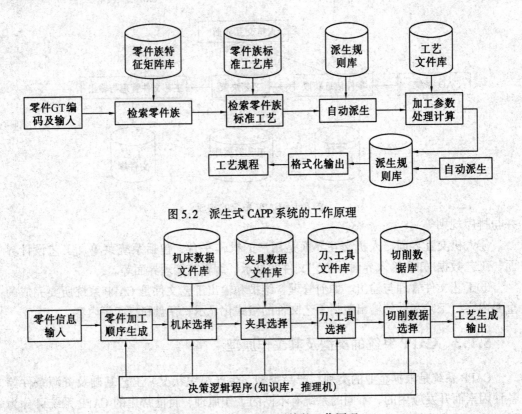

图5.2　派生式 CAPP 系统的工作原理

图5.3　创成式 CAPP 系统的工作原理

目前系统的应用还处于发展阶段。

3. 综合式 CAPP 系统

综合式 CAPP 系统也称半创成式 CAPP 系统，它综合了派生式 CAPP 与创成式 CAPP 的方法和原理，采用派生与自动决策相结合的方法生成工艺规程，如需对一个新零件进行工艺设计时，先通过计算机检索它所属零件族的标准工艺，然后根据零件的具体情况，对标准工艺进行自动修改，工序设计则采用自动决策产生，其工作原理如图5.4所示。

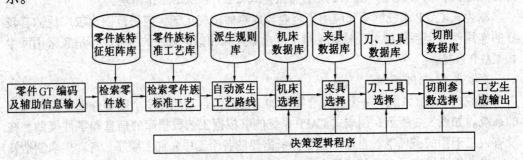

图5.4　综合式 CAPP 系统的工作原理

综合式 CAPP 系统兼顾了派生式 CAPP 和创成式 CAPP 两者的优点，克服了各自的不足，既具有系统的简洁性，又具有系统的快捷和灵活性，有很强的实际应用性。

5.1.4 CAPP 系统的基础技术

1.成组技术

成组技术是一门生产技术科学，CAPP 系统的研究和开发与成组技术密切相关。成组技术的实质是利用事物的相似性，把相似问题归类成组并进行编码，寻求解决这一类问题相对统一的最优方案，从而节约时间和精力，以取得所期望的经济效益。零件分类和编码是成组技术的两个最基本概念。根据零件特征将零件进行分组的过程是分类；给零件赋予代码则是编码。对于零件设计，由于许多零件具有类似的形状，可将它们归并为设计族，设计一个新的零件可以通过修改一个现有同族典型零件而形成。对于加工，由于同族零件要求类似的工艺过程，可以组建一个加工单元来制造同族零件，对每一个加工单元只考虑类似零件，就能使生产计划工作及其控制变得容易些。所以成组技术的核心问题就是充分利用零件上的几何形状及加工工艺相似性来进行设计和组织生产，以获得最大的经济效益。

2.零件信息的描述与输入

零件信息的描述与输入是 CAPP 系统运行的基础和依据。零件信息包括零件名称、图号、材料、几何形状及尺寸、加工精度、表面质量、热处理以及其它技术要求等。准确的零件信息描述是 CAPP 系统进行工艺分析决策的可靠保证，因此，对零件信息描述的简明性、方便性以及输入的快速性等方面都有较高的要求。常用的零件描述方法有分类编码描述法、表面特征描述法以及直接从 CAD 系统中获取 CAPP 系统所需要的信息，从发展角度看，根本的解决方法是直接从 CAD 系统中获取 CAPP 系统所需要的信息，即实现 CAD 系统与 CAPP 系统的集成化。

3.工艺设计决策机制

工艺设计决策主要有工艺流程决策、工序决策、工步决策以及工艺参数决策等内容。其中，工艺流程设计中的决策最为复杂，并且是 CAPP 系统中的核心部分。不同类型 CAPP 系统的形成，主要也是由于工艺流程生成的决策方法不同而决定的。为保证工艺设计达到全局最优，系统常把上述内容集成在一起，进行综合分析、动态优化和交叉设计。

4.工艺知识的获取及表示

工艺设计随着各个企业的设计人员、资料条件、技术水平以及工艺习惯不同而变化。要使工艺设计能够在企业中得到广泛有效的应用，必须根据企业的具体情况，总结出适应本企业的零件加工典型工艺决策的方法，按所开发 CAPP 系统的要求，用不同的形式表示这些经验及决策逻辑。

5.工艺数据库的建立

CAPP 系统在运行时需要相应的各种信息，如机床参数、刀具参数、夹具参数、量具参数、材料、加工余量、标准公差及工时定额等。工艺数据库的结构要考虑方便用户对数据库进行检索、修改和增删，还要考虑工件、刀具材料以及加工条件变化时数据库的扩充和完善。

5.2　计算机辅助制造（CAM）技术

计算机辅助制造（computer aided manufacturing，简称 CAM）指的是从产品设计到加工制造之间的一切生产准备活动，它包括 CAPP、NC 编程、工时定额的计算、生产计划的制订、资源需求计划的制订等，它还包括制造活动中与物流有关的所有过程（加工、装配、检验、存贮、输送）的监视、控制和管理。随着技术的发展，CAPP 已被作为一个专门的子系统，而工时定额的计算、生产计划的制订、资源需求计划的制订则划分给 MRPⅡ/ERP 系统来完成，CAM 的概念有时可进一步缩小为 NC 编程的同义词。在这一节里，我们只介绍与 NC 编程有关的内容。

5.2.1　CAM 的功能

按计算机与物流系统是否有硬件"接口"联系，可将 CAM 功能分为直接应用功能和间接应用功能。

1.直接应用功能

CAM 的直接应用功能是指计算机通过接口直接与物流系统连接，用以控制、监视、协调物流过程，它包括物流运行控制、生产控制和质量控制。物流运行控制是根据生产作业计划的生产进度信息来控制物料的流动；生产控制是指在生产过程中随时收集和记录物流过程的数据，当发现工况偏离作业计划时，即予以协调与控制；质量控制是指通过现场检测随时记录现场数据，当发现偏离或即将偏离预定质量指标时，向工序作业级发出命令，予以校正。

2.间接应用功能

CAM 的间接应用功能是指计算机与物流系统没有直接的硬件连接，用以支持车间的制造活动并提供物流过程和工序作业所需数据与信息，它包括计算机辅助工艺过程设计（CAPP）、计算机辅助数控程序编制、计算机辅助工装设计及计算机辅助编制作业计划。如上节所述，CAPP 的本质就是用计算机模拟人工编制工艺规程的方法编制工艺文件；计算机辅助数控程序编制是指根据 CAPP 所指定的工艺路线和所选定的数控机床，用计算机编制数控机床的加工程序；计算机辅助工装设计包括专用夹具、刀具的设计与制造，这也是工艺准备工作中的重要内容；计算机辅助编制作业计划是指当生产计划确定了在规定期内应生产的零件品种、数量和时间之后，用计算机根据数据库中人员、设备、资源的情况以及生产计划和工艺设计的数据，编制出详细的生产作业计划。

5.2.2　数控机床

1.数控机床的概念及组成

数控机床是一种采用计算机、利用数字进行控制的高效、能自动化加工的机床。它能够按照国际或国家，甚至生产厂家所制造的数字和文字编码方式，把各种机械位移量、工艺参数（如主轴转速、切削速度）、辅助功能（如刀具变换、切削液自动供停）

等，用数字、文字符号表示出来，经过程序控制系统，即数控系统的逻辑处理与计算，发出各种控制指令，实现要求的机械动作，自动完成加工任务。在被加工零件或作业变换时，它只需改变控制的指令程序就可以实现新的控制。所以数控机床是一种灵活性很强、技术密集度及自动化程度很高的机电一体化加工设备，适用于小批量生产，也是柔性制造系统里必不可少的加工单元。

数控机床一般由加工程序及信息载体、数控装置、伺服驱动系统、机床本体、辅助装置以及其他一些附属设备组成，如图 5.5 所示。

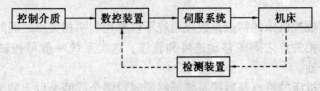

图 5.5 数控机床的组成

（1）加工程序及信息载体

信息载体又称控制介质。加工程序是数控机床自动加工零件的工作指令，其上存储着加工零件所需的全部操作信息和刀具相对工件的位移信息等。编制程序的工作可由人工或者由自动编程计算机系统来完成，编好的数控程序可存放在信息载体上。常用的信息载体有穿孔带、磁带、磁盘等。

（2）计算机数控装置

计算机数控（computer numerical control，简称 CNC）装置是数控机床的核心部分。它完成加工程序的输入、编辑及修改，实现信息存储、数据交换、代码转换、插补运算以及各种控制功能。为适应柔性制造系统或计算机集成制造系统的要求，目前大多数 CNC 装置中都设有通信设备，承担网络通信任务。

（3）伺服驱动系统

伺服驱动系统是数控机床的必备部件，包括驱动主轴运动的控制单元及主轴电机、驱动进给运动的控制单元及进给电机。它接受来自数控系统的指令信息，通过伺服驱动系统来实现数控机床的主轴和进给运动。由于伺服系统是将数字信号转化为位移量，因此它的精度及动态响应是决定数控机床的加工、表面质量和生产率的主要因素。

（4）机床本体

机床本体是数控机床的机械部分，包括床身、导轨、各运动部件和各种工作台以及冷却、润滑、转位和夹紧等辅助装置。对于加工中心类的数控机床，还有存放刀具的刀库及交换刀具的机械手等部件。

（5）辅助控制装置

辅助控制装置的主要作用是接收数控装置输出的主运动变速、换向和启停，刀具的选择和交换，以及其他辅助装置动作等指令信号，经必要的编辑、逻辑判断、功率放大后直接驱动相应的电器、液压、气动和机械等辅助装置，完成指令规定的动作。此外，开关信号也经它的处理后送数控装置进行处理。

2.数控机床的分类

（1）按控制系统分类

按控制系统分类，数控机床可分为点位控制数控机床、直线控制数控机床和轮廓控制数控机床。

点位控制数控机床的特点是数控系统只能控制机床移动部件从一个位置（点）精确地移动到另一个位置（点），在移动过程中不进行任何切削加工。为了保证定位的准确性，根据其运动速度和定位精度要求，可采用多级减速处理。点位数控系统结构较简单，价格也低廉。

点位直线控制数控机床的特点是数控系统不仅要控制两相关点之间的距离，还控制机床移动部件在两相关点之间的移动速度和轨迹，这类系统一般可控轴数为 2 ~ 3 轴，但同时只控制一个轴。

轮廓控制数控机床的特点是数控系统能够同时对两个或两个以上的坐标轴进行连续控制，加工时不仅要控制起点和终点，还要控制整个加工过程中每一点的速度和位置，也就是要控制移动轨迹，使机床加工出符合图样要求的复杂形状的零件。轮廓控制数控机床的数控装置的功能最齐全，控制系统最复杂。

（2）按伺服系统的特点分类

按伺服系统的特点分类，数控机床可分为开环控制数控机床、闭环控制数控机床和半闭环控制数控机床。

开环控制数控机床是早期数控机床通用的伺服驱动系统，其控制系统不带反馈检测装置，没有构成反馈控制回路，伺服执行机构通常采用步进电动机或电液脉冲马达。

闭环控制数控机床的特点是其控制系统在机床移动部件上安装了直线位移检测装置，因为把机床工作台纳入了反馈回路，故称闭环控制系统。这种闭环控制系统的特点是定位精度高、调节速度快，但由于机床工作台惯量大，对系统稳定性会带来不利影响，同时也使调试、维修困难，且系统复杂、成本高，故只有在精度要求很高的机床中才采用这种系统。

半闭环控制数控机床的特点将测量元件从工作台移到丝杠副端或伺服电动机轴端，构成半闭环伺服驱动系统。这种半闭环控制系统的特点是调试比较方便，并且具有很好的稳定性，系统的控制精度和机床的定位精度比开环系统高，而比闭环系统低。目前大多数数控机床都采用这种半闭环控制系统。

（3）按加工方式分类

按加工方式分类，数控机床可分为金属切削数控机床、金属形成类数控机床、特种加工数控机床及其他类型机床。

金属切削数控机床如数控车床、加工中心、数控钻床、数控铣床等；金属成形类数控机床如数控折弯机、数控弯管机、数控压力机等；特种加工数控机床如数控线切割机床、数控电火花加工机床、数控激光加工机床等；其他类型机床如火焰切割数控机床、数控三坐标测量机等。

（4）按功能水平分类

按功能水平分类，数控机床可分为低档经济数控、中档数控系统和高档数控系统三类。

低档经济数控通常指由单板机、单片机和步进电动机组成的、功能比较简单、价格低廉的控制系统，主要用于车床、线切割机床以及旧机床的改造等。这类系统的伺服驱动系统采用开环伺服系统；联动轴数一般为 2 轴，最多为 3 轴；显示为数码或简单的 CRT（阴极射线管）字符显示；主芯片 CPU 多为 8 位芯片。

中档数控系统也称为标准数控系统，是数控机床、加工中心使用最多的数控系统。这类系统的伺服驱动系统采用半闭环直流或交流伺服系统；联动轴数为 2～4 轴；有字符、图像 CRT 显示系统；主芯片 CPU 多为 16 位芯片；有 RS－232 或 DNC（direct numerical control）接口和内装 PLC（programmable logic controller）进行辅助功能控制等。

高档数控系统是高精度、高功能的数控机床系统。这类系统的伺服驱动系统采用半闭环或闭环直流或交流伺服系统；联动轴数为 3～5 轴；显示除中档系统功能外，还可以有三维图形显示；主芯片 CPU 采用 32 位芯片；通信功能除有 RS－232 或 DNC 接口外，有的系统还装有 MAP（Manufacturing Automation Protocol）通信接口，具有联网功能；具有功能很强的内装 PLC 和多轴控制扩展功能。

3. 数控机床的坐标系统

对数控机床的坐标轴和运动方向做出统一的规定，可以简化程序编制的工作和保证记录数据的互换性，还可以保证数控机床的运行、操作及程序编制的一致性。

4. 数控加工程序编制

零件数控加工程序的编制是数控加工的基础，也是 CAD/CAM 系统中的重要模块之一。自数控机床问世至今，数控加工编程方法经历了手工编程、数控语言自动编程、图形交互式编程、CAD/CAM 集成系统编程几个发展时期。当前，应用 CAD/CAM 系统进行数控编程已成为数控机床加工编程的主流。

5.2.3 数控加工程序编制

1. 手工编程

（1）手工编程的内容和步骤

数控加工手工编程一般可分为如下几个步骤：

①工艺处理。编程人员首先需对零件的图纸及技术要求进行详细的分析，明确加工的内容及要求。然后确定加工方案、加工工艺过程、加工路线、设计工夹具、选择刀具以及合理的切削用量等。

②数值计算。根据零件的几何形状、加工路线和数控系统的情况，计算出被加工几何元素的起点、终点、圆弧圆心等坐标点，从而计算出刀具运动轨迹。

③编制零件加工程序。根据零件的工艺分析和数值计算的结果，按照数控机床所使用的指令代码编制零件加工数控程序。

④输入数控程序。将零件加工数控程序通过控制面板一条条地被手工键入数控系统，或通过磁盘读入，或用 RS－232 接口将数控程序输入到数控系统。老式的数控机床往往需要将数控程序制成穿孔纸带由机床附带的光电阅读机读入机床数控系统。

⑤试切和修改。零件加工程序是否正确，通常采用试切法进行验证。目前市场上提供的高档数控系统一般带有切削加工模拟功能，可以在数控系统显示器上模拟加工情况，若发现错误，及时修改加工程序。

手工编程效率低，出错率高，不能用于复杂零件加工编程，因而它已逐渐被其它先进编程方法所替代。

(2) CAD/CAM 系统自动编程

数控语言自动编程存在的主要问题是缺少图形的支持，除了编程过程不直观之外，被加工零件轮廓是通过几何定义语句一条条进行描述，编程工作量大。随着 CAD/CAM 技术的成熟和计算机图形处理能力的提高，可直接利用 CAD 模块生成的几何图形，采用人机对话方式，在计算机屏幕上指定被加工部位，输入相应的加工参数，计算机便自动进行必要的处理并编制出数控加工程序，同时在计算机屏幕上动态地显示出刀具的加工轨迹。这种利用 CAD/CAM 软件系统进行数控加工编程方法与数控语言自动编程相比，具有速度快、精度高、直观性好、使用简便、便于检查等优点，有利于实现 CAD/CAM 系统的集成，已成为当前数控加工自动编程的主要手段。

目前，市场上较为著名的 CAD/CAM 软件系统，如 UG、Pro/E、I - DEAS、CATIA 等都有较强的数控加工编程功能。这些软件系统除了具有通常的交互式定义、编辑修改功能外，能够处理不同复杂程度的各种三维型面的加工。

CAD/CAM 系统自动编程的基本步骤如下：

不同的 CAD/CAM 系统其功能指令、用户界面各不相同，编程的具体过程也不尽相同。但从总体上讲，编程的基本原理及基本步骤大体是一致的。归纳起来可分为如图 5.6 所示的几个基本步骤。

①几何造型。利用 CAD 模块的三维实体造型功能，通过人机交互式方法建立被加工零件三维几何模型，或者通过逆向工程方法获得零件三维模型（如通过 CMM 系统反求），并以相应的图形数据文件进行存储，供后继的 CAM 编程处理调用。

②加工工艺分析。包括分析零件的加工部位，确定工件的装夹位置，指定工件坐标系、选定刀具类型及其几何参数，输入切削加工工艺参数等。目前该项工作仍通过人机交互方式由编程员通过用户界面输入计算机。

③刀具轨迹生成。刀具轨迹的生成是面向屏幕图形交互进行的，用户可根据屏幕提示用光标交互选择加工表面、切入方式和走刀方式等，然后由软件系统自动生成走刀路线，并将其转换为刀具位置数据，存入指定的刀位文件。

④刀位验证及刀具轨迹的编辑。对所生成的刀位文件进行加工过程仿真，检查验证走刀路线是否正确合理，有否碰撞或干涉现象，可对生成的刀具轨迹进行编辑修改、优化处理，以得到正确的走刀轨迹。若不满意，还可修改工艺方案，重新进行刀具轨迹的计算。

⑤后置处理。后置处理的目的是形成数控加工文件。由于各种机床使用的数控系统不同，所用的数控加工程序的指令代码及格式也不尽相同，为此必须通过后置处理将刀位文件转换成数控机床所需的数控加工程序。

⑥数控程序的输出。生成的数控加工程序可使用打印机打印出数控加工程序单，也可将数控程序写在磁带或磁盘上，提供给有磁带或磁盘驱动器的机床控制系统使用。对于有标准通用接口的机床控制系统，可以直接由计算机将加工程序送给机床控制系统进行数控加工。

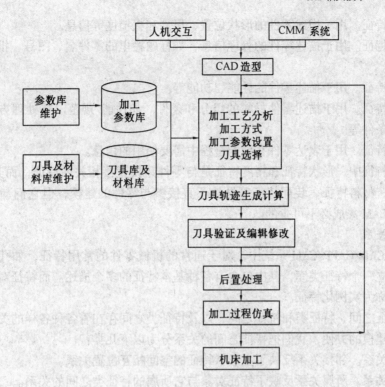

图 5.6 CAD/CAM 系统数控编程步骤

5.3 CAD/CAPP/CAM 集成系统的关键技术

5.3.1 特征造型技术

零件特征是设计和制造之间传递产品信息的媒介，特征可以携带大量的工程信息，可以比较容易地将 CAD、CAPP 和 CAM 各子系统有机地连接在一起。因此，零件特征信息模型是 CAD/CAPP/CAM 信息集成的基础。从 CAPP 的角度来看，工艺决策知识的结构化及工艺决策过程的模型化都需要运用特征信息。特征成为工艺过程设计的核心实体。

1.特征的定义和分类

特征是 80 年代中、后期为了表达产品的完整信息而提出的一个新概念。它是一组与零件描述相关的信息集合。零件特征描述的是其设计和制造等方面的信息。用特征描述的产品信息模型具有形态、材料、功能、规则等内容。

特征一般可划分为如下几类：

①形状特征。描述具有一定工程意义的功能几何形状信息。形状特征又可分为主形状特征和辅形状特征（简称为主特征和辅特征）。主特征用于构造零件的主体形状结构，辅特征用于对主特征的局部修饰（如倒角、键槽、退刀槽、中心孔等），它附加于主特征之上。

②精度特征。用于描述零件的形状位置、尺寸和粗糙度等信息。

③管理特征。用于描述零件的管理信息，如标题栏里的零件名、图号、批量、设计者、日期等。

④技术特征。用于描述零件的性能、功能等。

⑤材料特征。用于描述零件材料的组分和条件。如性能/规范、热处理方式、表面处理方式与条件等。

⑥装配特征。用于表达零件在装配过程中需要使用的信息。

在上述特征中，形状特征和精度特征是与零件建模直接相关的特征，而其它特征，如管理特征、材料特征、装配特征等虽然不直接参与零件的建模，但它们却也是实现 CAD/CAPP/CAM 集成必不可少的。

2. 特征关系

在一个 CAD/CAPP/CAM 系统中，对于通常的机械零件的常用特征，如孔、轴、槽等，应当建立一个特征类库，其中包含有各种基本特征的多个描述。而特征对象是特征类的实例，称为实例化特征。

各个特征之间、特征类和特征之间，以及特征类之间存在着各种各样的关系，为了描述和特征建模的方便，我们把特征之间的关系分为以下几类：

①邻接关系。邻接关系反映了主形状特征的空间相互位置关系。

②所属关系。所属关系反映了特征对象与它所属的特征类之间的关系。

③引用关系。引用关系是指描述特征类之间作为关联属性而相互引用的关系。引用关系主要存在于形状特征对精度特征、材料特征等的引用，此时形状特征是其它被引用的非形状特征的载体。

④附属关系。当一个辅特征从属于一个主特征或另一个辅特征时，构成附属关系。

3. 形状特征的表示和约束

对形状特征的表示有三种意见，即边界表示（B－rep）、几何体素构造表示（CSG）和二者的混合表示。也有人主张用非几何方法表示，如属性、规则和图形语法等。

特征约束是指对特征的形状尺寸和工程信息的限制，所以特征约束为几何约束和工程约束。几何约束包括尺寸约束和拓扑约束。工程约束则比较广泛，比如力、温度、速度、费用等。对特征约束讨论最多的是尺寸约束和公差约束。尺寸约束就是特征的几何参数。公差约束既属几何约束又属工程约束，一般把尺寸公差放在几何参数中，把形状公差和位置公差放在工程信息之中。

4. 特征建模方法

特征建模的方法可分为交互式特征定义、特征识别和基于特征的设计三种。

（1）交互式特征定义。利用系统建立的几何模型，由用户直接通过图形交互拾取，定义特征几何所需要的几何要素，并将特征参数或精度、技术要求、材料热处理等信息作为属性添加到特征模型中。这种方法自动化程度低，产品数据难以实现共享，录入信息时易出错。

（2）特征识别。将几何模型与预先定义的特征进行比较，确定特征的具体类及其它信息，这种方法难度大，目前复杂零件的特征识别尚难解决。

（3）基于特征的设计。这种方法直接用特征建立产品模型，而不是事后去识别特征。用户设计时，直接用特征定义零件几何体，即将特征库中预定义的特征实例化，以其前例特征为基本单元建立特征模型。

采用基于特征的设计，用特征集来定义零件，完整地表达了设计意图，才能提供完整的产品信息。CAD、CAPP 共用一个模型，各自获取所需信息，实现系统集成。

5.3.2 产品数据交换技术

随着信息技术在企业的深入应用，为满足数据信息能在不同系统与企业之间交换与共享，实现多种异构系统的集成，充分发挥用户应用软件的效益，必须有可靠的数据交换技术作为支持，建立各系统软件都应遵守的数据交换规范，要求具有统一的产品数据交换模型，为此必须制定产品数据交换标准。

1. DXF 文件的图形数据交换方式

DXF 文件的图形数据交换方式是一种中性文件的交换方式，是美国 Autodesk 公司制定并首先用于 AutoCAD 的图形数据交换的文件格式，用于外部程序与图形系统或不同图形系统之间的数据交换。该方式结构简单、可读性好、易于被其他程序处理，目前大多数 CAD 系统都能读入或输出 DXF 文件。其特点是当系统数增大时，接口数不会增加过多，但每次均需通过前后处理器接口进行数据转换，运行效率较低。

2. IGES 文件的图形数据交换方式

IGES 文件的图形数据交换方式也是一种中性文件的交换方式，是由美国国家标准协会（ANSI）公布的美国标准，是图形信息交换的一种规范，它由产品的几何、绘图、结构和其它信息组成，目的是要定义不同 CAD 系统间几何设计数据的交换格式。该标准可进行几何图形信息的描述，可支持二维线框、三维线框、三维表面、三维实体、技术图样、有限元、印刷线路板等模型的数据交换，并具有实体造型的 CSG 和 B - rep 表示法，可处理 CAD/CAM 系统中的大部分信息。利用 IGES 文件，用户可以从中提取所需数据进行用户应用程序的开发，现有大多数 CAD 商用软件都支持 IGES 格式的图形文件的输入和输出。

应用 IGES 文件进行数据转换时需前后处理程序，且定义的实体主要是几何图形方面的信息，不能构成完整的产品信息模型，此外，不同 CAD 系统间采用 IGES 文件进行交换，会有部分数据丢失，使图形发生失真现象。

3. 统一的产品数据模型交换方式——STEP 标准

STEP 标准是由 ISO 工业自动化系统技术委员会制定的关于产品数据表示和交换的国际标准。该标准可建立包括产品整个生命周期的、完整的、语意一致的产品数据模型，支持零件及装配件，以 EXPRESS 语言作为 STEP 中数据模型的形式化描述工具，可满足产品生命周期内各阶段对产品信息的不同需求。

SETP 标准能提供数据共享的机制，即建立统一的产品数据模型并进行数据交换，还能支持接口标准化和概念模型标准化，为产品开发部门进行协同设计、并行设计、虚拟产品开发等提供集成环境，同时便于数据库和其它各种计算机辅助应用软件的集成。

4.应用 XML 建立产品数据交换标准

平台的差异制约了信息共享与数据交换，是造成传统软件移植性差、集成性差的关键因素之一。Java 为程序设计提供了一种与平台无关的语言 XML（可扩展标记语言），它是在通用的字符集合中可使数据结构形式自由表现的语言，是万维网联盟建立的规范，为数据表达提供了一种与平台无关的格式，采用信息建模语言 EXPRESS 建立产品数据主模型，对产品数据主模型进行裁剪生成产品全生命周期各阶段的不同功能视图，基于 XML 实现产品数据的定义，消除特定数据格式造成的系统集成与信息共享屏障，为产品信息模型的规范化和产品数据交换的一致性提供了保证。

基于 XML 建立数据总线，并建立企业数据交换标准，应用 J2EE 中间件技术封装企业旧系统，进行企业应用集成，打破传统系统集成方法造成的紧密耦合局面。紧耦合互相共享接口，效率比较高，但它是基于一个系统的功能扩展，如果对于比较多的异构系统，需要开发很多接口和数据转换程序，导致系统复杂化，可靠性及可用性不好，同时也难于扩展。采用 XML 为数据交换标准的集成体系结构，系统间的耦合是通过 XML 技术实现的，XML 具有与平台、语言和协议无关的特性，系统间为松耦合。松耦合可以使接口定义和业务流程相分离，使接口的定义标准化，使业务流程、数据格式、集成技术的互相依赖最小化；企业的业务流可重新定义和快速配置，令企业系统容易适应外部变化。

因此，建立以 XML 为标准的数据总线的系统集成框架和实施策略，进行数据整合；制定应用系统的 XML 数据接口标准，集成应用接口；使企业应用系统之间、企业之间能够互相交流数据信息，是企业首选的集成策略。

5.3.3　产品数据管理技术（PDM）

1.PDM 的概念

产品数据管理（product data management，简称 PDM）是指企业内分布于各种系统和介质中，关于产品及产品数据信息和应用的集成与管理。产品数据管理集成了所有与产品相关的信息。

产品数据管理有助于有序和高效地设计、制造和发送产品，提高企业的产品开发效益。从产品来看，PDM 系统可帮助组织产品设计、完善产品结构修改、跟踪进展中的设计概念、及时方便地找出存档数据以及相关产品信息。从过程来看，PDM 系统可协调组织整个产品生命周期内诸如设计审查、批准、变更、工作流优化以及产品发布等过程事件。

PDM 将所有与产品相关的信息和所有与产品有关的过程集成在一起。与产品有关的信息包括任何属于产品的数据，如 CAD/CAE/CAM 的文件、物料清单（BOM）、产品配置、事务文件、产品订单、电子表格、生产成本、供应商状况等。与产品有关的过程包括任何有关的加工工序、加工指南和有关批准、使用权、安全、工作标准和方法、工作流程、机构关系等所有过程处理的程序。它包括了产品生命周期的各个方面，PDM 能使最新的数据为全部有关用户应用，包括工程设计人员、数控机床操作人员、财会人员及销售人员，都能按要求方便地存取使用有关数据。PDM 是依托 IT 技术实现企业最优化管理的有效方法，是科学的管理框架与企业现实问题相结合的产物，是计算机技术与企业文化相结合的一种产品。产品数据管理是帮助企业、工程师和其他有关人员管理数据并支持产品开发过程的有力工具。产品数据管理系统保存和提供产品设计、制造所需要的数据信息，并提供对产品维护的支持，即进行产品全生命周期的管理。

2.产品工程数据管理系统的主要功能

以产品工程数据管理系统为集成平台实现 CAD/CAPP/CAM 之间的信息集成，统一管理 CAD/CAPP/CAM 系统产生的产品相关文档和数据。可按照产品结构和配置，获得各类 BOM 信息；通过 PDM 集成平台与 ERP 系统实现工程发放和更改管理；支持产品生命周期中的文档管理、结构与配置管理、工作流程管理和异地协同设计管理、产品生命周期管理，使整个产品生命周期中的各项技术活动都基于 PDM 完成，并实现与其他子系统的功能集成、信息集成和过程集成。通过该技术支持平台，实现异地协同产品开发，缩短产品开发周期，解决各个企业、各个部门、各种软件之间的信息共享问题。

(1) 图文档管理

以文件或图档为主要管理对象，解决企业的动态数据归档、检索、组织、版本等问题，实现企业间文档的有限共享。由 PDM 系统实现对产品设计文档数据管理，对电子化的图纸和文件进行有序分类和管理。PDM 系统提供丰富的查询方式，不仅可以按照图号等传统方式查询数据，而且可以按照产品结构关系进行查询。在保证数据安全的前提下，满足产品设计的各类文档在企业间的共享。

(2) 产品结构与配置管理

解决产品结构与配置的管理问题。产品结构是跨越组织部门和经营阶段的核心概念，是 PDM 系统与其他子系统联系的桥梁和纽带。产品结构管理是 PDM 系统的基本功能模块，用以维护企业产品本身的构成关系，并围绕产品的构成关系来组织一切与产品相关的数据。在 PDM 中采用产品结构树的形式来管理产品结构，通过指定产品装配件、零部件的关系，以树的形式将文档、装配件、零部件之间的关系表示出来。利用文件夹和数据库，把与节点对象相关的设计、工艺、制造等文档，以及各种属性表、数据表与该节点关联起来，由此建立该产品的完整的数据模型。

产品配置管理是用各种不同的配置条件形成产品结构的不同配置，产品结构配置管理系统通过建立配置规则实现对产品结构变化的控制与管理。

这种方法有利于对产品的结构与相关的信息进行管理，同时也有利于产品通过配置改变进行变型设计和模块化设计。

(3) 项目管理

解决设计产品开发项目的管理问题。由于采用了计算机进行产品的开发，用传统的方法已经很难对项目的进度进行监控，项目成员的工作业绩难于检查和评估。所以通过建立项目管理系统，实现项目任务的管理与控制，并对项目信息进行维护。这样可以使项目的领导人员对整个项目的任务，特别是分布于各地的各企业的各项任务及进展情况进行监控，并做出相应的调整和评价，保证产品能按时成功地开发出来，提高产品开发的信誉和效率。

(4) 流程管理

解决产品设计过程在计算机环境下的流程控制问题。建立一套使整个产品开发过程协调一致的管理机制，进行任务流和工序流的有序管理，如实现某时对哪些数据对象做了哪些事，对其它哪些数据产生影响，应该通知哪些人；工作流程控制器可将每个参与人员的任务放到个人的工作任务列表单里，通过计算机查看自己的工作任务，在流程的规定下进行工作，加快产品设计的流程。通过对整个过程流的监控，避免不同部门使用不同版本的设计图纸的现象发生，以免出现产品开发过程中责任不明确而相互"推诿"的现象。同时在流程管理中引入并行的产品设计思想，缩短文档的传递及处理时间，提高产品的设计效率。

(5) 异地协同设计

通过建立一个支持并行工程的分布式的、协同的产品数据管理环境，建立制造业联盟间的协同工作环境，各异地企业可以获取产品开发的最新信息，并对产品的开发进程及时讨论，以增强复杂产品开发过程中的交流，减少产品合作开发过程中的非研发性质的工作内容和成本。通过建立信息的预发布和反馈机制，使信息的单向流动变为双向流动，使后续的各个阶段的人员能够提前介入设计，使得设计阶段可以周全考虑贯彻过程中可能出现的设计中存在的不合理的因素。

(6) 建立信息共享平台

将各种需要共享的数据有效地组织和管理起来，使这些数据不仅可以方便地获得，而且可以直接使用，真正实现各个部门、各种软件之间信息的共享，提高产品开发的效率，缩短开发时间。通过统一规划行业信息资源，规范行业业务流程，建立行业企业信息标准和信息系统模型基础上，充分改造优化、整合行业各成员企业已有的软硬件资源，建立支持行业企业联盟过程和开放资源服务的资源共享环境平台。

5.3.4　PDM 与 CAD/CAPP/CAM 的集成

随着计算机技术的推广和应用，企业自动化程度不断提高，国内许多企业已在产品设计、制造及管理方面使用了 CAD、CAPP、CAM 和 CAE 等技术，对信息的管理变得更加重要，管理落后的问题日益突出。随着技术的进步，信息的数量及更新速度是以往无法比拟的。不同的设计人员对这些信息的掌握和运用是不同的。如何使用好这些信息，提高设计质量，将数据管理、网络通讯和数据控制结合在一起，有效管理与产品有关的信息，是目前企业对信息管理的迫切要求。

1. PDM 的构架

PDM 系统的构造框架可分为应用框架和数据框架。这种构架突出强调了系统的功能、界面、标准、方法及结构。

(1) 应用框架

应用框架涉及 PDM 系统内部应用的设计和构造，它由三层组成：应用层、系统服务层和网络层。

应用层为用户提供各种应用功能及一致、友好的用户界面。它包括三个应用组件：①环境管理层全面控制应用功能单元的执行情况，为整个系统提供过程集成。

②应用功能单元层提供用户执行各种功能所需要的能力。应用功能单元与其他应用一起构成整个系统应用。

③应用服务单元层为系统应用的开发和执行及集成各种非 PDM 系统应用提供应用服务。应用服务单元独立于应用功能单元，以避免受应用技术变化的影响及减少软件开发费用和时间，提高代码可重用性，并在各应用间共享数据。

系统服务层通过一致的接口以独立的方式提供访问分布式网络层的功能。它为存储在不同物理设备上的数据提供一致的逻辑表述。系统服务层独立于应用层，以避免数据位置变化时受到影响。它为用户提供一致的接口并允许应用层单元是可移植、可互用的，它对功能和数据的物理位置是透明的。

使用系统服务层可保护在应用层软件上的投资。它允许改变数据表述而不影响应用层软件。系统服务层有五个组件：

①通讯服务层提供独立于通讯网络单元的数据传输服务，它通过通信网络单元传输数据。

②计算服务层为系统中的各种计算设备提供接口。它还具有提供监视计算资源使用情况的能力。

③表达服务层为所有输入/输出设备提供不依赖于设备的接口。为远端设备通过网络提供通信调用服务。

④安全服务层为系统所有单元提供安全和管理功能。如检查、验证、访问存取控制、数据传输及存储保护等。

⑤数据服务层为数据存储设备提供不依赖于设备的接口，这些设备通过网络进行物理配置。为远端设备提供通信调用服务。对于客户机/服务器体系，为应用提供不依赖于物理存储设备的一致的数据逻辑视图。数据服务必须支持数据框架中所描述的逻辑数据框架组成的主要单元。

网络层提供基本的计算和通信服务功能及对输入/输出设备的访问功能。这些设备包括数据存储设备、交互式终端及由通信设施互联的各种计算机。这一单元最有可能由于技术的提高而产生变化。因而通过系统服务层提供的标准界面，其特征对于应用层单元必须是不可见的。网络层有三个组件：

①输入/输出层提供从系统中发送和接收数据的功能。其硬件允许对各地的计算机系统进行操作。

②计算层执行计算机指令，管理、控制指令和过程的执行情况。

③通信网络层提供在计算机间和 I/O 设备间传输数据的功能。该组件包括硬件设备和物理传输媒介，它们将计算机和各种硬件联成一个分布式计算环境。

（2）数据框架

数据框架涉及逻辑数据结构的建立。PDM 系统内部各应用间的数据基于这一框架实现共享。通过建立和维护一个基于整个企业公共数据模型的应用，以减少数据转换器的使用。这一策略对应用框架内各单元提出了各种要求。数据框架和应用框架构成了一个完整的 PDM 体系结构。数据框架也分三层：应用层、概念层、物理层。应用层展示用户的数据视图。组成这一层的数据模型称为应用数据模型。几个应用可共享同一应用数据模型。应用间的数据共享通过下列方式完成：

①数据交换层在不符合公共数据模型的应用间传输数据的过程。中间文件交换协议是不同应用数据模型间的桥梁。应用必须使用转换器从协议中读写数据。

②视图映射层在符合公共数据模型的应用间共享数据的过程。概念层的公共数据模型推动应用数据模型的发展。应用层和概念层的视图映射由接口软件提供。

概念层表达了贯穿整个企业的公共数据视图，它为所有需要在系统内部应用间共享的数据提供单一、一致的定义和描述。这种公共数据视图比应用层和物理层的视图更稳定。组成概念层的数据模型存储在数据仓库中。应用框架中各单元的配置、运行和管理所需的信息由数据仓库提供一致的定义。这些信息包括系统配置、应用信息和安全策略等。

物理层表达了数据库管理者的数据视图。这些数据存储在遍及整个企业网络的多个存储设备中，它包括记录或表的定义及在物理层和物理存储设备中移动数据的机制。物理层和概念层的视图映射由接口软件提供。物理层也提供下列信息：

①存储分配层分割和复制数据以获得最佳系统性能。

②查询分配层将查询和事物处理转换成任何数据服务单元都能理解的格式。

2.PDM 在集成系统中的应用

在集成化的开发环境下，PDM 作为集成框架的功能非常重要，它使所构建的集成环境具有良好的可伸缩性，使企业可以按需要来定做各种特定系统。通过 PDM 可实现企业生产和管理上的优化组合，也能为企业决策提供极大的帮助。CAD/CAPP/CAM 集成系统信息复杂、联系紧密。在目前情况下，不同系统之间的数据交换问题尚未完全解决。在不同企业中，有着不同的工艺规范，企业往往依据自身的条件及传统，采用比较成熟的工艺技术。CAPP 系统不仅需要产品的设计信息，还需要产品的工艺信息。但在许多 CAD/CAPP/CAM 系统中，CAPP 系统从 CAD 系统中读取相关信息的能力不足，许多工艺信息仍需用手工方式输入。

在产品开发与生产中，技术人员使用的是二维工程图纸，由于二维图纸的多义性，在设计及生产中不可避免地会出现错误。随着计算机及实体建模技术的飞速发展，以三维实体模型为基础的产品设计及制造成为大势所趋。CAPP、CAM、有限元分析、虚拟装配、运动分析等也需要产品的三维信息。

PDM 系统可以把与产品整个生命周期有关的这些信息统一管理起来，它支持分布、异构环境下不同软硬件平台、不同网络和不同数据库。CAD、CAPP、CAM 系统都通过 PDM 交换信息，从而真正实现了 CAD、CAPP、CAM 的无缝集成。PDM 的核心功能之一是支持工程设计自动化系统。它对下层子系统进行集中地数据管理和访问控制，通过过程管理提供工作流控制。基于 PDM 统一的总控环境下的各功能单元可实现多用户的交互操作，实现组织和人的集成、信息集成、功能集成和过程集成。

由于 PDM 的开放性，可实现产品的异地、异构设计。它对产品提供单一的数据源，并可方便地实现对现有软件工具及新开发软件工具的封装，便于有效管理各子系统的信息。它提供过程的管理与控制，为并行工程的过程集成提供了必要的支持。并行工程包括所有设计、制造、测试、维护等职能的并行考虑，PDM 作为客户/服务器结构的统一信息环境，提供了支持并行工程运作的框架和基本机制。以 PDM 作为集成框架的 CAD、CAPP、CAM 的面向并行工程的集成将更加有效。

3. 基于 PDM 的企业信息集成

PDM 技术建立在网络和数据库基础上，将计算机在产品设计、分析、制造、工艺规划和质量管理等方面应用产生的信息孤岛集成在一起，对产品整个生命周期内的数据进行统一管理，解决了对 CAD/CAPP/CAM 深化应用的瓶颈问题，架构在 PDM 集成平台上的 CAD/CAPP/CAM 系统都可以从 PDM 中提取各自所需的信息，再把结果放回 PDM 中，真正实现了 3C 的集成，所以 PDM 是 CAD/CAPP/CAM 的集成平台。ERP（企业资源规划）中的许多信息来自 CAD/CAPP/CAM 系统，通过 PDM 系统可以及时地把相关信息传递到 ERP 系统中，ERP 产生的信息也是通过 PDM 传递给 CAD/CAPP/CAM 的，可见，PDM 系统是 3C 系统与 ERP 系统之间信息传递的桥梁，并实现了企业全局信息的集成与共享（图 5.7）。

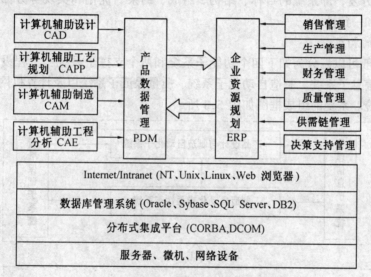

图 5.7 基于 PDM 的企业全局信息集成框架

产品数据的集成就是产生这些数据的应用程序的集成，为了使不同的应用系统之间能够共享信息以及对应系统所产生的数据进行统一管理，只要把外部应用系统进行"封装"，PDM 就可以对它的数据进行有效地管理。"封装"意味着用户"看不到"对象的内部结构，但可以通过调用操作即程序部分来使用对象，当程序设计改变一个对象的数据内部表达式时，可以不改变在该对象类型上工作的任何程序，"封装"使数据和操作有了统一的模型界面。

PDM 技术以产品为中心，把企业生产过程中所有与产品相关的信息和过程集成起来，统一管理，解决了对 CAD/CAM 进一步应用的瓶颈问题，PDM 是 CAD/CAPP/CAM 的集成平台和企业 CIMS 的集成框架，产品数据管理能力已成为描述企业综合竞争力的重要指标之一。

5.3.5 计算机集成制造系统（CIMS）

计算机集成制造系统（computer integrated manufacturing system，简称 CIMS），是计算机应用技术在工业生产领域的主要分支技术之一。它的概念是由美国的 J. Harrington 于 1973 年首次提出的，但是直到 80 年代才得到人们的认可。对于 CIMS 的认识，一般包括以下两个基本要点：

①企业生产经营的各个环节，如市场分析预测、产品设计、加工制造、经营管理、产品销售等一切的生产经营活动，是一个不可分割的整体。

②从本质上看企业整个生产经营过程，是一个数据的采集、传递、加工处理的过程，而形成的最终产品也可看成是数据的物质表现形式。因此对 CIMS 通俗的解释可以是"用计算机通过信息集成实现现代化的生产制造，以求得企业的总体效益"。整个 CIMS 的研究开发，即系统的目标、结构、组成、约束、优化和实现等方面，体现了系统的总体性和一致性。

1. CIMS 的构成

CIMS 一般可以划分为如下四个功能子系统和两个支撑子系统：工程设计自动化子系统、管理信息子系统、制造自动化子系统、质量保证子系统以及计算机网络子系统和数据库子系统。系统的组成框图如图 5.8 所示。

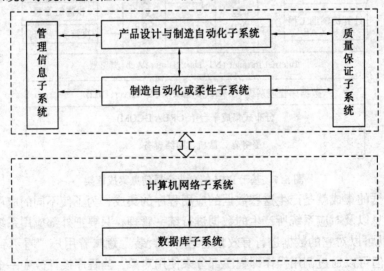

图 5.8　CIMS 的构成

（1）四个功能子系统

①管理信息子系统。管理信息子系统以 MRPII 为核心，包括预测、经营决策、各级生产计划、生产技术准备、销售、供应、财务、成本、设备、人力资源的管理信息功能。

②产品设计与制造工程自动化子系统。产品设计与制造工程自动化子系统通过计算机来辅助产品设计、制造准备以及产品测试，即 CAD/CAPP/CAM 阶段。

③制造自动化或柔性制造子系统。制造自动化或柔性制造子系统是 CIMS 信息流和

物料流的结合点，是 CIMS 最终产生经济效益的聚集地，由数控机床、加工中心、清洗机、测量机、运输小车、立体仓库、多级分布式控制计算机等设备及相应的支持软件组成。根据产品工程技术信息、车间层加工指令，完成对零件毛坯的作业调度及制造。

④质量保证子系统。质量保证子系统包括质量决策、质量检测、产品数据的采集、质量评价、生产加工过程中的质量控制与跟踪功能。系统保证从产品设计、产品制造、产品检测到售后服务全过程的质量。

(2) 两个辅助子系统

①计算机网络子系统。计算机网络子系统即企业内部的局域网，支持 CIMS 各子系统的开放型网络通信系统。采用标准协议可以实现异机互联、异构局域网和多种网络的互联。系统满足不同子系统对网络服务提出的不同需求，支持资源共享、分布处理、分布数据库和适时控制。

②数据库子系统。数据库子系统支持 CIMS 各子系统的数据共享和信息集成，覆盖了企业全部数据信息，在逻辑上是统一的，在物理上是分布式的数据管理系统。

CIMS 的主要特征是集成化与智能化。集成化反映了自动化的广度，把系统空间扩展到市场、设计、加工、检验、销售及用户服务等全部过程；而智能化则体现了自动化的深度，即不仅涉及物流控制的传统的体力劳动自动化，还包括了信息流控制的脑力劳动自动化。

CIM 是组织、管理生产的一种哲理、思想与方法，适用于各种制造业，CIM 的许多相关技术具有共性；而 CIMS 则是这种思想的具体实现，它不是千篇一律的一种模式，各国乃至各个企业均应根据自己的需求与特点来发展自己的 CIMS。

2. CIMS 的关键技术

CIMS 是一个复杂的系统，是一种适用于多品种、中小批量的高效益、高柔性的智能生产系统。它是由很多子系统组成的，而这些子系统本身又都是具有相当规模的复杂系统。因此，涉及 CIMS 的关键技术很多，归纳起来大致有五个方面：

(1) CIMS 系统的结构分析与设计

结构分析与设计是 CIMS 系统集成的理论基础及工具。如系统结构组织学和多级递阶决策理论、离散事件动态系统理论、建模技术与仿真、系统可靠性理论及容错控制，以及面向目标的系统设计方法等。

(2) 支持集成制造系统的分布式数据库技术

支持集成制造系统的分布式数据库技术包括支持 CAD/CAM 集成的数据库系统，支持分布式多级生产管理调度的数据库系统。CIMS 的数据库系统通常是采用集中与分布相结合的体系结构，以保证数据的安全性、一致性和易维护性。此外，CIMS 数据库系统往往还建立一个专用的工程数据库系统，用来处理大量的工程数据。工程数据类型复杂，它包含图形、加工工艺规程、NC 代码等各种类型的数据。工程数据库系统中的数据与生产管理、经营管理等系统的数据均按统一规范进行交换，从而实现整个 CIMS 中数据的集成和共享。

(3) CIMS 网络

CIMS 系统是支持 CIMS 各个分系统的开放型网络通信系统。通过计算机网络将物理上分布的 CIMS 各个分系统的信息联系起来，以达到共享的目的。按照企业覆盖地理范围的大小，有两种计算机网络可供 CIMS 采用，一种为局域网，另一种为广域网。目前，CIMS 一般以互联的局域网为主，如果工厂厂区的地理范围相当大，局域网可能要通过远程网进行互联，从而使 CIMS 同时兼有局域网和广域网的特点。任何一个 CIMS 用户都可以按照本企业的总体经营目标，根据特定的环境和条件约束，采用先进的建网技术，自行设计和组建实施本企业专用的计算机网络，覆盖企业的各个部门，包括设计、生产、销售和决策的各个环节。为保证生产经营全过程一体化的企业信息流的高度集成，还涉及网络结构优化、网络通信的协议、网络的互联与通信、网络的可靠性与安全性还等问题的研究，以及对能支持数据、语言、图像信息传输的宽带通信网络进行探讨。

（4）自动化制造技术与设备

自动化制造技术与设备是实现 CIMS 的物质技术基础，其中包括自动化制造设备 FMS、自动化物料输送系统、移动机器人及装配机器人、自动化仓库以及在线检测及质量保障等技术。

（5）软件开发环境

良好的软件开发环境是系统开发和研究的保证。这里涉及面向用户的图形软件系统、适用于 CIMS 分析设计的仿真软件系统、CAD 直接检查软件系统以及面向制造控制与规划开发的专家系统。

5.3.6　CIMS 的实施要点

CIMS 系统是企业经营过程、人的作用发挥和新技术的应用三方面集成的产物。因此，CIMS 的实施要点也要从这几方面来考虑。

①首先要改造原有的经营模式、体制和组织，以适应市场竞争的需要。因为 CIMS 是多技术支持条件下的一种新的经营模式。

②在企业经营模式、体制和组织的改造过程中，对于人的因素要给予充分的重视，并妥善处理，因为其中涉及了人的知识水平、技能和观念。

③CIMS 的实施是一个复杂的系统工程，整个的实施过程必须有正确的方法论指导和规范化的实施步骤，以减少盲目性和不必要的疏漏。

④CIMS 的经济效益。

一个制造型企业采用 CIMS，概括地讲是提高了企业整体效率。具体而言，体现在以下方面：

①在工程设计自动化方面，可提高产品的研制和生产能力，便于开发技术含量高和结构复杂的产品，保证产品设计质量，缩短产品设计与工艺设计的周期，从而加速产品的更新换代速度，满足顾客需求，从而占领市场。

②在制造自动化或柔性制造方面，加强了产品制造的质量和柔性，提高了设备利用率，缩短了产品制造周期，增强了生产能力，加强了产品供货能力。

③在经营管理方面，使企业的经营决策和生产管理趋于科学化。使企业能够在市场竞争中快速、准确地报价，赢得时间；在实际生产中，解决了"瓶颈"问题，减少在制

品；同时，降低库存资金的占用。

制定和开发计算机集成制造系统的战略和计划是一项重要而艰巨的任务。而对计算机集成制造系统的投资则更是一项长远的战略决策。一旦取得突破，CIMS 技术必将深刻地影响企业的组织结构，使机械制造工业产生一次巨大飞跃。

5.4 快速原型 (RP) 技术

快速原型技术（rapid prototyping technology，简称 RP）是国外 20 世纪 80 年代中后期发展起来的一种新技术，它与虚拟制造技术（virtual manufacturing）一起，被称为未来制造业的两大支柱技术。快速原型技术对缩短新产品开发周期、降低开发费用具有极其重要的意义，有人称快速原型技术是继 NC 技术后制造业的又一次革命。目前 RP 技术已经成为各国制造科学研究的前沿学科和研究焦点。

5.4.1 快速原型技术的基本原理

快速成型技术是综合利用 CAD 技术、数控技术、激光加工技术和材料技术实现从零件设计到三维实体原型制造一体化的系统技术。它采用软件离散 – 材料堆积的原理实现零件的成形。

具体过程如下：首先利用高性能的 CAD 软件设计出零件的三维曲面或实体模型；再根据工艺要求，按照一定的厚度在 Z 向（或其他方向）对生成的 CAD 模型进行切面分层，生成各个棱面的二维平面信息；然后对层面信息进行工艺处理，选择加工参数，系统自动生成刀具移动轨迹和数控加工代码；再对加工过程进行仿真，确认数控代码的正确性；然后利用数控装置精确控制激光束或其他工具的运动，在当前工作层（三维）上采用轮廓扫描，加工出适当的截面形状；再铺上一层新的成形材料，进行下一次的加工，直至整个零件加工完毕。可以看出，快速原型技术是个由三维转换成二维（软件离散化），再由二维到三维（材料堆积）的工作过程。

快速原型方法不仅可用于原始设计中快速生成零件的实物，也可与反求工程相结合，用来快速复制实物（包括放大、缩小、修改和复制）。其工作过程是：用三维数字化仪采集产品或零件的三维实体信息，在计算机中通过 CAD 建模技术再还原生成实物的三维模型，必要时还可以用三维 CAD 软件对重建的 CAD 模型进行修改和缩放，然后采用专门的软件进行三维离散化，以生成 STL 格式的文件，再传送到快速成型机中生成实体产品或零件。

5.4.2 快速原型技术的主要工艺方法

1. 光固化立体造型（stereo lithography apparatus，简称 SLA）

SLA 法是以各类光敏树脂作为成形材料，以氦 – 镉激光器为能源，以树脂受热固化为特征的快速原型方法。具体做法是：由 CAD 系统设计出零件的三维模型，然后设定工艺参数，由数控装置控制激光束的扫描轨迹。当激光束照射到液态树脂时，被照射的液态树脂固化。当一层加工完毕后，就生成零件的一个截面，然后移动工作台。加上一层新的树脂，进行第二层扫描，第二层就牢固地粘贴到第一层上，就这样一层一层加工，直至整个零件加工完毕。

2.分层物件制造（laminated object manufacturing，简称 LOM）

LOM 法的特点是以片材（如纸片、塑料薄膜或复合材料）为材料，利用 CO_2 激光器为能源，用激光束切割片材的边界线，形成某一层的轮廓，各层之间利用加热、加压的方法进行黏接，最后形成零件的形状。

该方法的特点是材料广泛、成本低。

3.选择性激光烧结（selective laser sintering，简称 SLS）

SLS 法采用各种粉末（金属、陶瓷、蜡粉、塑料等）为材料，利用辊子铺粉，在计算机的控制下按照零件分层轮廓用 CO_2 高功率激光器有选择性地对粉末进行加热、烧结，被烧结处裹覆在粉末材料外的黏结剂溶化而使粉末材料黏结在一起，一层完成后再进行下一层烧结，直至烧结成块。全部烧结后去掉多余的粉末，再进行打磨、烘干等处理便获得零件。利用该方法可以加工出能直接使用的塑料、陶瓷或金属件。

4.熔融沉积造型

FDM 是一种不使用激光器而使用喷头的快速成形方法。它使用蜡、塑料、尼龙等丝状热塑性材料为原料，丝材由供丝机构送至喷头，利用电加热方式将蜡丝熔化成蜡液，根据零件 CAD 截面轮廓信息，在计算机的控制下喷嘴作 $X—Y$ 平面运动，在扫描运动过程中，喷头内的蜡液被选择性地涂覆在工作台上指定的位置，经快速冷却后固化形成截面轮廓。如此沿 Z 方向一层层地涂覆，最终加工出三维产品原型或零件。该方法污染小、材料可以回收，比较适合成形小塑料件，且制作的零件的翘曲变形比 SLA 法小。

由于 FDM 过程中，丝状材料要经过"固态→液态→固态"的转变，故要求材料具有良好的化学稳定性。

5.4.3　快速原型技术的特点和适用范围

快速原型法具有下列特点：

①更适合于形状复杂的、不规则零件的加工。

②减少了对熟练技术工人的需求。

③没有或极少废弃材料，是一种环保型制造技术。

④成功地解决了计算机辅助设计中三维造型"看得见，摸不着"的问题。

⑤系统柔性高，只需修改 CAD 模型就可生成各种不同形状的零件。

⑥技术集成，设计制造一体化。

⑦具有广泛的材料适应性。

⑧不需要专用的工装夹具和模具，大大缩短新产品试制时间。

⑨零件的复杂程度与制造成本关系不大。

以上特点决定了快速原型法主要适用于新产品开发、快速单件及小批量零件制造、复杂形状零件的制造、模具设计与制造，也适合于难加工材料的制造、外形设计检查、装配检验和快速反求工程等。

5.5　虚拟现实技术

虚拟现实或称灵境（Virtual Reality）利用计算机产生一个让人以自然的视、听、触、嗅等功能感觉到三维空间环境，如同身临其境，从而可以用他习惯的能力和方法，对这个人为制造的"客观世界"进行观察、分析、操作和控制，最终沉浸其中。与通常意义上的多媒体相比，该技术将人、计算机间的信息交互通道由二维（声音和图像）扩大到多维（声音、图像和人的其它功能感觉），显示的图像由平面变为立体，因此，可以说它是多媒体技术进步的结果。

5.5.1　虚拟现实的特征

虚拟现实技术将"实物虚化，虚物实化"，所以，我们在虚拟环境（virtual environment）里，同样会感到周围的一切也都是"看得见（戴上特殊设计的头盔）、摸得着（装上特殊设计的数据手套）"的。VR 技术以下四个特征所构成的真实感，足以区别其它相邻技术，如计算机图形学、多媒体技术、仿真技术、科学计算可视化技术等。

（1）多感知性（Multi-Sensation）

多感知性是指不仅包括视觉、听觉、触觉、运动感知，而且还应该包括味觉、嗅觉、感知等。理想的虚拟现实应该具有一切人所具有的感知功能。

（2）沉浸感（Immersion）

沉浸感又称存在感，是指操作者存在于虚拟环境中的真实程度，理想的虚拟现实应该达到使操作者感觉和真实环境一样的程度。

（3）交互性（Interaction）

交互性有两个方面：一是指操作者对虚拟环境中物体的可操作程度；另一个是指操作者从虚拟环境中得到实时反馈的自然程度。

（4）自主性（Autonomy）

自主性是指虚拟环境中的物体依据现实世界物理运动定律动作的程度。

5.5.2　虚拟现实的视觉原理

人的眼睛每只接受的都是二维图像，任何三维的物体投影到视网膜上以后都变成二维的图像了，但我们仍然能感觉所观察到的物体是立体的，真实的，有远近距离感，即从视觉上感知我们周围是一个三维世界，这是因为大脑将两幅图像合成的结果。虽然现代科学对于人的眼-脑视觉成像原理、两幅图像的合成机理尚未完全搞清楚，但是我们可以初步理解为：对同一个场景，左右眼分别得到一幅极其相似而又根本不相同的图像。左视区的信息，送到两眼视网膜的右侧。在视交叉处，左眼的一半神经纤维交叉到大脑的右半球，左眼的另一半神经纤维不交叉，直接到大脑的左半球。这样，两眼得到的左视区的所有信息，都送到右半球，如图 5.9 所示。

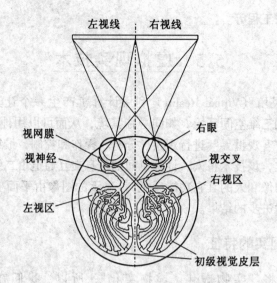

图 5.9   人的眼 – 脑视觉成像原理

如果把两只眼睛的视网膜重叠到一起，则重叠的两幅图像并不完全重合，如图 5.10 所示为图像对重叠像。两幅图像中任意两个对应点在视网膜上的水平距离称为位差，正是这一距离才使我们产生体视的感觉。大脑通过比较两个视网膜上的二维图像的不同就能感知到物体的立体形状和距离远近。再加上透视投影、颜色、明暗有时加上物体的运动，使我们得到的真实感更加完美。

大脑通过一只眼睛的图像也能感受到物体的三维形状和距离，因为一只眼睛视网膜上的图像信息同样会被分别送到左右两个大脑半球，并将其合成为立体感。但是人脑从一只眼睛的视网膜上获得的三维信息很有限，其距离感、真实感要差很多，甚至经常会产生错觉。

人脑感知三维的世界除了要利用两眼成像的不同进行对比之外，还要利用透视投影、物体相对眼睛的运动和灯光与阴影等信息。

1.透视投影（Perspective Projection）

眼睛能看见的范围随着离眼睛的距离越近变得越宽，越远变得越窄，直到交汇于一点，产生这种效果完全是因为眼睛的透视投影原理。但无论多广的范围投影到视网膜上都只会产生与视网膜相同大小的图像。所以，一个物体离眼睛越近，它投影在视网膜上的图像越大，大脑会根据透影图像的大小判断离物体的距离。

2.物体相对眼睛的运动

在相同的运动速度下，我们感觉距离近的物体移动得快，而距离远的物体移动得慢，距离更远时甚至很难判断物体是否在运动，这种感觉是透视投影造成的。通过这种相对运动与透视投影的结合，大脑就能准确地判断出运动物体的距离。

3.灯光与阴影（Lighting and Shadow）

灯光是三维计算机图形学的关键。如果没有灯光，我们通常都很容易将一个三维模型误认为二维的实体（象是把一个球误认为一个圆）。阴影可以提示大脑物体的位置，能极大地提高三维图形的逼真度。

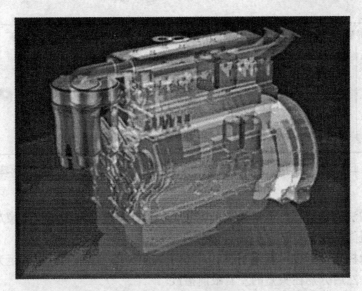

图 5.10 图像对重叠像

5.5.3 视差及体视图生成算法

1.视差

根据人眼的成像原理，需要生成两幅图像，分别供左右眼观看，这两幅图像称为图像对。在监视器上这两幅图像任意两点之间的水平距离称为视差，图像对所产生的体视效果取决于视差感觉。视差分为零视差、正视差和负视差。

•正视差

当两幅图像之间的距离等于或接近于我们的瞳孔距离（大约为 60～70mm）时形成正视差，感觉物体成像在监视器平面内。此时的体视效果最佳，可以获得自然的真实感，如图 5.11（a）所示。

•零视差

两幅图像之间没有差别，所产生的体视效果很差，感觉物体成像在监视器平面上，如图 5.11（b）所示。

•负视差

当两眼的视线交叉时，就会产生负视差。感觉物体成像在监视器平面之外，漂浮在观察者的面前，如图 5.11（c）所示。

2.图像对的生成原理

（1）旋转图像法

旋转图像法生成体视图像对的步骤是：

①把原图像从左向右旋转 4 度生成左眼图像；

②把原图像从右向左旋转 4 度生成右眼图像；

③作透视投影变换；

④显示图像。

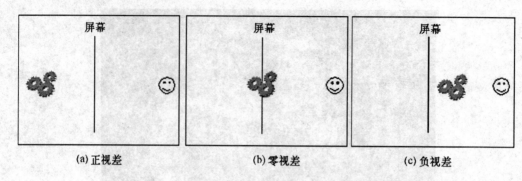

(a) 正视差   (b) 零视差   (c) 负视差

图 5.11 视差

旋转图像法简单易行，但体视效果不好，所以，不适合制作体视图像对。

(2) 双摄像机法

采用摄像机式投影技术获得图像对，即两个摄像机的视轴平行，间距为一个瞳距而摄取的录像，然后分别在头盔的左右眼前播放。

HMD（头盔显示器）提供两个显示，不但应保持双目视差，而且应该重叠。实际上，由于两眼有 6.5 cm 的瞳距，所以两者视场总有些差别，有不重叠的区域。

对中央凹区域，深度感在 150 m 时减弱。对周围视觉，深度感在 100m 减弱。而在这个距离上，双目视差不是最有用的，运动视差和透视可能更有用。

3. 视差算法

分别为左右眼分别生成图像，才能观察到视差效果。对于空间的一点 I (x_i, y_i, z_i)（图 5.12），左右眼观察其在视平面上的位置是分离的，设左右视点为 S_L (x_l, y_l, z_l) 和 S_R (x_r, y_r, z_r)，则 I 点在视平面上的图点分别为 S_R^0 (x_r^0, y_r^0, z_r^0) 和 S_L^0 (x_l^0, y_l^0, z_l^0)。如视平面的方程为

$$Ax + By + Cz + D = 0 \tag{5.1}$$

左视线的方程为

$$\frac{x_l^0 - x_l}{x_i - x_l} = \frac{y_l^0 - y_l}{y_i - y_l} = \frac{z_l^0 - z_l}{z_i^0 - z_l} = t_l \tag{5.2}$$

右视线的方程为

$$\frac{x_r^0 - x_r}{x_i - x_r} = \frac{y_r^0 - y_r}{y_i - y_r} = \frac{z_r^0 - z_r}{z_i^0 - z_r} = t_r \tag{5.3}$$

令

$$l_l = x_i - x_l, \quad m_l = y_i - y_l, \quad n_l = z_i - z_l$$
$$l_r = x_i - x_r, \quad m_r = y_i - y_r, \quad n_r = z_i - z_r$$

则左视线方程为

$$\begin{cases} x_l^0 = x_l + l_l t_l \\ y_l^0 = y_l + m_l t_l \\ z_l^0 = z_l + n_l t_l \end{cases} \tag{5.4}$$

右视线方程为

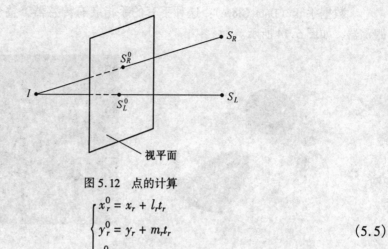

图 5.12　点的计算

$$\begin{cases} x_r^0 = x_r + l_r t_r \\ y_r^0 = y_r + m_r t_r \\ z_r^0 = z_r + n_r t_r \end{cases} \tag{5.5}$$

将左右视线方程代入平面方程（5.1）得

$$t_l = -\frac{Ax_l + By_l + Cz_l + D}{Ax_l + Bm_l + Cn_l} \tag{5.6}$$

$$t_r = -\frac{Ax_r + By_r + Cz_r + D}{Ax_r + By_r + Cn_r} \tag{5.7}$$

将式（5.6）、式（5.7）代入式（5.4）中可得 I 点在视平面上左右图点的坐标。

根据上述点的视差投影算法，可计算出线和面的视差投影算法，生成点、线、面、体的视差投影图。

5.5.4　VR 的基本硬件

虚拟现实系统一般可分为桌面虚拟现实系统（Desktop VR）、沉浸式虚拟现实系统（Immersive VR）、分布式虚拟现实系统（Distributed VR）和遥控系统。典型的虚拟现实系统结构包括虚拟环境产生器、效果产生器、应用系统和几何造型系统等。增强式虚拟现实允许参与者看见现实环境中的物体，同时又把虚拟环境的图形叠加在真实的物体上。穿透型头戴式显示器可将计算机产生的图形和参与者实际的即时环境重叠在一起。该系统主要依赖于虚拟现实位置跟踪技术，以达到精确的重叠。

沉浸式虚拟现实主要利用各种高档工作站、高性能图形加速卡和交互设备，通过声音、力与触觉等方式，并且有效地屏蔽周围现实环境（如利用头盔显示器、3 面或 6 面投影墙），使得被试者完全沉浸在虚拟世界中。网络分布式由上述几种类型组成的大型网络系统，用于更复杂任务的研究。

VR 的基本硬件如下：

• 高档工作站：用于生成和处理图形图像。图像生成是虚拟现实系统中最耗费时间的一项任务。

• 3D 鼠标：与虚拟世界交互的关键之一是跟踪真实物体的位置，实现位置跟踪，如图 5.13 所示。

• 数据手套（Data Glove）：这种手套的手指装有传感器，整个手套装有位置/方向跟踪器，如图 5.14 所示。

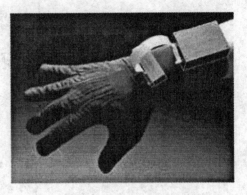

图 5.13　3D 鼠标　　　　　　　　　　　　图 5.14　数据手套

• 头盔：是和虚拟现实联系极其密切的一种硬件装置，看起来像头盔或风镜。头盔在使用者眼睛的前面装有小型视频显示器，分别播放左右眼的图像，利用特殊的光学系统聚焦和拓展使用者视野，如图 5.15 所示。

• 眼镜：用来观察显示器轮流显示的左右眼图像。

• 液晶眼镜：左右眼镜片由其控制盒控制轮流切换，切换频率与显示器轮流显示左右眼图像的频率相同，如图 5.16 所示。

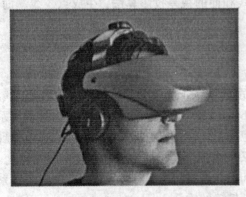

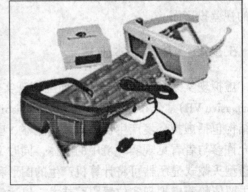

图 5.15　头盔　　　　　　　　　　　　　图 5.16　眼镜

• 红蓝眼镜：通过颜色过滤来使我们左右眼分别观察到不同的图像。

• 声音发生器：虚拟境界中要求的声音系统为三维声音，即真实境界中的听觉方式。

VR 技术实质是构建一种与人可自然交互的"世界"，允许参与者实时地探索或移动其中的对象。沉浸式虚拟现实是其最理想的追求。实现的主要方式即为他戴上特制的头盔显示器、数据手套以及身体部位跟踪器，用听、触和视觉在虚拟场景中体验。近年来，尽管桌面式 VR 系统有一定的局限性，被称为"窗口仿真"，但因成本低廉而仍然获得了广泛应用。

（1）动态环境建模技术

虚拟环境的建立是 VR 技术的核心内容，动态环境建模的目的是获取实际环境的三维数据，并根据需要，利用获取的三维数据建立相应的虚拟环境模型。三椎数据的获取可以采用 CAD 技术（有规则的环境），而更多的情况则需采用非接触式的视觉建模技术，二者的有机结合可以有效地提高数据获取效率。

（2）实时三维图形生成和显示技术

三维图形的生成技术已较成熟，而关键是如何"实时生成"。为了达到实时的目的，目前已提出了不少方法，例如减少分段数、删除和隐藏面、纹理贴图以及使用关联复制等，最终至少要保证图形的刷新频率不低于 15 帧/秒，最好高于 25 帧/秒。在不降低图形的质量和复杂程度的前提下，如何提高刷新频率将是今后重要的研究内容。此外，VR 还依赖于立体显示和传感器技术的发展。现有的虚拟设备还不能满足系统的需要，例如 V6 头盔显示器的缺点有过重（1kg）、分辨率低（640×480）、刷新频率慢（60Hz）、跟踪精度低、视场不够宽、眼睛容易疲劳等。同样，数据手套、数据衣等都有延迟大、分辨率低、使用不便等缺点，因此有必要开发新的三维图形生成和显示技术。

VR 技术正在向实用方向迈进，它向人们展示了广阔的应用前景。但 VR 技术又是一项投资大、难度高的前沿科技，因此应从我国的实际情况出发，借鉴国外的成功经验，搞好虚拟现实技术的研究及应用。

（1）人机交互技术由菜单交互方式发展为今天的图形交互界面，使得对计算机不很熟悉的人也能较快地通过图形交互界面来用计算机完成自己的工作。但是，目前的图形还只是平面的，还不能真正生动形象地反映所表现的对象，而虚拟现实技术能够解决这些问题。因此，VR 系统真正实现了虚拟现实的特征，将是未来的操作界面。

（2）为了获得更加完美的虚拟效果，从人机工程的角度来说，需要在人与虚拟环境信息的交互通道、头盔显示器的舒适性设计、虚拟环境视场角的设置、输入输出设备、位置感知以及系统性能评价等存在着技术问题的方面开展研究。特别是选择不同的视场角参数，对生成的 VR 环境能否真实地模拟实际模型有很大的影响。因此，研究视场角与虚拟环境失真度的相互关系，找出最佳参数，也是进行虚拟现实应用时应考虑的重要问题。

（3）由于模拟自然交互方式设备（数据手套、数据服）的性能限制，离真正沉浸式的虚拟现实系统还有一段距离。而桌面式 VR 系统又满足不了某些需要，所以，建立投影式 VR 系统正受到人们广泛的关注。目前，已出现了 3 面、6 面投影墙的虚拟系统，参与者戴上红外接收式立体眼镜，对其中的对象进行操纵，有很强的沉浸感，如图5.17所示。

5.5.5 虚拟现实的应用

• 虚拟制造、虚拟设计、虚拟装配
• 模拟驾驶、训练、演示、教学、培训等
• 军事模拟、指挥、虚拟战场、电子对抗
• 地形地貌、地理信息系统（GIS）

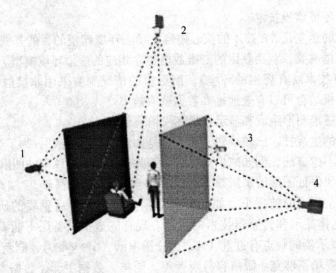

图 5.17 投影式 VR 系统（1、2、3、4 为投影机）

- 生物工程（基因/遗传/分子结构研究）
- 虚拟医学工程（虚拟手术/解剖/医学分析）
- 建筑视景与城市规划、矿产、石油
- 航空航天、科学可视化

5.6 虚拟设计/虚拟装配技术

虚拟设计是以虚拟现实技术为基础，以机械产品为对象的设计手段。借助于这样的设计手段，设计人员可以通过多种传感器与多维的信息环境进行自然地交互，实现从定性和定量综合集成环境中得到感性和理性的认识，从而帮助人们深化概念，萌发新意。简言之，在虚拟现实环境中从事设计活动就称之为虚拟设计。

虚拟现实技术与已经高度发展的 CAX 系统的有机结合，为产品的创意、变更以及工艺优化提供了虚拟的三维环境。

设计人员借助于这样的虚拟环境在产品设计过程中，对产品进行虚拟加工、装配和评价进而避免设计缺陷，有效地缩短产品的开发周期，同时降低产品的开发成本和制造成本。

这项技术对产品的概念设计、装配设计和人机工程学评价特别有益，因此对这三个方面的应用研究备受重视。目前，人们对这项技术的认识不很一致，命名方法也不尽相同，这里我们称之为虚拟设计（Virtual design，简称 VD）。

5.6.1 虚拟设计同传统 CAD 的区别

虚拟设计与传统 CAD 技术的主要差别在于：
①VR 具有两个重要特征，即交互和实时，而传统 CAD 做不到；
②VR 使设计者呈主动状态，设计者能身临其境。而对于传统 CAD，设计者只是被

动的观察者；

③VR 的图形真实感强，有远、近、纵、深的感觉，这是传统的 CAD 所做不到的；

④利用 VR 技术可以实现产品生命全周期的管理，多产品和新旧产品同时开发和资源共享。

5.6.2 虚拟原型（virtual prototyping）

①基于微机的虚拟环境体系结构。计算机硬件发展的日新月异为基于微机的普及型虚拟环境体系结构的建立提供了物质基础。

②基于几何建模和图像相结合的建模方法和相关算法。采用虚物实化、实物虚化、虚实结合、增强现实的方法既可以使模型的真实感强，又可以有效地减少模型的数据量，以满足实时交互性要求。

③基于图像的虚拟现实关键技术。图像建模具有模型简单、数据量小的优点，适合于微机环境的实时建模和浏览。如何建立快速图像压缩和解压缩算法，实现基于图像的机械产品模型的三维重建等是关键。

建立具有物理属性的虚拟模型有着巨大的应用价值。如果用它来进行虚拟试验，既可以节省宝贵的产品开发时间，又可以节约试验费用。在某些情况下，试验的费用可能很大，甚至无法做试验。采用这种技术，设计人员将能设计出价格低廉、满足顾客各种各样需求的产品。

虚拟对象的物理属性建模包括质量、惯性、表面粗糙度、硬度、变形模量等参数的定义。只有将对象的动静态特性和物理属性结合起来，才能更好地完成机构的设计、装配及性能评价等方面的研究工作。

设计者戴头盔，置身虚拟环境之中，以第一人称，通过动作、语言甚至思维意念同虚拟设计系统进行交流，塑造虚拟原型。进行虚拟设计时，首先要在计算机中生成虚拟原型。通过这个虚拟原型，我们可以做到：

①进行多方案对比，从中选出最佳方案。

②设计者通过虚拟原型可以进行虚拟装配，以检查各零部件尺寸以及可装配性，即时修改错误。

③通过虚拟原型，可以进行虚拟试验，而不用再去做更多的实物试验。这样，既节省了时间又节约了费用。图 5.18 所示为汽车驾驶人机工程仿真。

5.6.3 虚拟设计系统结构

按照配置可分为两大类，他们的虚拟设计系统结构大同小异，如图 5.19 所示。

（1）基于 PC 机型

PC 机以惊人的速度发展，已经抢占了低档工作站市场，基于 PC 的虚拟设计系统市场前景广阔，属于未来发展方向。

（2）基于工作站型

胜任像飞机、汽车等大型复杂产品的虚拟设计，目前还是 PC 机型不可取代的硬件

图 5.18 汽车驾驶人机工程仿真

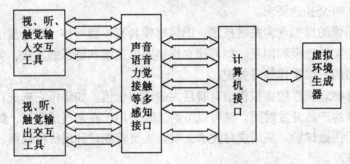

图 5.19 虚拟设计系统结构示意图

平台。

5.6.4 虚拟装配设计

图 5.20 发动机装配

虚拟装配设计（virtual assembly design）可以看做是虚拟设计的组成部分。借助于虚拟设计系统，设计人员可在虚拟环境中使用各种装配工具对设计的机构进行装配检验。以便发现产品设计中最常见也是最难发现的装配和维修方面存在的问题。虚拟装配设计技术的出现为及时发现并彻底解决这类问题带来了希望。

虚拟装配设计用于碰撞检测、装配序列规划、几何约束、拆卸和装配路径检测。虚拟装配及检测如图 5.20 所示，图 5.21、图 5.22 所示为利用数据手套操作进行"手工"装配。

图 5.21　数据手套　　　　　　　　　　　　　图 5.22　虚拟装配

5.6.5　虚拟设计技术展望

虚拟设计技术将各种设计方法学与分布、并发、开放、多媒体及智能仿真技术相结合，在基于 VR 建模仿真技术和原型（virtual prototyping）的基础上，由与传统设计系统连接使用，逐渐过渡到取代传统的设计系统，使计算机辅助设计的工作范围从规范性工作迈向创造性工作。

预计到 2010 年，将出现可以推广应用的成熟的商品化系统，虚拟设计技术将成为工程和产品设计的主要形式。

5.7　科学计算可视化

可视化研究运用计算机图形学和图像学处理技术，将科学计算过程中产生的数据及计算结果的数据转换为图形或图像在屏幕上显示出来，并进行交互处理，使研究者可以一目了然地获得被研究现象的变化规律及分布情况。从而摆脱人们只能面对计算的大量数据进行抽象分析等繁琐过程，缩短研究周期，提高研究效率。

科学计算可视化是计算机图形学的一个重要领域，它的核心是将三维数据转换为图形图像，它涉及标量、矢量、张量的可视化、流场的可视化、数值模拟及计算的交互控制、海量数据的存储、处理及传输、图形及图像处理的向量及并行算法等。

随着计算机、图形图像技术的飞速发展，人们现在已经可以用丰富的色彩、动画技术、三维立体显示及仿真（虚拟现实）等手段，形象地显示各种地形特征和植被特征模型，也可以模拟某些还未发生的物理过程（如天气预报）、自然现象及产品外形（如新型飞机）。

目前，科学计算可视化已广泛应用于流体计算力学、有限元分析、医学图像处理、分子结构模型、天体物理、空间探测、地球科学、数学等领域。从可视化的数据上来分，有点数据、标量场、矢量场等；有二维、三维，以至多维。从可视化实现层次来分，有简单的结果后处理、实时跟踪显示、实时交互处理等。通常一个可视化过程包括数据预处理、构造模型、绘图及显示等几个步骤。随着科学技术的发展，人们对可视化的要求不断提高，可视化技术也向着实时、交互、多维、虚拟现实及因特网应用等方面不断发展。

5.7.1 科学计算可视化的基本流程

三维空间数据场的数据即体数据是科学计算可视化主体。体数据就是包含对象内部信息的三维实体，它不同于传统的图形数据，包含的信息更丰富、更完整，而且更适合于表示不规则的（像生物组织、山脉、树木等）与无形的目标（烟云等）。例如，三维CT体数据包含着对应位置处生物组织的密度信息，这是无法用点、线、面来表示的，如医学的计算机断层扫描（CT）、磁共振成象（MRI）。

有两类不同的三维空间数据场可视化算法。

（1）第一类算法

首先由三维数据场构造出中间几何图元，如曲面、平面等，再用传统的计算机图形学技术实现画面的绘制。这是常用的可视化算法，其基本流程图如图 5.23 所示。

（2）第二类算法

直接由三维数据场产生屏幕上的二维图像，称为体绘制算法，或直接体绘制（direct volume rendering）算法。

图 5.23　科学计算可视化的基本流程

虽然，三维空间数据场的数据类型和数据分布各不相同，但其可视化的流程基本相同。

①数据采集与生成。通过测量机测量、遥感、拍摄、计算机断层扫描（CT）、磁共振成像（MRI）等各种测量方法以及工程计算获得各种类型数据。

②数据压缩与处理即精炼数据。对于数据量过大的原始数据进行精炼和选择，以减少数据量。

③可视化映射是将经过压缩、精炼处理的原始数据转换为可供绘制的几何图素和属性。

④体绘制的基本原理是将数据映射为某种云状物质的属性，如颜色、不透明度，然后通过描述光线与这些物质的相互作用产生图像。

⑤图像显示即图形图像变换及输出，包括图像的几何变换、图像压缩、颜色量化、图像格式转换及图像的动态输出。

5.7.2 科学计算可视化的应用

科学计算可视化应用十分广泛，几乎涉及自然科学和工程技术的各个领域，如医学、计算流体力学（CFD）、有限元分析（FEA）、化学、生命科学、天气预报、天体物理、油气田、遥感、电信、财经分析等。

图 5.24 为天气形势，图 5.25 为龙卷风袭击城市仿真模型。

图 5.24　天气形势图

图 5.25　模拟龙卷风袭击城市

第 6 章

Pro/Engineer 概述

6.1 Pro/E 系统简介

Pro/Engineer 系统是美国参数技术公司（Parametric Technology Corporation，简称 PTC 公司）为工业产品设计提供完整解决方案而推出的 CAD 设计系统软件。该产品以其参数化、基于特征、全相关等新概念而闻名于世。

Pro/Engineer 简称 Pro/E 是一套从设计到生产的机械自动化软件，是一个参数化、基于特征的、具有单一数据库功能的产品造型系统。Pro/E 集零件设计、装配、工程图、钣金件设计、模具设计、NC 加工、造型设计、逆向工程、机构分析、有限元分析等于一体，基本上覆盖了产品加工的全部流程，是一个全方位的 CAD/CAM 设计解决平台。

最新的 Pro/Engineer Wildfire2.0 版本软件充分考虑到了设计者的需要。与以前的软件版本相比，最新版本软件的界面有了很大改进，采用了智能化的菜单操作，使之可以针对不同的对象智能选取常用功能，更加符合操作习惯；具有智能化的绘图环境，可通过在模型中的直接"拖拉"来改变模型，减少了单击鼠标的次数，并能即时浏览模型的变化效果，提高了工作效率；具备灵活的自由曲面生成功能，将产品设计中的艺术性和精确性完美地结合在了一起。

6.2 Pro/E 系统特点及应用

Pro/Engineer 系统按其功能可以分为如下五大部分：Pro/Engineer 设计软件、Pro/Engineer 仿真、Pro/Engineer 布线系统设计软件、Pro/Engineer 模具设计与加工软件、Pro/Engineer 工作组数据管理。下面对其各部分功能做一简要介绍。

6.2.1 Pro/Engineer 设计

Pro/Engineer 设计是 Pro/Engineer 系统最主要的部分，它可在一套解决方案中获得完善的参数化的、基于特征的和关联的建模环境；可以从一个单一的 CAD 模型自动生成所有必要的数字化产品信息；可按照预先制定好的设计目标来优化数字模型；实施数字化原型和全面功能仿真；还可利用自由式和参数化曲面处理技术，设计灵活、自由的形状复杂的曲面。主要模块包括：

1. Pro/Engineer Foundation Ⅱ

Pro/Engineer 系列的基础是 Foundation Ⅱ。这套独立软件包提供了建立详细实体和板金组件、建立部件、设计焊接件以及生成具有完备文档的产品图形和逼真渲染效果图等工作所需的高级集成功能。它建立在 Pro/Engineer 基于特征的、相关性参数化实体建模内核这一标准基础之上，另外，它还提供扩充的行业标准和直接数据交换转换器，以便共享和再用工程数据。所有 Pro/Engineer 软件包都依赖于 Pro/Engineer Foundation Ⅱ。其主要功能有：

①可以处理实体、基本曲面和部件、焊接件、钣金设计以及完整的生产图。

②利用嵌套的设计检查工具来检查可加工性，并严格执行公司标准。

③在 Pro/Engineer 中即可访问 Web 上的信息和数据。

④可以召开集中式对等会议，以便产品开发小组、合作伙伴和客户之间对设计进行及时交流。

2. Pro/Engineer 行为建模

行为建模技术是从 Pro/Engineer2000i 开始推广的新技术。利用该技术的自动求解，用户能在最短的时间内，找到能满足工程标准的最佳设计。行为建模包含一组能执行模型的多种分析并将分析结果合并到模型中的工具，能够实现按所需的解决方案来修改模型的设计。有了这个强大的工具，产品的设计和创新会得到充分的发挥。其主要功能有：

①使用行为特征来发现设计中的问题，并确定期望的产品意图。

②评估模型灵敏度，了解设计对象更改后的影响。

③可满足多重设计目标。

④可把优化结果与开放式可扩展环境中的外部应用进行集成。

3. Pro/Engineer 高级装配

Pro/Engineer 高级装配功能增强了在整个企业级产品开发过程中的设计和管理中型到超大型部件的能力。它提供了设计标准管理、自顶向下装配设计、大型部件管理、包络简体和过程策划等先进工具。主要功能有：

①可以使用支持自顶向下设计方法的工具来设计和管理大型复杂产品。

②可处理备用产品配置。

③可以获取用于记录、管理和修改关键性工程数据的结构。

④设计装配过程，以便在各种组织内分发信息。

4. Pro/Engineer 交互式曲面设计

交互式曲面设计扩展包（ISDX Ⅱ）能让设计人员在一种完全自由式参数化建模环境中工作，从外部把产品内在的创新特征展现出来。你只需点击几下鼠标，就可以快速勾勒曲线，只需简单地进行单击、拖放、单击，就能完成对多曲面的造型处理。设计灵活、自由的形式复杂的曲面可以无缝转换为可制造的详细设计。主要功能有：

①可以轻松快捷地研究复杂的设计变体。

②可以轻松快捷地设计曲线和复杂曲面。

③在创建 3D 模型时，把 2D 概念草图用做不太精确的直观参考。

5. Pro/Engineer ModelCHECK

ModelCHECK 是 Pro/Engineer 的一个插件，可在 Pro/Engineer 内透明地运行。它是一套质量控制工具，可以检测出设计中可能妨碍重复利用、共享或制造该设计的问题。

ModelCHECK 不仅可以帮助工程师发现这些问题，而且还可以帮助他们改正设计，以符合公司和行业标准。主要功能有：

①在 Pro/Engineer 嵌入式浏览器中自动生成基于 Web 的报告 。

②使用批量分析，修正 Pro/Engineer 之外生成的设计。

③借助形状索引（Shape Indexing）功能，杜绝重复设计。

④验证设计几何图形的完整性 。

6. Pro/Engineer 塑料模设计顾问

塑料模设计顾问（Plastics Advisor）是 Pro/Engineer 的一个插件，它可以仿真注塑零件的塑料填充过程，只需选择一种材料类型和建议的注射位置，塑料模设计顾问就可以在屏幕上直观显示塑料填充过程。工程师可以观察温度和压力的梯度、凹痕位置、热缩性，并能获得有关设计整体可加工性的指导。塑料模设计顾问还能帮助设计者发现设计的潜在问题，并提出修正建议。其主要功能有：

①在 Pro/Engineer 嵌入式浏览器中自动生成基于 Web 的报告。

②可以访问完整的通用塑料材料库。

③从典型的注塑机参数中自动进行选择。

④通过材料属性和过程参数，来确定最佳的注射位置。

7. Pro/Engineer 设计动画

Pro/Engineer 设计动画是一个简单而强大的工具，它可以通过动画序列来展示产品或过程信息。集成在 Pro/Engineer 装配环境下的设计动画，能让用户关联获取装配或分解顺序、机械操作和设计过程。它促进了团队中各个工程师、供应商、管理人员、销售人员、营销小组和客户之间的交流。主要功能有：

①有序的部件位置和方向关键帧序列。

②把机械设计信息与具有高级动画效果的仿真运动进行了集成。

③可以渲染图像逼真动画。

8. Pro/Engineer API 工具箱

使用 API 工具箱，企业可以扩展和定制从设计到制造的许多功能。可以在 C 和 C ++ 中使用各种库功能来建立应用系统，并把产品信息和公司的 MRP/ERP 系统集成在一起。能自动完成 Pro/Engineer 交付产品的生产，比如 BOM（物料清单）、图形和制造业务，可以缩短周期，减少错误。使用定制的 API 工具箱应用，可以根据外部知识系统的输入信息，来执行设计规则的校验，从而能大大提高产品质量。主要功能有：

①根据几何和参数化约束，创建自动、单用途或派生设计。

②使用无缝嵌入到界面中的定制过程，来扩充 Pro/Engineer 用户界面。

③可以定制 Pro/Engineer 菜单系统。

④Pro/Engineer 应用之间可以进行协作。

⑤使用对等通讯，来实现更好的应用诊断。

9. Pro/Engineer Flex3C 软件包

Pro/Engineer Flex3C 主要用于解决设计的合作和交流问题。具有最高级的自顶向下设计装配功能、用于优化设计的行为建模技术以及用于地理上离散的小组所需要的完善的工作组数据管理工具。主要功能有：

①可以使用 Foundation Advantage 软件包的基础功能，再加上最先进的自顶向下设计部件管理工具、数据修复工具以及自由式曲面处理技术来设计产品。

②可以访问 Web 读写体系结构，它能让 Pro/Engineer 中的信息和数据互联互通。

③集成了召开对等会议功能，可以让产品开发小组、合作伙伴和客户实时交流设计。

④集成了工作组数据管理功能，可以管理地理上离散的小组的产品数据。

⑤结合了工程和客户需求驱动的优化功能，可以保证设计符合要求。

10. Pro/Engineer Foundation Advantage 软件包

Pro/Engineer Foundation Advantage 软件包适用于创建实体和钣金组件、设计和管理复杂部件、设计焊接件以及生成完全归档的产品图。另外，Pro/Engineer Foundation Advantage 集成了设计检查功能、数据修复工具、机械设计、动画功能以及建立照片渲染图像工具。它是必需的产品开发工具套件。其主要功能有：

①可以处理实体、基础曲面和部件、焊接件和钣金设计以及全部的产品图。

②可以使用内置式设计检查工具来检查可制造性，并检查是否符合企业标准。

③在 Pro/Engineer 中就可以连接网上的信息和数据。

④维护期内的客户可以使用 Pro/COLLABORATE，它是一个基于 Web 的项目管理和协作工作空间。

11. Pro/Engineer 设计协作（DCX）

Pro/Engineer 设计协作是协同设计工具。它是项目管理和协作软件 Windchill ProjectLink 和新的实时对等设计会议功能的结合。其主要功能有：

①可以简化企业间的产品开发协作，如设计协作、供应商协作、客户协作以及从业务评审到方案响应的每件事情。

②任何数量的 Pro/Engineer 用户和设计师之间，可以在互联网的任何地方，召开实时会议。

③在设计会议过程中，可以处理 192 位加密算法，该功能由 Groove Networks 公司提供。

④可以实现跨部门、跨企业的项目和计划管理。

⑤可以管理和自动完成关键的业务过程。

12. Pro/Engineer 逆向工程（reverse engineering）

使用逆向工程软件，操作者可以利用 3D 扫描数据，快速创建精确、可更改的产品设计。其主要功能有：

①拥有点云管理和细化工具、小平面建模和细化工具、健壮的曲线创建工具、健壮的曲面建模和形状识别工具。

②可以把现有的实物产品转换为 3D 数字模型。

③可以用数字化方法更改现有的实物模型，以便将来使用。

④可以为现有设备制造已经停产的零件。

⑤支持批量定制。

13. Pro/Engineer 高级渲染

使用 Pro/Engineer 高级渲染软件，设计者可以按照他们的想像进行渲染。该模块提供了很多功能，如增强光照和阴影、容积光散射、雾化和景深等，通过调整各种样式来改进模型外观，增强细节部分，以使产品获得较好的视图效果。主要功能包括：

①渲染图像。

②访问高级渲染特效，如光散射、景深、镜头光效、逼真的灯光和阴影以及高端的光线跟踪。

③可以从 200 多种新材料中进行选择，如塑料、金属和抛光的木材。

④高端光线跟踪。

6.2.2　Pro/Engineer 仿真

Pro/Engineer 仿真软件，可以让工程师对设计进行结构、动力学、热传导和耐用性等性能测试，从而进行优化。它需要最少的物理原型，可以提高创造力，并有助于在更短的时间内交付更好的产品。主要模块有：

1. Pro/Engineer 机械设计

Pro/Engineer 机械设计能让设计人员使用预先定义好的连接（铰链、球铰、滑动副等），快速方便地装配 Pro/Engineer 零件和组件，以建立机械部件。这些连接是智能的 Pro/Engineer 特征，可以与配合、修正和插入等传统的部件约束连接（互换）一起使用。然后，可以在运动范围内交互式拖动机械装置，或者通过使用"驱动器"来建立、储存和重放预先定义的运动动画。主要功能有：

①进行快速而精确的运动测量。

②可以直接在行为建模功能中根据评估来优化设计。

③在一个单一设计中获得最高级的设计意图。

④对组件使用简单的点击和拖曳来实现实时交互。

2. Pro/Engineer 机构动力学

Pro/Engineer 机构动力学软件可使用真实世界的虚拟原型，观察运动组件的加速力和重力的反作用力。其主要功能有：

①可以快速、精确地获得动力分析数据。

②集成了行为建模技术，适用于设计修改。

③把弹簧、减震器、发动机、摩擦、重力、冲击以及其它动力影响因素合并为相关性设计特征。

6.2.3　Pro/Engineer 布线系统软件

Pro/Engineer 布线系统软件提供了全面而关联的电气、电缆敷设和管道设计与制造功能。可以快速而精确地设计、布置、记录和生产复杂的线束和管道系统。它可以帮助设计人员及包装和制造工程师快速准确地设计、布线、建档以及生产复杂装置和管道系统。主要模块包括：

1. Pro/Engineer 布线系统设计

布线系统设计工具可以帮助设计人员和工程师更快速、更方便地建立复杂的布线系统互连图，把它作为整个产品开发过程的一个完整部分。它可以建立布线图、P&ID 图、块图和示意图。它虽然是一个独立的软件包，但由于它是 Pro/Engineer 的一个集成部分，所以允许 Pro/Engineer 管道设计工具和布线设计工具选件再用这些图，以促进 3D 布线和管道路由。主要功能有：

①只使用一套工具即能完成所有的线图设计工作。

②使用一种开放式环境，来推动 3D CAD 系统。

③与 Windchill 数据管理环境进行了集成。

④与选定的小组成员共享信息。

2. Pro/Engineer 管道设计

Pro/Engineer 管道设计软件包，为管线设计和制造提供了一套善始善终的解决方案。它包含了一些管道设计库，系统设计人员可以准确地设计、布置、记录和生产复杂的管道系统，并能重复利用设计，可大大缩短精确设计、布线、建档和生产复杂管道系统所需的时间。其主要功能有：

①以电子方式阅读流动图，并使该信息交互地创建 3D 管线。

②审查 3D 设计是否符合设计规则，以及是否与原理图一致。

③评审管线的可加工性和干涉。

④可以即时创建管线和线圈的等角投影图。

3. Pro/Engineer 电缆敷设设计

Pro/Engineer 电缆敷设设计提供了用来创建详细的电气配线互连图和梯形图的工具。它包含了一些电缆设计库，电气和机械设计人员使用它可以大大缩短准确设计、布线、建档和生产复杂挽具系统所需的时间。其主要功能有：

①进行快速而精确的测量和分析。

②集成了 Pro/Engineer 行为建模技术。

③获取设计。

④把动态影响因素合并为关联特征。

6.2.4 Pro/Engineer 模具设计与加工软件

Pro/Engineer 生产软件是一软件包，它包含许多功能模块，是本系统一体化 CAD 到 CAM 的解决方案。它支持所有制造过程，包括铣削、车削、线切割和钣金等。可以处理工具设计和细化、NC 编程/策划和检查/校验，从而自动响应设计中的更改。不必担心数据转换问题。主要模块包括：

1. Pro/Engineer 模架设计专家

Pro/Engineer 模架设计专家可以让模具设计人员很容易地建立模架设计并进行细化、自动完成重复工作，并获取后续设计中可以重复利用的内部设计知识。它实际上是专门为模具设计人员开发的一个"智能"模具装配和细化工具，可以产生 3D 实体模型，能自动更新对设计零件的更改。其主要功能有：

①具有专门为模具设计和细化开发的易用、过程驱动式的图形用户界面，其中包含可定制的图形用户界面向导。

②能够访问"智能"模架和组件，它提供组件置放时孔、公差、螺纹等的自动创建功能。

③使用了自动顶杆功能、自动水线和配件功能，使流槽和水线检查能够自动化完成。

④自动创建带有物料清单和孔类图表的图形，以及具有干涉检查的开模仿真。

2. Pro/Engineer 工具设计

Pro/Engineer 工具设计是为型腔模和成型模设计人员提供快速建立和修改成套型腔模和成型模部件的工具。工具设计包括用来设计型腔模、成型模和浇铸零件的自动化易用功能。过程驱动式用户界面，指导用户建立模腔镶件，并提供了诸如自动建立分离面和自动分离等功能，这使得即使是临时 CAD 用户也可以建立复杂的模具。其主要功能有：

①可以评估模具斜角、凹陷和厚度问题，并在需要的时候进行纠正。

②可以根据设计零件定义，建立浇铸几何图形。

③可以检查成形和二次成形模。

④可以定义最复杂的几何图形。

⑤建立单腔和多腔模。

3. Pro/Engineer 成套 NC 加工

Pro/Engineer 成套 NC 加工能让制造工程师使用成套 NC 编程功能和模具库，来创建各种类型的适用于 CNC 机床的程序。它们可以方便地协同工作，以自动合并设计更改。这不仅大大提高了产品质量，而且减少了废料，更重要的是削减了生产时间和成本。成套 NC 加工支持 3 到 5 轴铣削、2 及 4 轴车削、2 及 4 轴线切割和多轴铣削/车削。其主要功能有：

①可以实现 2 轴半棱形铣，甚至 5 轴铣削、多轴车削和铣削/车削（带活动工具）以及 4 轴线切割。

②管理和控制整个加工过程，从刀路轨迹的定义、计算和校验，到 NC 代码和车间文档的生成。

③获取并重复利用您的加工实践经验，以简化和标准化制造方法。

④定制 NC 编程环境。

4. Pro/Engineer 计算机辅助校验

Pro/Engineer 计算机辅助校验软件能以数字方式检查被加工的零件和部件，以确保质量。它可以产生程序，自动检查刀具和工件是否碰撞。其主要功能有：

①可以生成工业标准的 DMIS 程序。

②可以依据 3D 模型和/或 2D 图纸来工作。

③可以处理零件和部件。

④在一个包括零件、测量探头、夹具和机床在内的完整环境中完成仿真。

5．Pro/Engineer 机械加工专家

Pro/Engineer 机械加工专家是一套高效的制定三轴、多曲面铣削解决方案的工具。借助机械加工专家，工程师和 NC 程序员可以简化 NC 编程过程。机械加工专家是一个虚拟专家，它采用 $2\frac{1}{2}$ 轴铣削和多轴定位完成棱形加工。另外，它还包括 Pro/Engineer 的所有功能，能够完成三轴多曲面铣削加工，包括粗加工、二次粗加工、局部铣削、曲面铣削和笔式清根。其主要功能有：

①控制从刀路轨迹的定义、计算和校验生成到 NC 代码和车间文档的整个制造过程。

②获取并重复利用用户的加工经验，以简化和标准化制造方法。

③使用设计改进来优化刀路轨迹。

④定制 NC 编程环境。

6．Pro/Engineer 数据导入检测器

Pro/Engineer 数据修复专家系统能让用户轻松地修复导入的几何数据，并为下游应用提供有效的 Pro/Engineer 几何图形。它为清理过程自动化提供了多种工具，为导入几何体的约束建立或解决导入失败提供了更好的曲面管理。这些工具可以大大缩短手工清理导入设计或传统设计再次使用所需的时间。主要功能有：

①自动重建导入几何图形的基本线框、闭合缝隙、对齐顶点并重建边界。

②包含或排除导入的几何图形的一部分，以便整理。

③分析和显示最初的约束。

④可以根据它们对模型的需求，修改约束条件。

⑤可以删除导入的特征记录并修复导入的几何图形。

7．Pro/Engineer NC 钣金

Pro/Engineer NC 钣金软件包可以让 NC 程序员创建转塔式六角孔冲床和仿形激光加工/火焰加工机床的刀路轨迹，涉及的行业从计算机和仪表到电子消费品和办公家具等各行各业。可以为自己的设计自动定义 NC 程序，自动套料。然后系统根据 CL 文件生成 G 代码，发送到机床。其主要功能包括：

①可以重复利用 NC 编程。

②可以直接导入 DXF 文件。

③可创建和更新 NC 后处理器。

④可以与所有 CNC 机床进行无缝集成。

⑤可以从 PTC 技术客户支持网站下载后处理器。

8．Pro/Engineer 生产加工

Pro/Engineer 生产加工软件包为制造工程师和加工车间提供了 NC 编程功能和刀具以及夹具库，用于创建、仿真和文档化 3 轴铣削、2 到 4 轴车削和 4 轴线切割刀路轨迹。它可以让制造工程师与设计人员并行工作，以自适应修改，从而提高质量、减少废料、缩短生产时间、降低成本。其主要功能有：

①提供 3 轴铣削、4 轴车削和 4 轴线切割加工。

②控制整个制造过程，从刀路轨迹的定义、计算和检验，到 NC 代码和车间文档生成等。

③获取和重复利用用户的加工经验，以优化和标准化制造方法。

④使用过程设计，以改进铣削和车削加工。

⑤定制 NC 编程环境。

9. Pro/Engineer VERICUT

Pro/Engineer Vericut 是以 Vericut 为基础，全球领先的 NC 校验软件，Pro/Engineer 专用 Vericut 可以交互仿真铣削、钻削、车削、线切割和铣削/车削等操作。使在核实无误之前，刀路轨迹中可能破坏零件、损坏夹具或折断刀具的错误，可以被轻而易举地发现，并得到纠正。其主要功能有：

①可以自动转换 Pro/Engineer 刀具、参数零件、毛坯、夹具和刀路轨迹数据。

②使用冲突检查来访问材料切削过程中的 3D 仿真。

③使用 NC 校验选件来仿真和校验后处理数据（NC 代码）。

④使用 NC 优化选件来优化刀路轨迹。

⑤使用 NC 机床仿真选件来仿真完整的机床运动。

10. Pro/Engineer 钢结构专家（Expert Framework）

Pro/Engineer 能让工程师轻松、直观地设计梁结构。它提供的一些功能，可以简化和加速参数化梁结构的设计。它可以无缝管理从初步概念到最终详细设计的整个设计过程。而且，用户还可以自动创建详图和物料清单。方便使用已经存在的梁、插接器和紧固件等智能组件库。主要功能有：

①可以自动设计钢结构梁、具有标准铝型材结构和定制梁。

②用简单方便的拖拉操作，来管理结构化设计从概念到最后阶段简单、分步的设计过程。

③使用鼠标拖拉、移动、旋转以及更多直观功能，可以方便地对结构进行重置尺寸和重新定义。

④可以自动建立梁和装配的工程图，其中包括物料清单和梁的工程图。

11. Pro/Engineer 级进模（PDX）

通过专门的自动化应用和数据库，提高了型腔模和成型模的效率，针对 NC 编程，推出了功能强大而高效的 CAM 解决方案。借助 Pro/Engineer 级进模软件，通过向导，帮助设计者自动完成条料布局的定义、冲头模具的创建、甚至成型模组件的放置和修改。设计师可以自动创建图形，包括孔类图表和物料清单。Pro/Engineer 级进模还支持"智能"装配和组件。像间隙切口和钻孔之类的操作，能够在相应的板材和组件上自动完成。其主要功能有：

①为条料布局和分步弯曲准备自动化钣金设计零件，工艺孔和成形区域高亮显示，以便容易辨认和选择。

②使用专门的快速预览向导工具，来定义自动条料布局。

③自动创建冲头模具，包括衬套的自动配置和装配。

④使用"智能"成型模组件和部件，进行放置和修改。

⑤自动生成二维工程图,包括自动孔类生成图表和物料清单。

12. Pro/Engineer 分布式 Pro/BATCH

具有 Pro/Engineer 分布式计算体系结构的 Pro/Engineer 分布式 Pro/BATCH 模块,可以在网络上多个空闲或正在使用的机器上执行导入、导出、绘图、打印、甚至质量检测验证等常见的任务。Pro/Engineer 分布式 Pro/BATCH 资源管理实用程序和工具,能让用户轻而易举地建立和管理"服务器计算工厂"。用户可以利用远程资源使用的非高峰期来完成大量工作。其主要功能有:

①可以完成相当多的 Pro/Engineer 任务。

②可以用图形用户界面来设置和启动批处理作业。

③可以在任何位置,检查已提交批处理作业的当前状态。

④可以使用基于 XML 的批处理指令来客户化系统。

⑤可以调度网络资源,以处理远程客户的批处理请求。

6.2.5 Pro/Engineer 工作组数据管理

Pro/Engineer 工作组数据管理可以保存和管理 Pro/Engineer 模型、部件和图形,提供安全性、访问控制机制、在企业范围内访问设计和工程数据的功能,使设计小组在一个安全、可伸缩的环境中工作。

Pro/Intralink 是使用 Pro/Engineer 进行产品开发的主要工作组管理解决方案。Pro/Intralink 是一套数据管理系统,能让 Pro/Engineer 用户控制信息流,以便设计小组能够更加高效地进行工作。它提供了一个可伸缩而安全的并行环境,该环境支持 Pro/E 快速、高效的设计方法。另外,Pro/Intralink 还可以管理可交付成果及其相关关系的所有方面,从概念、设计到制造。其主要功能有:

①应用 ORACLE 技术和组织工具来访问中央数据库中的安全数据。

②将所有的 Pro/Intralink 功能与细致入微的 Pro/Engineer 模型、关系和功能进行了集成。

③能够访问具有强大功能的数据库工具,用于属性、系统级重命名、生命周期跟踪和版本控制。

④始终能够获悉设计状况、发布过程状况、其它用户的活动和意图,并拥有支持快速局部更改所需的工具。

⑤处理特殊的产品配置、轻而易举地发现和重复利用数据、以及集成来自众多数据源的设计更改和冲突。

6.3 Pro/E 主窗口界面

Pro/Engineer 主窗口界面由导航区、菜单条与图标工具栏、信息区和模型设计窗口组成,如图 6.1 所示。

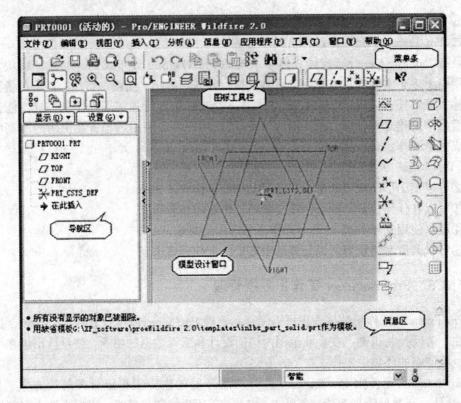

图 6.1　Pro/E 主窗口界面

6.3.1　导航区

导航区位于 Pro/E 主窗口界面的左侧，导航区包括"模型树"、"文件夹浏览器"、"收藏夹"和"连接"四个选项卡，各选项卡可进行切换，其功能如下：

模型树——用于记录特征、零件以及组件的创建顺序、名称、编号、状态等相关信息，每一类特征名称前都有该特征的图标来标识。选中模型树中的指定特征，还可用来对其特征进行各种编辑，如删除、重命名、编辑、编辑定义等操作。

文件夹浏览器——该功能与 Windows 的"资源管理器"类似，选中相应的文件夹，则对应的子文件夹和（或）文件名称和属性会出现在模型窗口中。

收藏夹——该功能与 IE 浏览器中的"收藏夹"一样，用于保存操作者常用的网页地址。

连接——用于访问相关网络资源，可方便用户在操作的同时，通过在 Pro/E 内建立的浏览器进行数据查询。

6.3.2　菜单条与图标工具栏

除了上面介绍的导航区中的操作外，Pro/E 中的操作命令与模型处理功能都是通过菜单条与图标工具栏中的命令实现的。菜单条中的各条目功能见表 6.1。

表 6.1 菜单条中的各条目功能

名　称	功能说明
文件	文件处理功能，如建立、打开、删除、保存、打印和发送文件等
编辑	对模型进行编辑，如镜像、复制、设置、修剪、合并、阵列、查找等功能
视图	用于处理与模型显示有关的功能，如方向、颜色和外观、显示设置等
插入	用于建立各种特征，如拉伸、旋转、扫描、混合、拔模等
分析	对所建特征进行分析，如测量、模型分析、用户定义分析、灵敏度分析等
信息	显示有关模型、零件、特征方面的各种信息
应用程序	各种应用程序，如电缆、管道、焊接、机构、动画等
工具	用于设置系统环境，如组件设置、定制屏幕、映射键等功能
窗口	用于系统的窗口操作，如激活、关闭、切换窗口等功能
帮助	为操作者提供与操作有关的帮助

Pro/E 有两个工具栏，它们分别位于窗口界面上侧和窗口界面的右侧，其中系统默认的上侧工具栏是常用的操作工具，右侧的工具栏是建立特征的工具。工具栏上图标按钮代表使用频率较高的菜单命令。和菜单命令一样，图标命令只有在特定的环境中才能使用，对于反白显示的图标则不能进行操作。Pro/E 系统允许用户自行添加或删除工具栏图标按钮，并可根据需要来调整工具栏的位置。上侧工具栏各图标按钮的具体含义如下：

——新建文件。对应的快捷键为 Ctrl + N。

——打开文件。对应的快捷键为 Ctrl + O。

——保存文件。对应的快捷键为 Ctrl + S。

——打印当前活动对象。对应的快捷键为 Ctrl + P。

——发送带有活动窗口中对象的邮件。

——撤销上一步操作。对应的快捷键为 Ctrl + Z。

——重做上一步操作。对应的快捷键为 Ctrl + Y。

——再生模型。对应的快捷键为 Ctrl + G。

——在模型树中按规则搜索、过滤及选取项目。对应的快捷键为 Ctrl + F。

——重画当前视图，以刷新显示，但不再生模型。按下此按钮后系统将对主视区中的点、线、面等对象进行刷新。对应的快捷键为 Ctrl + R。

——旋转中心开/关。在显示状态下（被按下），模型的旋转始终以它为中心；在不显示状态下（弹起），以按下的鼠标中键的那一点作为旋转中心。

——定向模式开/关。利用鼠标与键盘的结合，可以轻松实现模型的旋转、缩放和平移。此功能提供 4 种模式：动态、固定、延迟和速度。

——放大显示，使用左键单击两点（矩形框对角顶点）以定义缩放范围。

——以两倍的倍率缩小模型。

　——最佳大小。用于将三维模型调整到相对于主视区的最佳大小。注意该按钮
与快捷键"Ctrl + D"（恢复标准大小）的区别。

　——重定向视图。用于调整模型的视图。单击该按钮可以打开"方向"对话框，
在该对话框中可对模型视图进行"重定向"设置。

　——选择已保存的视图。单击此按钮可以在其下拉列表中选择模型显示的视角。

　——设置层、层目录和显示状态。

　——启动视图管理器。

　——以线框结构形式显示模型，此时模型中的隐藏线以实线显示。

　——以线框结构形式显示模型，此时模型中的隐藏线以淡灰色显示。

　——以线框结构形式显示模型，不显示模型中的隐藏线。

　——将模型着色显示。

　——显示基准平面开/关。

　——显示基准轴开/关。

　——显示基准点开/关。

　——显示基准坐标系开/关。

　——上下文相关帮助。

另外，在建模过程中通常要用鼠标来实现模型的旋转、缩放和平移等操作，具体操作见表 6.2。

表 6.2　用鼠标实现模型的旋转、平移和缩放

鼠　标	操作说明
按住鼠标中键并拖动	旋转模型（空间旋转）
Ctrl + 按住鼠标中键并左右拖动	旋转模型（在屏幕平面上旋转）
Shift + 按住鼠标中键并拖动	平移模型
Ctrl + 按住鼠标中键并上下拖动	连续缩放模型
Shift + 滚动鼠标滚轮	以 0.5 倍速率缩放模型
直接滚动鼠标滚轮	以 1 倍速率缩放模型
Ctrl + 滚动鼠标滚轮	以 2 倍速率缩放模型

在主窗口右侧出现的工具栏图标按钮具体含义将在下文中根据具体内容分别介绍。

6.3.3　信息区

每个 Pro/E 窗口的信息区都有一个消息区和一个状态栏，如图 6.2 所示。在操作过程中，操作的相关信息会显示在消息区，如特征操作提示、警告信息、错误信息、结果和数值输入等信息。缺省的消息区仅能显示最新几行信息，若要追溯以前的信息，可利用信息区右侧的滚动条来实现；状态栏可显示在当前模型中选取的项目数、可用的选取过滤器、屏幕提示等。如当鼠标通过菜单名、菜单命令、工具栏按钮及某些对话框项目

上时，会在状态栏中出现屏幕提示。

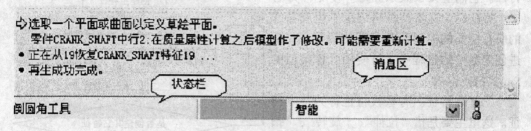

图 6.2　Pro/E 的信息区

当面对众多特征构成的复杂模型进行对象选择时，可使用选取过滤器。应用选取过滤器能够有目的地选取所需的对象。选取过滤器在不同的模块下会有不同的选项，如图 6.3 所示。

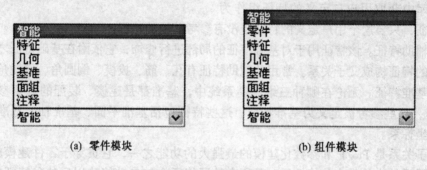

(a) 零件模块　　　　　　　　　　　　(b) 组件模块

图 6.3　选取过滤器

6.3.4　模型设计窗口

Pro/E 主窗口界面中间区域是模型设计窗口，模型的特征创建、零部件的装配、工程图的生成等可视化操作都在该窗口显示和进行。在此区域用户还可通过视图操作进行模型的旋转、平移、缩放以及选取模型特征，进行编辑和变更等多种操作。

6.4　三维造型的轮廓绘制

6.4.1　基于特征的零件造型过程

在基于特征的造型系统中，零件是由特征组成的，特征是 Pro/E 零件模型中的最小组成部件，因此零件的造型过程就是不断地生成特征的过程。在开始一个新的零件造型时，用户一般都是在自动生成的三个默认正交平面上创建零件的主特征，然后添加其它特征直到完成所需的形状，如图 6.4 所示。

所谓零件的主特征（Main Feature）构造的零件主体形状，通常指的是零件的"毛坯"，以后的特征就是在"毛坯"上"加工"，直到生成所需的零件。在 Pro/E 中，零件的主特征可以是基本特征或用户定义特征（UDF）。在主特征后面建立的特征称为子特征。它们呈父子关系。每一个零件都有一个特征树，这个特征树记录了组成零件的所有特征的类型及其相互的关系。在渐进创建零件的过程中，可使用各种类型的 Pro/E 特征：

①基础特征。有些教材也称为基本特征。这里主要是指"拉伸"、"旋转"、"扫描"和"混合"特征。这些特征创建各种复杂零件的基本特征，而且在创建这些特征时必须要绘制其轮廓草图，即这些特征是基于轮廓草图的特征。另外用户也可以从特征库中获取用户自定义的特征组作为

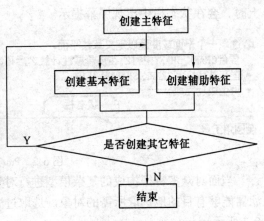

图 6.4　零件造型的基本过程

基础特征，只要这个用户定义的特征组没有参考其他的特征。

②辅助特征。该特征用于对基础特征的局部进行修饰，它依附在基础特征之上，与其依附的特征构成父子关系。常用的辅助特征有孔、筋、拔模、倒圆角、倒棱角等。

③基准特征。无论在哪种三维建模系统中，基准都是建模、装配的重要参考。在 Pro/E 中，这些参考被定义为基准特征。这些特征包括基准平面、基准轴、基准点、基准线和坐标系。

父子关系是 Pro/E 和参数化建模的最强大的功能之一，它贯穿于零件建模的始终。当修改了零件中的某个父特征后，其所有的子特征会被自动修改以反映父特征的变化。如果隐含或删除其父特征，Pro/E 会提示对其相关子特征进行操作。父特征可没有子特征而存在，但是，如果没有父特征，则子特征不能存在。

6.4.2　轮廓的分类和作用

在三维 CAD 系统中，我们经常提到轮廓的概念。轮廓是由若干首尾相接的直线或曲线组成的，用来表达实体模型的截面形状（Section）或扫描路径（Trajectory）。轮廓一般可分为开口和封闭两类，通常情况下无论是开口轮廓还是封闭轮廓，其轮廓线都不允许断开、错位或者交叉，如图 6.5 所示。

根据轮廓在实体造型中的作用，轮廓分为截面形状和路径。

（1）截面形状

封闭轮廓可用来定义实体的截面或剖面的形状；开口轮廓通常不仅与相邻的实体轮廓线共同形成截面，而且也能定义均匀壁厚零件截面的中线，或者用来定义空间的曲面。

截面允许有两个以上的封闭轮廓，这时又进一步分为两种情况：

①各个闭合轮廓相互独立，不存在嵌套，这些轮廓曲线可生成不同的实体，如图 6.6 所示。

②存在一个封闭轮廓包围其他所有封闭轮廓，且允许轮廓之间的多层嵌套。生成实体时，最外面的封闭轮廓生成实体外部形状，下一层轮廓生成孔，再下一层轮廓生成实

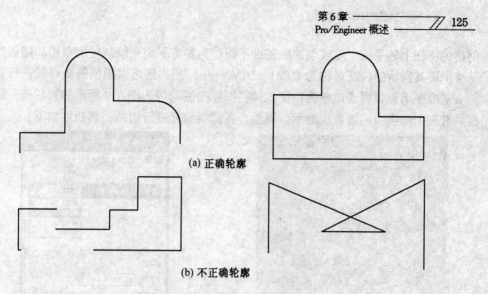

(a) 正确轮廓

(b) 不正确轮廓

图 6.5   正确轮廓与不正确轮廓

体，以此类推如图 6.7 所示。

（2）路径

路径主要用来描述扫描实体中截面上一点所扫过的轨迹，路径也有开口和封闭两种。

这样，开口/封闭的截面与开口/封闭的扫描路径可组合成各种实体和曲面不同的扫描特征。

图 6.6   独立的多重闭合轮廓

图 6.7   封闭轮廓的嵌套

6.4.3   草绘平面与基准平面

如前所述，许多特征在创建过程中，都要绘制草图，用来构成特征的剖面轮廓。轮廓草图一般要绘制在平面上，该平面通常称为草绘面，其平面可以是系统默认的坐标平面、已建立的特征上的平面或基准平面（Datum Planes）。

在新创建一个零件时，若使用系统默认模板，在模型设计窗口会出现默认的三个正交的平面，名称分别为 FRONT、TOP、RIGHT，如图 6.8 所示。在创建零件模型主特征时，习惯上一般选默认的平面作为其特征的草绘面。在其后的特征创建中，可以选取已创建的特征上的平面，或者创建的基准平面作为参考平面来绘制轮廓草图。随后建立的基准平面其默认的特征名称为 DTM1、DTM2……，用户还可以根据需要对其进行更名。

　　基准平面创建可通过单击特征工具栏图标按钮 □ 进入图 6.9 所示的对话框，该对话框共有三个选项卡：放置、显示、属性，各选项卡可进行切换，其功能如下：

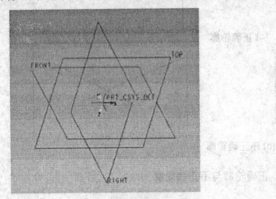

图 6.8　默认的系统坐标

图 6.9　基准平面对话框

　　①放置。该选项卡内容用于表示要建立的基准平面与参照（点、线、面）间的约束类型。其约束类型有 5 种：

　　•穿过：表示所建立的基准平面穿过一个点、顶点、轴、曲线、边或平面。该约束可重复使用或配合其它条件才能建立基准平面。

　　•偏移：通过选定平面或坐标系作为参照，并给出与参照间的偏距来创建基准平面，偏距有距离偏距和角度偏距。该约束可单独使用或配合其它条件使用。

　　•平行：建立与参照平面平行的基准平面。该约束需要配合其它条件使用。

　　•法向：表示所建立的基准平面与选择的轴、边、曲线或平面垂直。该约束可重复使用或配合其它条件使用。

　　•相切：建立与曲面参照相切的基准平面。该约束需要配合其它条件。

　　根据所选择的参照类型与约束不同，在该界面下方会出现不同的数据输入类型，如角度数据和线性数据。

　　②显示。此选项内容用于修改参照方向以及调整所建基准平面轮廓的大小。由于 Pro/E 中的面具有正反面，因此可根据实际需要，对基准面的法向进行设置。

　　③属性。该选项可对所建基准平面名称进行修改，还可以通过浏览器显示该特征的详细特征信息，如特征名称、内部特征 ID、父项、特征元素数据、特征所在层和特征尺寸。

　　图 6.10 所示是几个创建基准平面的例子，其中图 6.10（a）使用了两个"穿过"约束创建基准平面；图 6.10（b）基准平面创建使用了"偏移"和"穿过"约束；图 6.10（c）基准平面创建是通过"平行"和"相切"约束实现的；图 6.10（d）基准平面使用"法向"和"穿过"约束来创建的，图 6.10（e）则使用三个"穿过"顶点约束来创建基准面。

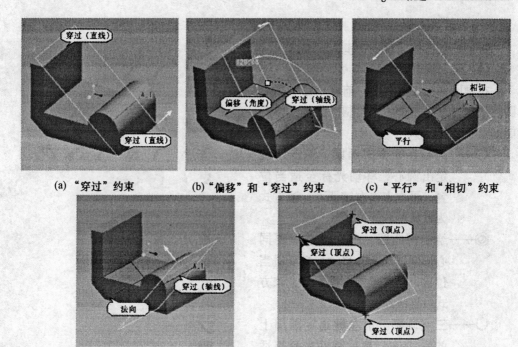

(a) "穿过"约束　　　(b) "偏移"和"穿过"约束　　　(c) "平行"和"相切"约束

(d) "法向"和"穿过"约束　　　(e) "穿过"约束

图 6.10　基准平面创建实例

6.4.4　绘制草图

草图是三维建模过程中必不可少的一环，许多特征的创建都是从草图绘制开始的，如拉伸、旋转、扫描、混合的轮廓等。

在进入草绘窗口（又称草绘器）后，会在窗口的右侧图标工具栏处出现相应的草图绘制图标命令按钮，点击旁边带有三角符号的图标按钮，还会出现图 6.11 所示的子图标命令菜单。此外在菜单条的"编辑"和"草绘"下拉菜单中也有与之对应的命令。

下面简要介绍一下常用草绘器工具的使用。由于一些草绘命令使用十分简单，如画直线和矩形命令等，在此不再赘述。对于计算机软件的学习，用户应该先打开软件根据自己的认识去尝试操作，在遇到问题后再找有关的书籍查看，这样才能做到事半功倍。

1. 草绘器工具使用

（1）直线的绘制

在 Pro/E 中，通常所说的直线分为直线和中心线两种类型。直线是具有一定长度的直线线段，它是构成几何图形的基本图元；中心线为无限长的直线，它不用来创建特征几何图形，只是起着构造线（也称辅助线）的作用，关于构造线的使用将在后面加以介绍。

另外在直线命令中还有一个相切直线命令 ，该命令用于在两个已经存在的圆或圆弧之间建立一条相切的直线。

（2）矩形绘制

矩形绘制操作简单，这里不再赘述。

（3）圆与椭圆的绘制

在画圆图标工具栏中，前四个命令用于
圆的绘制，最后一个用于绘制椭圆。具体功
能如下：

○——圆心半径方式画圆。单击左键
定出圆心，移动光标至适当位
置，再次点击左键即可。该方式
为默认的画圆方式。

◎——绘制同心圆。用左键选取要同
心的圆或圆弧，移动光标至适当
位置，再次点击左键即可，该方
式可连续绘制同心圆。

○——三点画圆。用左键选定圆周上
的1、2点，然后移动光标至适
当位置，点击左键确定圆周上的
第3点位置。

○——绘制三相切圆，即创建与三个
已有图元相切的圆。用左键选取
要相切的两个图元，拖动相切圆
与第三个图元相切处按左键即
可。图6.12所示为与直线、圆
和圆弧相切的圆。

○——绘制椭圆。用左键单击定出椭

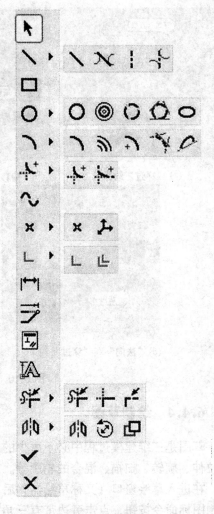

图 6.11　草绘命令

圆圆心，移动光标至适当位置，再次点击左键即可完成绘制。椭圆的具体
形状可以通过修改 x 及 y 半径尺寸确定。

（4）圆弧的绘制

在画圆弧图标工具栏中，前四个命令用
于圆弧的绘制，最后一个用于绘制圆锥线。
作为圆的一部分，其绘制方法与圆有些类
似。

╲——三点画弧。点击左键给出圆弧
的起点和终点，移动光标至适当
位置，再次点击左键完成绘制。

〜——画同心弧。用左键选取要同心
的圆或弧，再用左键定出弧的起

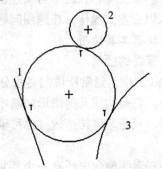

图 6.12　三相切圆

点，顺时针或逆时针移动光标至适当位置，用左键定出终点。该方式可连续绘制同心圆弧。

⌒——圆心端点画弧。点击左键定出圆心位置，再用左键定出圆弧所在圆周的起点和终点即可。

✎——绘制三相切弧，即创建与三个已有图元相切的圆弧。用左键选取要相切的两个图元，拖动相切圆弧至第三个图元相切处按左键即可。

⟋——绘制圆锥曲线，即给定三点来绘制圆锥曲线。用左键分别选取圆锥曲线的两个端点，移动光标，圆锥线随之变形，再次点击左键即可确定轴肩位置。

（5）倒圆角

倒圆角也称圆角，Pro/E 中有倒圆角▨和倒椭圆角▨两种。两种操作方法相同，即用左键选取要圆角的两个图元（直线、圆、弧）即可完成。

（6）样条线的绘制

样条曲线能够将一系列点以平滑的方式连接起来。绘制方法是点击∿后，在工作区中依次点击样条要通过的"点"的位置，最后双击左键或单击中键即可完成，如图6.13 所示的点 1、2、3、4、5、6。

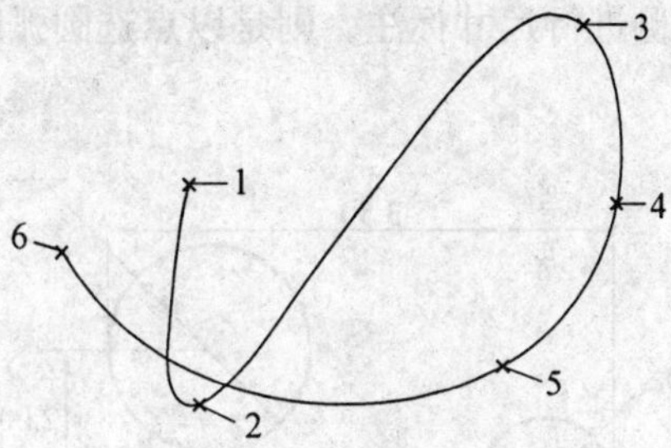

（7）点和坐标系

这两个命令比较简单，选取命令后，在工作区中点击相应位置即可创建。

图 6.13　样条曲线

2.尺寸标注与修改

Pro/E 是全尺寸约束参数化驱动软件，在 Pro/E 草绘时，系统会自动为所绘制的图元进行尺寸标注。系统自动标注的尺寸称为弱尺寸，在默认的系统颜色下显示为暗灰色，但是系统提供的尺寸标注不一定全是用户所需要的，这就需要对尺寸进行重新标注和修改，修改后的尺寸称为强尺寸，在默认的系统颜色下显示为黄色。

不添加强尺寸时，弱尺寸不能被删除，只能修改。当添加一个强尺寸时，系统会自动删除一个相应的弱尺寸；如果没有相应的弱尺寸，系统则会给出一个对话框让操作者有选择地进行尺寸删除。弱尺寸可直接转换为强尺寸，方法是点击要转换的弱尺寸，按鼠标右键，在弹出菜单中选择"强"即可。

对于正常的尺寸标注，Pro/E 不允许出现多余的尺寸，当出现多余的尺寸时，系统将进行提示，有选择地删除多余的尺寸或约束。但有些时候，可能有的尺寸必须要保留下来，为了避免尺寸间的冲突，可将其标注为参照尺寸，方法是点击要转换的尺寸，按鼠标右键，在弹出菜单中选择"参照"即可。参照尺寸不能进行修改，但会随着其它尺寸的修改而发生相应的变化。

下面就典型对象的尺寸标注作一介绍。

（1）直线

一般直线的尺寸标注有如下几类：线段长度标注，平行线距离标注，点线距离标注，两点距离标注即直线角度标注。

其基本标注步骤为, 用鼠标左键单击要标注的图元 (若为两者间距离标注则依次单击两图元即可), 移动鼠标到要放置尺寸线的位置, 单击中键确定文字放置位置并完成标注。

(2) 圆和圆弧

圆和圆弧尺寸标注主要有直径标注、半径标注、圆或圆弧距离标注。

圆或圆弧的直径或半径标注比较简单, 使用鼠标左键单击图元后, 按下中键即可得到半径尺寸; 使用左键双击图元, 按下中键即可得到其直径尺寸。

对于圆或圆弧距离的标注有圆心距离和切线距离两种方式。圆心距离分为水平距离、垂直距离和斜线距离三种形式, 标注时系统由鼠标中键点击的位置来确定采取何种形式, 其鼠标选择的位置为圆弧的圆心; 对于切线距离的标注, 鼠标选择位置为圆或圆弧的边线, 此时系统会提示让用户选择是竖直尺寸还是水平尺寸。至于具体是在圆弧的哪一侧进行尺寸标注, 则是以点选圆弧时的位置为准。切线的尺寸标注如图 6.14 所示。

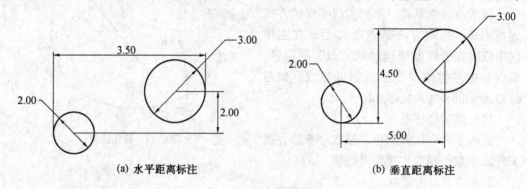

(a) 水平距离标注　　　　　　　　(b) 垂直距离标注

图 6.14　切线距离标注

(3) 椭圆和椭圆角

标注椭圆角的尺寸, 只需要标注其 x 半径和 y 半径即可。用左键单击椭圆或椭圆角, 中键确定尺寸文字放置位置, 系统将出现椭圆半径标注选项对话框, 选择要标注的 x 半径或 y 半径选项即可。

(4) 圆锥曲线

圆锥曲线标注中一个重要尺寸是圆锥曲线参数, 用户可以通过选择不同的圆锥曲线参数来控制曲线形状。圆锥曲线的参数范围为 0.05～0.95, 不同范围参数可产生不同的曲线形式:

椭圆——0.05～0.5

抛物线——0.5 (默认值)

双曲线——0.5～0.95

(5) 样条曲线

样条曲线的标注可对曲线上的特征点进行尺寸标注, 标注方法与点的标注类似。

(6) 旋转剖面直径

这项标注是为旋转剖面创建一个直径尺寸, 具体步骤为先用鼠标左键依次单击点 1、2、3, 然后用鼠标中键点击尺寸放置点 4 即可。如图 6.15 所示。

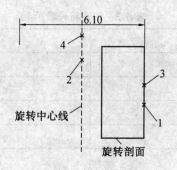

图 6.15 直径标注

（7）角度标注

角度标注常用的是直线的角度和圆弧角度。对于直线角度的标注，使用鼠标左键分别点选需要标注的两条直线，然后在需要放置尺寸的位置单击中键即可。对于圆弧角度标注，用左键依次单击圆弧两端点和圆弧中段，然后在放置尺寸的地方单击中键即可。标注直线角度和圆弧角度如图 6.16 所示。

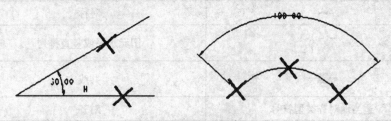

图 6.16 角度标注

（8）坐标尺寸标注

标注坐标尺寸首先要确定标注基线，然后再以此基线为参考标注其他对象。具体操作如下：

点击下拉菜单"草绘"→"尺寸"→"基线"，选取所确定的基线，在适当位置点击鼠标中键，放置基线的尺寸；点击尺寸标注图标按钮，选取基线尺寸，再选取要标注的对象，然后在放置尺寸的地方点击鼠标中键即可，如图 6.17 所示。

3．几何约束

所谓几何约束是指构成图形的各图元之间要保持的几何关系，如平行、垂直、水平、竖直、相切、共线、同心等。这种约束可以保证图形尺寸改变后，图元间的几何关系不发生变化，同时也保证了尺寸链的完整性。几何约束是重要的参数类型之一。

在 Pro/E 中，当进行草图绘制时，系统能进行约束的自动捕捉，当鼠标出现在某约

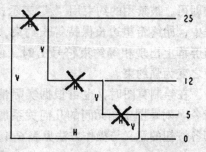

图 6.17 坐标尺寸标注

束的公差范围内时，系统会使用默认约束条件，对齐该约束并在图元旁边动态显示该约束的图形符号。表 6.3 列出了各图形符号相应的约束。

表 6.3　约束符号表示

符号	相应约束
M	中点
O	相同点
– ○ – – –	水平图元
V	竖直图元
– ○ – – –	图元上的点
T	相切图元
⊥	垂直图元
//	平行线
带有下标索引的 R（如 R1）	相等半径
带有下标索引的 L（如 L1）	等长线段
→|←	对称
– – ¦ ¦	图元水平或竖直排列
══	共线
适当地对齐类型符号	对齐

在草图绘制过程中，系统的自动捕捉功能给使用者提供了很大方便，但有时候又会与使用者的意图不符，Pro/E 提供了让使用者决定是否使用系统指定的捕捉方法。

如为避免在绘制矩形中产生边长相等的约束，只需在绘制过程中，当屏幕上出现相等约束符号 L 时，单击鼠标右键即可，被禁用的约束用"/"表示；如果在绘制矩形过程中，始终希望边长保持等长约束，需在绘制过程中，当屏幕上出现相等约束符号 L 时，使用"Shift + 右键"使之变为强约束。

另外，在绘制草图时，也可根据实际情况，使用各种约束命令 ⊟ 对草图中图元间的几何关系加以限制。添加约束的约束工具箱如图 6.18 所示，其各按钮的意义与操作方法见表 6.4。

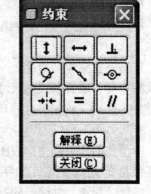

图 6.18　约束工具

表 6.4 约束工具箱按钮意义与操作方法

按钮	约束内容与操作方法
⬛	使直线或两顶点竖直。选取一条直线或两个点（包括各种图元上的点）。
⬛	使直线或两顶点水平。选取一条直线或两个点（包括各种图元上的点）。
⬛	使两图元（直线与直线或直线与圆弧）正交。选取两条直线或一条直线一条圆弧。
⬛	使两图元（直线、圆弧、椭圆）相切。选取两个图元。
⬛	将点放置在直线的中间位置。选取一条直线和一个点（包括各种图元上的点）。
⬛	对齐，使点与直线共线、两直线共线、两圆重合、两点重合、点位于圆弧或椭圆上。选取两个图元，包括各种图元上的点。
⬛	使两点或顶点关于中心线对称。选取中心线和中心线两侧的两个点（包括各种图元上的点）。
⬛	创建相等长度或相等半径。选取两条直线（等线段），或两个弧/圆/椭圆（等半径）
⬛	使两条直线平行。选取两条直线。

4.构造线

构造线并不直接成为轮廓的一部分来创建特征参与轮廓的构建，而是用于帮助草图绘制的一种辅助线。例如有些线或者圆心在设计中需要对齐，这种情况可以使用构造线来对齐点（圆心）和线。对齐后的实体在标注尺寸时，两个实体只要标注一个尺寸就可以了，如图 6.19（a）所示，也可以利用构造线对齐图 6.19（b）所示成阶梯状分布的圆。

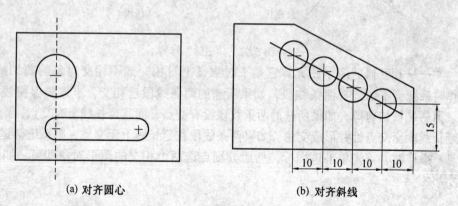

(a) 对齐圆心   (b) 对齐斜线

图 6.19 利用构造线对齐图元

利用构造线还可以简化标注。如图 6.20 所示，绘制一正六边形，如果不利用构造圆的话，正六边形的标注和尺寸修改会非常困难，而使用构造圆则会使正六边形的标注和尺寸控制变得非常容易。首先绘制一辅助圆，而后绘制一六边形，使其顶点在该构造圆上，最后通过对边施加等长（相等）约束实现正六边形绘制，然后只需标注两个尺寸即可。

将实体图元改为构造线可用鼠标左键点击该图元，然后按右键，选择弹出菜单"构建"项即可。

5．草图编辑工具

草图编辑工具由剪切和镜像两组工具组成。

（1）剪切工具

剪切工具图标如图 6.21 所示。

┳──有选择地修剪相互交叉的图元。
操作时，系统自动将图中所有线段由相交点
处打断，并将点选的那一段删除。该命令也
可用于删除单一图元，因此又可以充当删除
命令。操作时，首先单击该图标，然后点选
图元对象，就可以修剪所选图元，如图6.22
所示。

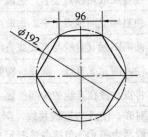

图 6.20　利用辅助圆标注六边

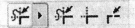

图 6.21　剪切工具

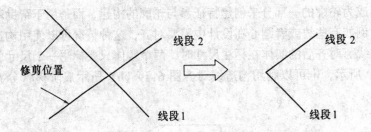

图 6.22　"删除"修剪

╪──相互修剪两个图元。它是平时意义上对相交或不相交对象的剪切或延伸。
操作时系统会提示选择两条线段，如果所选的两条线段已相交，点选要保留线段的一
端，另一端被修剪掉；如果所选的两条线段没有交点，而其延长线上有交点，则系统自
动延长线段至交点处并形成交角。如果两条线段在延长线上无交点，则系统会提示错误
信息。操作时，首先单击该图标，然后分别点选两个相交的图形对象即可，如图 6.23
所示。

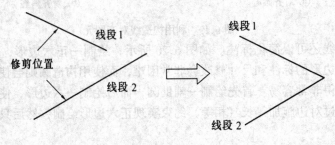

图 6.23　"延伸"修剪

⌐——分割图元。用于在选取点的位置分割图元。单击该图标，接着在图形窗口的图形对象上点取一点，则该对象以该点为界被分割成两段。

（2）镜像工具

镜像工具图标如图 6.24 所示。

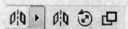

图 6.24　镜像工具

⋔⋔——镜像工具。常用于生成关于草绘中心线对称的几何图形。操作时，首先绘制一条中心线，接着选取要镜像的对象（框选或按住"Ctrl"键用鼠标左键逐个选取图元），然后单击该图标，再单击中心线即可生成镜像图元，如图 6.25 所示。

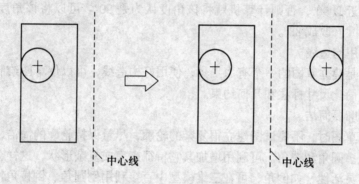

图 6.25　图元镜像

☺——缩放旋转工具。常用于缩放并旋转选定的几何图形。操作时，首先选取需要缩放旋转的对象（框选或按住"Ctrl"键用鼠标左键逐个选取图元），接着单击该图标，系统会弹出如图 6.26 所示"缩放旋转"对话框，在对话框中输入参数后点击"√"即可，操作后结果如图 6.27 所示。

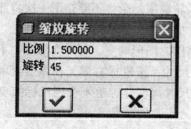

图 6.26　缩放旋转对话框

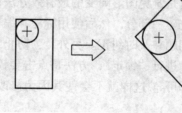

图 6.27　图元的缩放与旋转

⬚——复制工具。用于生成几何图形的副本。其生成的几何图元与原图相关，其中一个改变尺寸，另一个也相应地改变尺寸。

操作时，首先选取需要复制的对象，接着点选该图标，系统仍会弹出如图 6.26 所示"缩放旋转"对话框，在对话框中输入参数后点击"√"即可。

6.草绘中要注意的问题

在实际轮廓草图绘制中，为了实现操作者设计意图，快速准确地草绘轮廓，避免系统对轮廓草图不必要的自动约束，以及恰当地标注尺寸和添加约束，主要考虑以下几点：

（1）夸张尺寸

画轮廓时一般应尽可能放大各几何元素的尺寸差异，而后利用系统的参数化尺寸编辑功能将其修改为正确尺寸。

（2）夸张角度

当用户要绘制一条接近水平或者竖直的直线，在屏幕上按实际情况绘制时计算机会认为是水平线或者竖直线，这就给用户建立小角度图形带来不便。为了建立一个小角度图形（如 10°），需要将绘制的小角度进行夸大绘制，然后再通过尺寸修改的方法将数值修改到真正需要的尺寸。反之也是一样，如果要建立接近 90°的角度，如 88°时，不能直接将它画成近似 90°，否则计算机就将该角度认为是 90°。可以将该角度画成 60°左右，然后再将尺寸修改成 88°。

（3）利用构造线

构造线是建立草图的一个有力工具，使用好构造线，可以使草图绘制更加方便、容易控制并可简化尺寸标注和几何约束。

（4）轮廓要简洁

在建立草图时，不要试图建立很复杂的轮廓，尽量保持轮廓的简洁，避免在一个轮廓上使用过多圆角和棱角。可利用增加其它特征来完成复杂形状，这样会使所建立的几何模型更有灵活性，如倒角，可在三维模型中直接利用倒圆角、倒棱角特征创建。

（5）防止图形畸变

在对草图的尺寸修改过程中，尺寸驱动极有可能出现图形畸变的现象。图形畸变与用户修改尺寸的顺序及计算机的解算方式有关，在图形复杂时更容易发生。图形畸变有可能引起图形出现相交等非法现象，有时候甚至导致用户删除整个图形。

避免图形畸变需要一定的经验。合理规划图面大小，使进行尺寸修改时尺寸变化不至于太大，这是避免图形畸变的最有效办法；如果轮廓很复杂，不要企图一次将此轮廓全画好，应先建一部分，然后使用标注和编辑尺寸的方法，成功后再逐步往下做，这样可及早发现问题并及时纠正。另外，为防止编辑草图时图形畸变，可对在修改中不应发生变化的尺寸进行"锁定"，方法是点击要锁定的尺寸，按鼠标右键，在弹出菜单中选择"锁定"即可。这样就不会使其因为修改其他尺寸而变化，也不会因鼠标拖曳而变化。

（6）优先考虑使用几何约束

在绘制草图中，为保证在修改图形时图元之间的几何关系不发生变化，应优先考虑采用几何约束。这样可大大减少尺寸标注的数量，在对其轮廓进行修改时会变得更加容易和方便。

（7）将弱尺寸和弱约束改为强尺寸和强约束

为保证图形在编辑过程中，弱尺寸和弱约束被自动删除，对于必须要保证的弱尺寸和弱约束应将其改为强尺寸和强约束。

6.5　三维造型的常用方法

6.5.1　添加与去除材料

一个零件通常是由许多特征组成的。在这些特征中，有的特征是通过布尔运算中的"并"运算，既添加材料获得的；有的则是通过布尔运算的"差"运算，即去除材料获得的。添加材料和去除材料的最基本方式就是通过"拉伸"、"旋转"、"扫描"和"混合"这些基础特征来实现。对于同一种特征，无论是添加材料还是去除材料，它们的创建方法都是一样的。

当创建特征时，在 Pro/E 界面的信息区上部出现一个操作控制面板，该操作控制面板由上滑面板、对话栏和控制区构成，如图 6.28 所示。

图 6.28　操作控制面板

面板中的上滑面板文字选项因所创建的特征而稍有不同，其中"选项"用于重新定义或选择特征构建方式；"属性"用于编辑特征名，并可在 Pro/E 浏览器中显示该特征的详细信息。

对话栏中的图标按钮也因所创建的特征而有所不同，其中共有的图标按钮意义如下：

☐——创建实体特征。这是创建实体特征的最基本的选择，也是系统的默认设置。

☐——创建曲面特征。使用该设置其草绘轮廓可以不封闭。

%——改变特征创建方向。

☐——用于去除材料的特征操作。使用该图标按钮，可对所创建特征进行添加材料或去除材料的操作切换选择。

☐——创建指定厚度的薄壁特征。使用该设置其草绘轮廓可以不封闭，创建的特征为实体。该功能只能与☐配合使用。

控制区的各图标按钮意义如下：

▐▌——暂停当前特征操作，临时返回其中可进行选取的缺省系统状态。在原来特征操作暂停期间所创建的任何特征在其完成后可与原来的特征一起放置在"模型树"里的同一个"组"中。

▶——恢复暂停的特征操作。

☑∞——当选中该按钮时，系统会激活动态预览，使用此功能可在更改模型时查看模型的变化。当要停止"校验"模式时，再次单击该按钮或单击恢复暂停的按钮。

☑——完成当前特征操作。

✖——取消当前特征操作。

6.5.2 拉伸

拉伸（Extrude）特征与机械加工中的"拉拔"或"挤制"成型类似，它是定义三维几何的最基本方法之一，在 Pro/E 中它是通过将二维截面轮廓沿其垂直方向延伸指定距离来实现的。

创建拉伸特征时，可通过操作控制面板中的"放置"按钮，弹出上滑面板，如图 6.29 所示，由此定义草绘面并进入二维截面的草图绘制状态。

拉伸深度的确定有多种方式，既可单侧拉伸，也可双侧拉伸。不同方式的拉伸均可通过图 6.30 所示的"选项"上滑面板分别对其深度形式及深度尺寸进行设置。除此之外，还可直接通过图 6.28 对话栏中的 ⊥ 加以选择，具体选择如下：

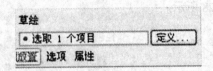

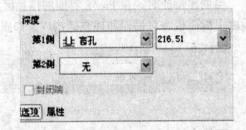

图 6.29 "放置"上滑面板　　　　　　　图 6.30 "选项"上滑面板

⊥——给定。自草绘面以指定深度值拉伸截面。

日——对称。以 1/2 深度值向草绘面两侧拉伸。

≡——到下一个。拉伸截面至下一曲面。

⊩——穿透。拉伸截面，使之贯穿所有曲面。

⊥——穿至。将截面拉伸，使其与选定曲面或平面相交。

⊥——到选定项。将截面拉伸至一个选定点、曲线、平面或曲面。

根据控制面板对话栏中的不同设置，对于同一草图轮廓，可以创建实体拉伸、薄壁拉伸、曲面拉伸特征，并且可以用创建的实体特征进行除料操作，如图 6.31、6.32 所示。

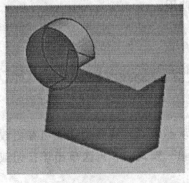

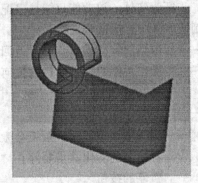

(a) 实体拉伸　　　　　　　　　　　　(b) 薄壁拉伸

图 6.31 添加材料的拉伸特征

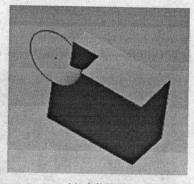

(a) 实体拉伸　　　　　　　　(b) 薄壁拉伸

图 6.32　去除材料的拉伸特征

6.5.3　旋转

旋转（Revolve）特征是由一个截面绕一条中心线旋转而形成的。通过旋转创建的特征必须要有一条旋转轴，该旋转轴可以是在草绘旋转截面时的中心线，也可以是和草绘面位于同一平面内的基准轴或是实体的棱边。

创建旋转特征时，可通过操作控制面板中的"位置"弹出上滑面板，如图 6.33 所示，由此定义草绘面、绘制旋转剖面和选取旋转轴。至于是选择草绘面内部中心线作为旋转轴，还是选择草绘面外部的基准轴或实体的棱边作为旋转轴（当截面草图中绘制有中心线时），可通过上滑面板中的"内部"按钮进行设置。

旋转特征的操作控制面板与拉伸特征的操作控制面板大同小异。不同的是创建旋转特征的尺寸为角度，而创建拉伸特征的尺寸是深度。操作控制面板中的角度输入框中默认值为 360°，操作者可键入角度值生成指定角度的旋转特征，如果想要反方向旋转，键入负值即可。

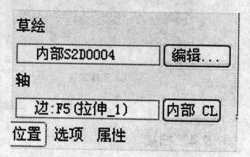

图 6.33　"位置"上滑面板

旋转特征既可单侧旋转，也可双侧旋转。旋转的终止方式也有多种，其选择均可通过"选项"上滑面板进行，操作界面与图 6.30 类似。在该上滑面板中，旋转终止方式中的各角度选项意义如下：

⚟——给定。自草绘面以指定角度值旋转截面。

⚟——对称。以 1/2 角度值向草绘面两侧旋转截面。

⚟——到选定项。将截面旋转至一个选定点、平面或曲面（终止平面或曲面须包含旋转轴）。

通过操作控制面板对话栏中的不同设置，对于同一草图轮廓，可以创建实体旋转、薄壁旋转、曲面旋转特征，并且可以用创建的实体特征进行除料操作，如图 6.34、图 6.35 所示。

在绘制旋转剖面时应注意：

①当用中心线作为旋转轴时，其中心线必须位于旋转截面的一侧。

②如果草绘中需绘制多条中心线，则系统默认以第一条中心线作为旋转中心线。

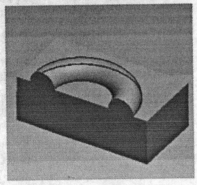 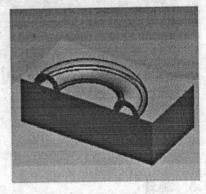

(a) 实体旋转　　　　　　　　　　　　　　　(b) 薄壁旋转

图 6.34　添加材料的旋转特征

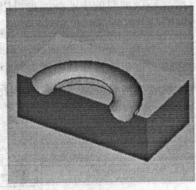 

(a) 实体旋转　　　　　　　　　　　　　　　(b) 薄壁旋转

图 6.35　去除材料的旋转特征

6.5.4　扫描

扫描（Sweep）特征是由一个截面沿一条轨迹扫描而形成的。通过扫描创建的特征必须有一条扫描轨迹路径和一个沿此轨迹延伸的截面。

扫描特征可通过菜单条的"插入/扫描/…"建立，也可以通过模型窗口右侧的可变剖面扫描工具创建，并且该工具具有更强的功能，这里仅介绍第二种方法。当单击特征工具栏按钮时，在主视区下侧出现如图 6.36 所示操作控制面板。创建扫描特征的第

图 6.36　扫描操作控制面板

一步是选取或创建扫描轨迹线。扫描轨迹线可以通过绘制草图和建立基准线两种方法创建，它可以预先创建好后进行选取，也可在建立扫描特征环境中创建。

在扫描特征环境中创建扫描路径可单击特征工具栏草绘图标 或基准线图标～来进行。当预先创建好扫描路径时，可直接在该环境下在模型窗口中进行选择，选择好后，点击如图6.37所示的"参照"上滑面板，将会在"轨迹"栏中出现相应内容。

在确定了扫描路径后，可通过控制面板对话栏上的"草绘"图标 进行扫描截面绘制，系统将默认通过起始点且垂直于轨迹的平面作为草绘平面。

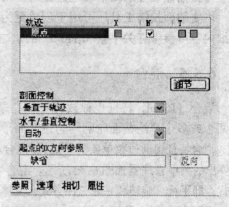

图 6.37 "参照"上滑面板

通过在操作控制面板对话栏中的不同设置，对于同一草图轮廓，可以创建实体扫描、薄壁扫描、曲面扫描特征，并且可以用创建的实体特征进行除料操作，如图6.38、图6.39所示。

(a) 实体扫描

(b) 薄壁扫描

图 6.38 添加材料的扫描特征

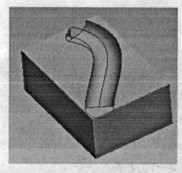
(a) 实体扫描

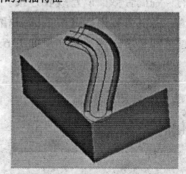
(b) 薄壁扫描

图 6.39 去除材料的扫描特征

在建立扫描特征时应注意以下几点：

①相对于扫描截面，扫描轨迹的弧或样条半径不能太小，否则可能无法建立其特

征。

②扫描截面在沿扫描轨迹建立特征时，注意不要与自身相交。

可变剖面扫描工具还可用于创建更为复杂的扫描特征，这里不再做进一步的介绍，详细内容可参考有关书籍和 Pro/E 帮助文件。

6.5.5 混合

图 6.40 混合选项设置

混合（Blend）特征也称放样特征、蒙皮特征，是指将两个或多个草绘截面轮廓均匀过渡而形成的特征。

混合特征可通过菜单条的"插入/混合/伸出项"建立，其弹出的菜单管理器如图 6.40 所示。混合特征有三种混合方式，即平行、旋转和一般三种方式，具体含义为：

①平行：所有的混合截面都位于相互平行的平面上。

②旋转：混合截面可绕 Y 轴选转，其最大旋转角度为 120°。

③一般：混合截面可绕 X、Y 和 Z 轴旋转和平移。"一般"混合兼有"平行"混合和"旋转"混合的特点，是两者的结合。

菜单管理器其余相关选项具体表示的意义为：

①规则截面：通过草绘平面创建特征。

②投影截面：将截面投影到所选曲面上（限于平行混合）。

③选取截面：选取已存在的截面图元（不能用于平行混合）。

④草绘截面：草绘各混合截面图元。

创建混合特征时系统默认的选项为："平行"、"规则截面"和"草绘截面"，可以根据实际情况更改选项，结束后单击"完成"，系统会弹出混合伸出项对话框和混合属性菜单，该菜单用于定义混合特征的过渡属性。其属性菜单中各选项含义为：

①直的：各混合截面以直线相连接。

②光滑：各混合截面以光滑的曲线相连接。

直的过渡和光滑过渡混合实例如图 6.41 所示。

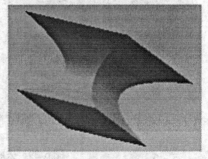

(a) 直的过渡   (b) 光滑过渡

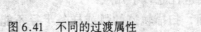

图 6.41 不同的过渡属性

在对混合属性选择完成后，接下来就可设置草绘面，进入草绘器。在草绘器中要分别绘制出混合特征的各个截面，每绘制完一个截面轮廓，要通过主菜单"草绘/特征工具/切换剖面"进行草绘面间的切换，而后才可绘制另一个截面轮廓。当所有截面绘制完成后，在系统提示下，输入各截面间的距离后即可完成混合特征的创建。

混合特征的创建与前面特征创建方式有所不同，通过菜单条的"插入/混合/伸出项"、"插入/混合/薄板伸出项"可以创建实体混合和薄壁混合特征，"插入/混合/切口"、"插入/混合/薄板切口"可以创建实体特征的除料操作，如图 6.42、6.43 所示。

创建混合特征时应注意以下几点：

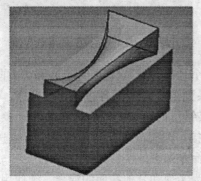
(a) 实体混合

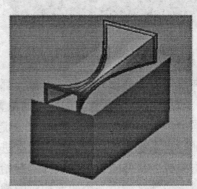
(b) 薄壁混合

图 6.42　添加材料的混合特征

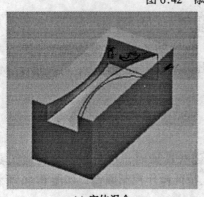
(a) 实体混合

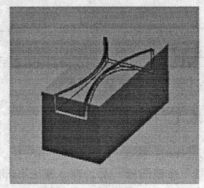
(b) 薄壁混合

图 6.43　去除材料的混合特征

①每个混合截面包含的图元数必须相同。对于没有足够几何图元的截面，须指定混合顶点，被指定为混合顶点的点同时代表两个点，其方法是在绘制该截面时，点选该点，然后右击鼠标，从弹出菜单中选择"混合顶点"命令，则该点显示为一个圆圈，然后就可进行混合操作。注意：起始点不能设为混合顶点。截面图元数不等的混合特征实例如图 6.44 所示。

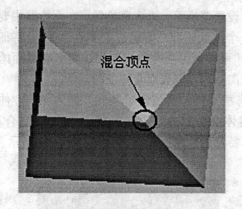

图 6.44　混合顶点实例

图 6.45　"扭曲"的混合实例

②在绘制混合截面时，每一个截面都有一个"起始点"（箭头起点）和"方向"（箭头指向），对此要特别注意。起始点的位置关系到混合时截面各边的计算顺序，起始点位置不同会产生不同的结果。图 6.45 为起始点错位而造成的混合"扭曲"现象。创建混合特征时，系统自各截面起始点依次进行连接。如想改变起始点位置，可点选该点，然后右击鼠标，从弹出菜单中选择"起始点"命令即可。

③对于像圆这样由一个图元构成的截面，为实现和其他截面的混合，须使用图元分割工具 r̥ 将圆进行分割，根据分割点的位置不同，其所产生的混合效果也会有所不同。

6.6　打孔、倒圆角、倒棱角

工程设计中，在创建完基础特征之后往往还需对它们进行打孔、倒圆角以及倒棱角等操作才能达到各种设计要求。

6.6.1　打孔

孔（Hole）特征在工程中应用广泛，当创建孔特征时，单击主窗口右侧工具栏的"孔工具"按钮图标 后，在主视区下部出现孔特征操作控制面板，如图 6.46 所示。

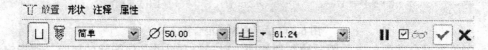

图 6.46　"打孔"操作控制面板

对话栏中各图标意义如下：

——创建直孔。直孔分为简单孔和草绘孔，可在对话栏直孔类型选择框中选取。简单孔即孔形为圆柱面，创建简单孔的对话栏如图 6.46 所示，可以设置孔直径、孔深度形式以及孔深度尺寸。草绘孔是通过草绘器绘制孔的轴截面来创建各种形状的孔。创建草绘孔的对话栏如图 6.47 所示，在其中可以通过单击图标 打开现有的草绘轮廓作为孔轮廓或者通过单击图标 激活草绘器来创建孔轮廓。

创建草绘孔时的步骤与简单孔创建步骤大体相同，只是多了一个草绘阶段。草绘孔的孔径与深度都是通过草绘方式定义的，草绘孔截面中须有一条作为旋转轴的中心线，草绘截面中至少要有一条线段垂直于此中心

图 6.47　"简单孔"对话栏

线（如果只有一条线段与中心线垂直，系统会自动将此线段对齐至放置面上），草绘截面必须封闭。草绘孔的截面也可从事先创建好的草绘轮廓文件中读取。

——创建标准孔。标准孔螺纹类型包括 ISO（国际标准）、UNC（通用命名标准）和 UNF（统一标准细牙螺纹）三种标准，除此之外，还可以添加攻丝、添加埋头孔或添加沉孔，其操作控制面板如图 6.48 所示。

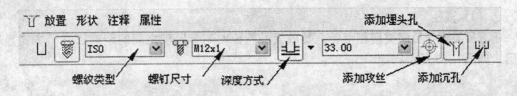

图 6.48　"标准孔"操作控制面板

确定孔的位置可以通过单击"放置"按钮弹出的上滑面板进行选取，如图 6.49 所示。其中主参照是指孔特征的放置平面，次参照用于定义孔在放置平面上的具体位置。孔的放置类型有四种：线性、径向、直径和同轴。不同的放置类型，次参照的参照对象也不同。

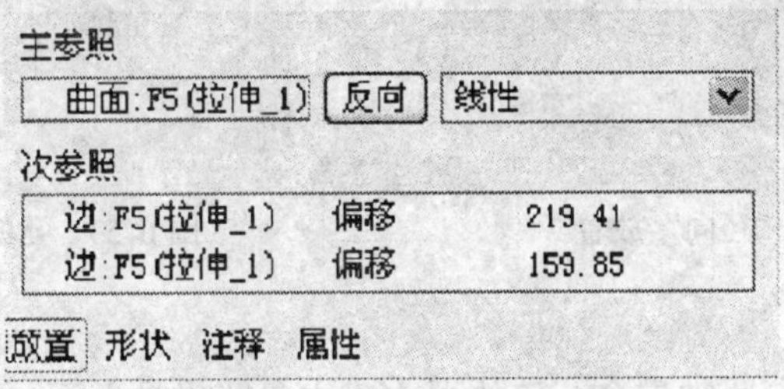

图 6.49　"放置"上滑面板

（1）线性

此种放置类型最为常用，它通过孔轴线到两个线性次参照的距离来确定位置，其参照对象可以是实体边、基准轴、平面或基准面，如图 6.50 所示。选取参照时，可以直接拖动参照点来选择参照或者按住"Ctrl"键然后用鼠标左键点选。

（2）径向

径向有两种放置方式。一种是以孔轴相对于参照轴以极坐标方式定位，同时还要求有一平面或基准面作为角度参照，如图 6.51 所示。另一种是主参照面为柱面时，次参照需选择两个垂直平面并定义与其的角度和距离，如图 6.52 所示。

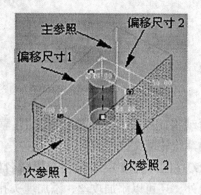

图 6.50　孔的"线性"放置

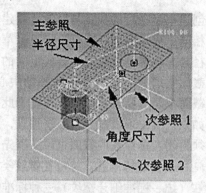

图 6.51　孔的"径向"放置 1

（3）直径

直径类型与径向类型相似，只是放置孔特征时与参照轴之间的距离以直径方式显示，如图 6.53 所示。

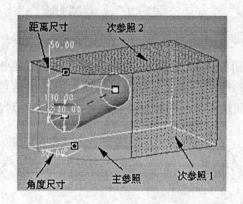

图 6.52　孔的"径向"放置 2

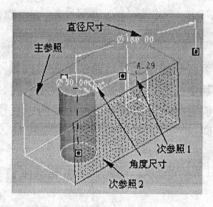

图 6.53　孔的"直径"放置

（4）同轴

孔特征的轴线与参照轴重合。该放置方式主参照仍是平面，次参照为参照轴，或者定义参照轴为主参照，放置平面为次参照，如图 6.54 所示。

另外还有一种特殊情形，即在某些特殊基准点（例如平面上的基准点或圆柱面上的基准点）上创建孔特征。此时只需选取基准点作为主参照即可。

确定孔的尺寸及深度可在单击"形状"按钮弹出的上滑面板上进行操作，根据创建孔的类型不同，其上滑面板中的内容也有所不同。如"草绘孔"的孔径、深度值尺寸完全是在草绘环境中定义，而"简单孔"和"标准孔"的形状设置则在上滑面板中，这两种孔的设置选项内容相似，图 6.55 为简单孔形状的上滑面板内容，其确定孔的深度方式与拉伸特征的深度方式类似。同时，"简单孔"还可进行双向深度设置，具体设置功能读者可参见本章相关内容。

另外在创建"标准孔"时，还可点击"注释"，在弹出的上滑面板中有关于所选螺纹更加详细的信息说明。

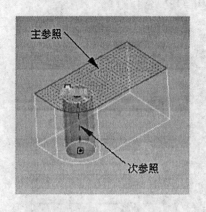

图 6.54 孔的"同轴"放置

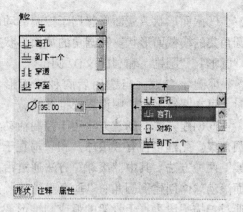

图 6.55 "形状"上滑面板

6.6.2 倒圆角

倒圆角（Round）是常见的工程特征，它通过给一条或多条边、边链或在曲面之间添加半径形成。当创建倒圆角特征时，单击主窗口右侧工具栏的"倒圆角工具"图标按钮，则在主视区下部出现圆角特征操作控制面板，如图 6.56 所示。下面对对话栏和上滑面板中的内容进行介绍。

图 6.56 "倒圆角"操作控制面板

——切换至设置模式（即集模式）。它用于具有圆形截面形状的倒圆角并可用来处理倒圆角集，系统默认为此模式，用户只需点选要倒圆角的参照并选择倒圆角的各项参数即可。右侧的半径输入框用于输入圆角的半径（只适用于恒定倒圆角）。

——切换至过渡模式。该模式用于定义倒圆角特征的所有过渡。选中此模式时，系统自动在模型窗口中显示模型可设置的过渡区。点选任一过渡区，此时对话栏将变为如图 6.57 所示形式，在过渡类型选择框中可设置其倒圆角的过渡类型。

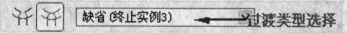

图 6.57 过渡模式下的对话栏

在设置模式下，点击"设置"按钮，会弹出如图 6.58 所示上滑面板，该上滑面板用于设置圆角截面形状、圆角创建方法、圆角半径等项，其主要设置内容有：

①设置列表。设置列表包含当前倒圆角特征的所有倒圆角集，可用来添加、移除倒圆角集或选取倒圆角集以进行修改。可用左键单击选取，在右键单击产生的快捷菜单中选择添加或移除。

②参照表。参照表包含倒圆角集所选取的有效参照。在该参照表中，可通过右键快捷菜单删除参照，并可重新设置。

③截面形状。截面形状用于控制活动倒圆角集的横截面形状。其圆角的截面形状有"圆形"、"圆锥"和"D1 × D2 圆锥"。

④圆锥参数。当选用后两种截面形状时，可在圆锥参数栏中设置圆锥参数。

⑤创建方法。创建方法用于控制活动倒圆角集。此框包含有"滚球"和"垂直于骨架"两种方法。其中"滚球"方法通过沿曲面滚动球体创建倒圆角；"垂直于骨架"是通过扫描一段垂直于骨架的弧或圆锥形截面来创建倒圆角。

⑥半径表。半径表用于控制活动的倒圆角集半径的距离和位置，在此可直接进行尺寸修改。

图 6.58 "设置"上滑面板

⑦完全倒圆角。"完全倒圆角"用于将活动倒圆角集转换为"完全"倒圆角。

在倒圆角中，其圆角的尺寸不但可通过数值给出，还可通过参照给出，即可在模型窗口直接选取一个点或顶点作为半径的参照尺寸来倒圆角。对于不同的尺寸方式，可通过半径表栏目下的"距离框"进行设置。

在倒圆角时，可依次选择多条要倒圆角的棱边进行操作，每一个选择对象将按其先后顺序在设置列表中以设置 1、设置 2、……出现。为了便于修改和管理，可将具有相同半径的对象设置为一组，构成一个设置，这时要使用多个对象同时选择的方法（Ctrl + 鼠标左键）。每一个设置可以在半径表中单独设置半径，如图 6.59 所示。

当要创建可变倒圆角时，可在半径表一栏中单击右键，选择"添加半径"命令即可，或者可在激活该设置状态下，将光标置于半径锚点上，右键单击，然后从快捷菜单中选取"添加半径"。这时即可在半径表栏中定义半径值，也可直接拖动半径锚点进行设置，实例如图 6.60 所示。

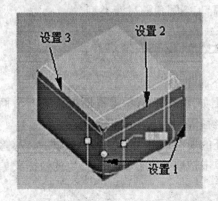

图 6.59 恒半径倒圆角

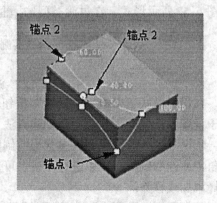

图 6.60 变半径倒圆角

在创建圆角时，当切换至过渡模式时，可用来处理圆角的过渡连接形式，图 6.61

所示为过渡模式下的过渡区，图6.62所示为在过渡模式下创建的圆角。

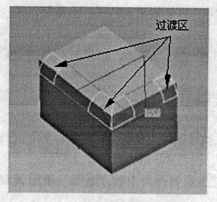

图6.61　过渡模式下的过渡区

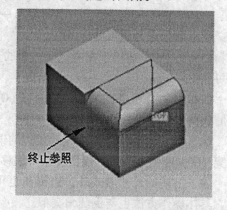

图6.62　过渡模式下的圆角

创建完全倒圆角特征与其它圆角创建不同的是，需同时选取要完全倒圆角面的两个相对着的棱边，并单击"完全倒圆角"按钮，其选择如图6.63所示。

6.6.3　倒棱角

倒棱角（Chamfer）功能与倒圆角类似，可以用于创建模型周边的棱角，该特征相当于对边或拐角进行斜切削。倒棱角可分为边倒角和拐角倒角，现分别介绍如下。

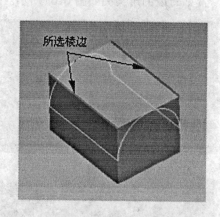

图6.63　完全倒圆角

1. 边倒角

边倒角是指对模型上的棱边切除一部分材料形成一个斜面。单击主窗口右侧工具栏的"倒角工具"图标按钮，则在主视区下部出现边倒角特征操作控制面板，如图6.64所示。也可通过单击主菜单"插入/倒角/边倒角"进入操作控制面板。

图6.64　"边倒角"操作控制面板

该操作控制面板对话栏和上滑面板中的内容与使用和"倒圆角"操作控制面板基本一样，在此不再重复。但边倒角的标注形式与倒圆角不同，边倒角的标注形式有6种，它可通过标注形式选择框进行选择，不同的标注形式会产生不同的倒角几何。

D×D——在以任意角度相交的两平面交线上创建倒角特征，交线两侧的倒角距离D相等，创建时只需给定距离D即可。

D1×D2——在以任意角度相交的两平面交线上创建倒角特征。交线两侧的倒角距离 D 不相等, 创建时需给定距离 D1 和 D2。

Angle×D——通过给定一个角度和一个距离 D 来创建倒角特征。创建时, 须选定一个"参考面"作为该角度的基准。

45×D——只适用于在两正交平面的交线上创建倒角特征。创建时只需给定距离 D 即可。

O×O——在沿各曲面上的边偏移 (O) 处创建倒角, 仅当使用"偏移曲面"创建方法时, 此方案才可用。

O1×O2——在一个曲面距选定边的偏移距离 (O1)、在另一个曲面距选定边的偏移距离 (O2) 处创建倒角, 仅当使用"偏移曲面"创建方法时, 此方案才可用。

除了上述的尺寸形式外, 边倒角也可通过类似倒圆角中的"参照"确定其倒角尺寸, 具体操作方法也与倒圆角类似。

常见的边倒角实例如图 6.65 所示。

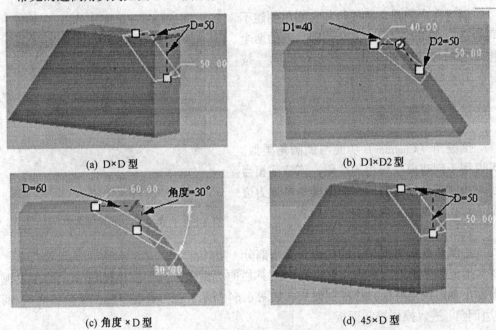

(a) D×D 型   (b) D1×D2 型

(c) 角度×D 型   (d) 45×D 型

图 6.65 常见的边倒角

2.拐角倒角

拐角倒角也称顶点倒角, 它是在棱线交点处进行倒角, 创建拐角倒角特征可单击主菜单"插入/倒角/拐角倒角"命令, 系统弹出拐角倒角对话框, 如图 6.66 所示。接下来使用鼠标选取棱边, 因为选取该棱边是要间接确定倒角的顶点, 因此鼠标选择棱边的位置就决定了顶点的位置, 所以要采取就近的原则进行选择。在弹出菜单的提示下输入该棱边的倒角尺寸, 在确定了一边的倒角长度后, 系统便自动提示对下一条边进行设置, 直到所有棱边倒角尺寸确定完为止。拐角倒角示例如图 6.67 所示。

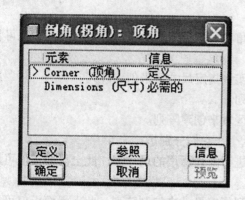

图 6.66　"拐角倒角"对话框

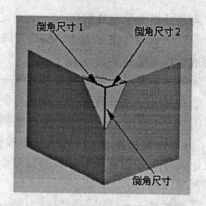

图 6.67　拐角倒角

6.7　阵　列

阵列是通过改变某些指定尺寸来创建与选定特征相同或相似的实体。当要创建单一特征的多个实体时，选用阵列工具是最佳的选择。阵列有如下优点：

①创建阵列是重新生成特征的快捷方式。

②阵列是参数控制的，因此可通过改变阵列参数，比如实例数、实例之间的间距和原始特征尺寸，来修改阵列。

③修改阵列比分别修改特征更为有效。在阵列中改变原始特征尺寸时，系统自动更新整个阵列。

④对包含在一个阵列中的多个特征同时执行操作，比操作单独特征更为方便和高效。例如可方便地隐含阵列或将其添加到层。

进行阵列时，系统只允许阵列一个单独特征。要阵列多个特征，可创建一个"局部组"，然后阵列这个组。创建组阵列后，可取消阵列或取消分组实例以便可以对其进行独立修改。

创建阵列特征时，单击主窗口右侧工具栏"阵列工具"图标按钮，在主视区下部出现阵列特征操作控制面板，如图 6.68 所示。

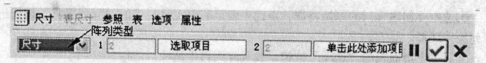

图 6.68　"阵列"操作控制面板

对话栏中左下部是阵列类型列表框，对话栏中的其它部分取决于所选阵列类型。Pro/E 中的阵列类型有六种：

①尺寸——通过使用驱动尺寸并指定阵列的增量变化来创建阵列。尺寸阵列可以为单向或双向。

②方向——通过指定方向并使用拖动句柄设置阵列增长的方向和增量来创建阵列。

方向阵列可以为单向或双向。

③轴——通过使用拖动句柄设置阵列的角增量和径向增量来创建径向阵列。也可将阵列拖动成为螺旋形。

④表——通过使用阵列表并为每一阵列实例指定尺寸值来创建阵列。

⑤参照——通过参照另一阵列来创建阵列。

⑥填充——通过据选定栅格用实例填充区域来创建阵列。

"阵列"操控板的上滑面板选择按钮有六个，它们分别是：

①尺寸——包含在第一和第二两个方向进行阵列所用的尺寸集。此上滑面板仅可用于"尺寸"阵列。

②表尺寸——通过阵列表并为每一个阵列指定尺寸来控制阵列。此上滑面板仅可用于"表"阵列。

③参照——包含阵列中使用的草绘的名称和"定义"按钮，此按钮允许草绘要用阵列进行填充的区域。此上滑面板仅可用于"填充"阵列。

④表——包含用于阵列的表集。此上滑面板仅可用于"表"阵列。

⑤选项——包含阵列再生选项。其选项共有三个：

• 相同：要求阵列后的所有实体大小相同并且放置在同一曲面上，不能与放置曲面边、任何其它实体边或放置曲面以外的任何特征相交。

• 可变：可变阵列实体特征的大小可变化，并可放置在不同曲面上，但实体彼此之间不能相交

• 一般：一般阵列实体特征的大小可变化，可放置在不同曲面上，并且实体彼此之间允许相交

⑥属性——包含特征名称和用于访问特征信息的图标。

按阵列中各实体特征的排列情况，阵列可分为线性阵列和圆周阵列，下面通过实例介绍如下。

6.7.1 线性阵列

线性阵列是指沿线性方向上创建与选定特征相同或相似的实体。创建线性阵列的一般步骤为：

①选中要创建阵列的原始特征，点选主窗口右侧工具栏中的"阵列工具"按钮进入阵列操作环境。

②通过上滑面板的"选项"按钮，设置阵列再生选项。

③通过阵列类型列表框设定阵列类型。

④对于"尺寸"类型阵列，选取特征尺寸；对于"方向"类型阵列，选取特征棱边，确定一个或两个方向作为阵列方向。

⑤指定这些尺寸的增量变化以及各方向阵列中的特征实例数。

⑥当阵列再生选项设置为"可变"或"一般"时，还可在每个阵列方向上，指定其他尺寸在该方向的增量变化。

图 6.69 所示为"相同"的"方向"类型阵列，阵列特征为圆柱体。通过两个棱边

确定其阵列方向，两个方向的尺寸增量分别为 100 和 150。

图 6.70 所示为"一般"的"尺寸"类型阵列，阵列特征仍为圆柱体，其阵列方向通过 80 和 120 两个尺寸确定。在再生选项为"可变"或"一般"时，在方向 1 上指定的尺寸还有圆柱直径 50、圆柱高度 50；在方向 2 指定的尺寸还有圆柱直径 50。这些方向尺寸集可在"尺寸"上滑面板中进行编辑。如图 6.71 所示，修改后沿方向 1 的尺寸为：圆柱轴线距离为 120、圆柱直径增量为 10、圆柱高度增量为 25；沿方向 2 的尺寸变化为：圆柱轴线距离为 140、圆柱直径增量为 20。由于沿两个方向均发生变化，所以阵列后圆柱最大直径为 100。

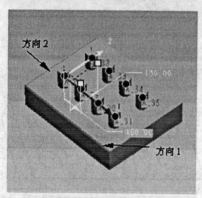

图 6.69 "相同"线性阵列

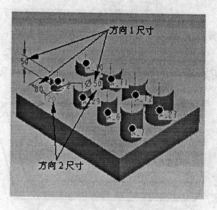

图 6.70 "一般"线性阵列

在线性阵列中，也可以实现斜向阵列。方法是将在两个方向上选取的阵列尺寸放在方向 1 或方向 2 的尺寸集中，如图 6.72 所示，其倾斜角度可由增量尺寸 arctan（150/60）得出。当然这并不影响另一方向阵列的形成。

当预先已创建了一阵列，并想在其特征基础上进一步"加工"，这时可以使用"参照阵列"方法。参照阵列就是将一个特征阵列复制在其它阵列特征的"上部"。该方法选定特征必须参照另一被阵列的特征。如果选定特征属于无法以其它方式阵列的类型（如倒圆角或倒角），系统将立即创建此特征的"参照"阵列。

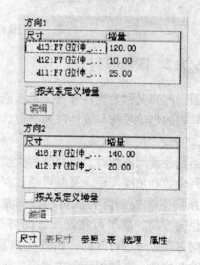

6.71 "尺寸"上滑面板

如在圆孔阵列上进行倒角，当对一个圆孔进行倒角操作后，可选取该倒角特征，然后进行阵列操作，则系统将根据"孔"阵列自动创建倒角特征的参照阵列，如图 6.73 所示。

需要注意的是，一些定位新参照阵列特征的参照，必须只能是对初始阵列特征的参照。实例号总是与初始阵列相同，因此阵列参数不用于控制该阵列。若增加的特征不使

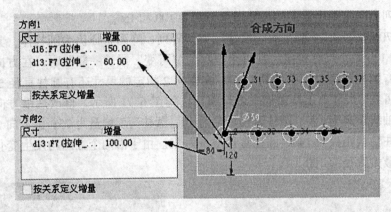

图 6.72 "斜向"阵列

用初始阵列的特征来获得其几何参照，就不能为新特征使用参照阵列。

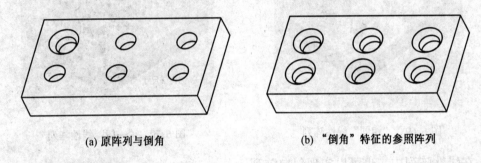

(a) 原阵列与倒角   (b) "倒角"特征的参照阵列

图 6.73 参照阵列

6.7.2 圆周阵列

圆周阵列又称为旋转阵列，是指沿圆周方向上创建与选定特征相同或相似的实体。圆周阵列的创建步骤与线性阵列类似，与线性阵列的最大不同点是其驱动尺寸为角度尺寸。

当创建圆周阵列时，要将阵列类型设为"轴"，并选择该轴为阵列轴，同时还要给出阵列个数和角度间距。另外可通过对话栏中图标按钮控制阵列成员的方向是否垂直于径向方向。除了可在圆周方向阵列外，沿径向方向也可进行阵列，如图 6.74 所示。

除此之外，在圆周阵列中也可实现类似线性阵列的斜向阵列——螺旋形阵列。方法是选取想要更改的径向放置尺寸，并修改该尺寸作为阵列成员径向尺寸的增量。同时也可添加其他尺寸。如图 6.75 所示，可将直径加入在方向 1 的尺寸集中，这样就形成了可变直径的螺旋形阵列。

图 6.74 圆周阵列

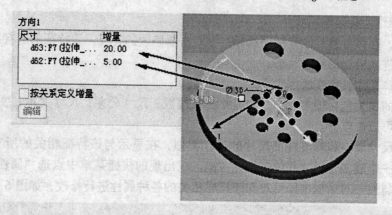

图 6.75　螺旋形阵列

6.8　三维实体的修改

一般来说，零件的设计很难做到一步到位，需要进行修改以不断完善产品的品质。对于基于三维的产品设计，修改零件实质上是对零件的特征进行修改和重新定义。

6.8.1　特征的修改

特征的修改主要包括特征属性的修改和特征尺寸的修改。

1.特征只读属性修改

将特征设置为只读的目的是用以确保它们在以后的操作中不会被修改。操作时单击主菜单"编辑/只读"，弹出菜单管理器，如图 6.76 所示。通过该菜单管理器，可对指定特征设置为"只读"。设置方法有"选取"、"特征号"和"所有特征"命令，当要取消只读特征时，使用"清除"命令即可。将特征设置为"只读"后，零件的尺寸、属性和布置等只读特征不能修改也不能再生，但可以在与只读特征相交的零件上增加特征。

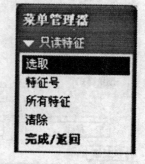

图 6.76　"只读"菜单管理

将特征设置为"只读"时，系统使该特征和再生列表中该特征之前的所有特征变为只读。

2.特征名称修改

特征名称也可以修改，以方便对它们的选择。在创建特征时，Pro/E 对所有特征都进行了命名。当要对某一特征重新命名时，可在模型树中选中该特征并右键单击，在出现一个快捷菜单中执行"重命名"命令即可。

3.特征尺寸修改

修改特征尺寸时，可以通过在模型树或模型窗口中选择一个特征，右键单击特征，然后在出现的快捷菜单中点选"编辑"，系统将显示与该特征相关的所有尺寸，这时即可对所显示的尺寸进行修改。但修改后模型并不会立刻发生变化，只有对该零件进行

"再生"操作才会起作用。

另外，在屏幕模型区直接用鼠标左键双击要修改的特征，该特征的所有尺寸也会显示出来，进入模型的修改状态。

4.特征尺寸属性修改

尺寸的属性包括很多内容，如尺寸小数位数、尺寸公差；尺寸文本；文本样式等，这些都是可以修改的。

修改尺寸属性和修改特征尺寸的操作类似，在显示与该特征相关的所有尺寸基础上，选择一个或多个尺寸并单击鼠标右键，在出现的快捷菜单中点选"属性"，在弹出的"尺寸属性"对话框中即可对与该尺寸相关的各种属性进行修改，如图 6.77 所示。

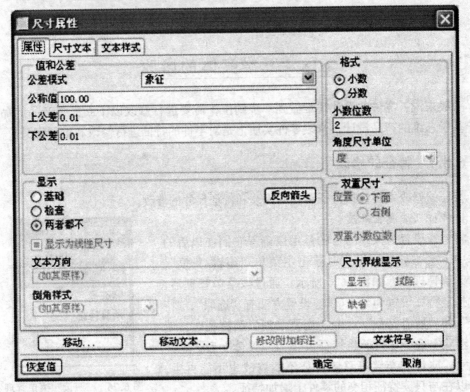

图 6.77　"尺寸属性"对话框

"尺寸属性"对话框中，有三个选项卡，其中选项卡"属性"中的内容用于对尺寸的基本属性进行修改，内容有：尺寸值与公差、尺寸显示格式等；选项卡"尺寸文本"中的内容用于对尺寸文本属性进行修改，内容有：向尺寸值添加文本（如直径、参照或类型）和特殊符号、修改尺寸变量名称、给尺寸值添加前后缀；选项卡"文本样式"中的内容用于对尺寸文本的样式进行修改，内容有：字符高度、文本颜色、行距等。

此外，还可通过"尺寸属性"对话框下端的"移动"按钮，重置尺寸放置的位置；通过"移动文本"按钮改变尺寸文本沿尺寸线放置的位置；"文本符号"是在尺寸标注中可能遇到的一些特殊符号，可在尺寸文本内容修改时使用。

6.8.2 特征的重定义

特征的重定义是指重新定义特征的创建方式及参数值，它是对零件设计进行修改的最常用方法之一。它不仅可以改变特征尺寸，还可以改变控制特征的参照基面、截面形状、创建方式以及属性等。虽然特征的重定义和特征的修改有时候有相同的作用，但它是改变设计的几种方法中功能最强大的一种。

进行特征重定义时，可以通过右键单击模型树中的特征或在模型窗口中选择要重新定义的特征，单击右键，在弹出的快捷菜单中点选"编辑定义"，这时系统将弹出当前特征的控制操作面板、菜单管理器或对话框等工具，然后在其相应的设置或选项中进行重新修改操作即可。

对于不同的特征创建方法，其特征重定义的界面也有所不同，对于拉伸、旋转、可变剖面扫描、倒圆角和打孔等特征的重定义界面为控制操作面板；对于基准特征等特征的重定义界面为特征对话框；对于扫描、混合等特征的重定义界面为对话框和菜单管理器。这主要是由于特征本身的特点和厂家对界面改进不够彻底所致。

Pro/E 系统提供重定义的预览功能，在预览重定义时，系统会删除原特征几何，并为用户的更改创建临时几何，当全部修改完毕并从零件的修改界面退出时，系统才会再生零件模型。若放弃特征重定义，则系统将尝试不进行再生模型几何并将零件恢复原状。

Pro/E 提供的重新定义截面功能，可以重新草绘截面的任何部分。操作过程中若要删除被另一特征参照的图元时，系统将会请求用户确认，可用下列方式之一答复：

•是——表示删除图元。注意，重定义父项特征后，再生可能失败，若再生失败，系统将进入"解决特征"环境。

•否——表示不删除图元（默认）。若选"否"，则可以用另一图元替换草绘图元，从而保留子项特征所需的参照。

第 7 章
// 零件建模综合实例

本章通过如图 7.1 所示的发动机简化模型的创建过程来讲解如何应用 Pro/E 创建三维零件模型，以进一步巩固和加深第六章中所介绍的 Pro/E 命令。

如图 7.2 所示，该发动机简化模型由活塞、连杆、连杆头盖、曲轴和机壳五个零件组成，下面将分别介绍各零件的建模过程。

图 7.1 发动机简化模型

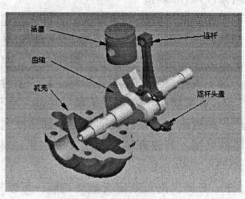

图 7.2 发动机简化模型的组成

需要说明的是，由于三维建模自身的特点，一般来说，在工程实例中一个模型的建立常常有几种途径和方法均可实现。对于同一个零件，建模所使用的特征和创建顺序往往会因人而异。创建一个零件，使用的特征少、容易修改、建模花费时间短是设计者在产品三维模型创建中要努力实现的目标。通过本章的学习，相信读者能从中得到一定的启示，使自己的设计更加完美。

查看零件的模型树（也称特征树）是一种有效的学习方法。读者可通过这种方法了解各种零件的建模过程，学习不同设计者的建模思路，不断地丰富自己的建模经验，提高产品设计水平。

7.1 活塞模型

本节要设计的零件如图 7.3 所示。这是一个活塞，由于它的主特征是一个圆柱体，连接连杆的轴耳座位于两侧且具有对称性，因此可先创建该零件的一半，而后通过镜像完成整个零件的建模。其设计思路是：创建活塞基体→零件抽壳→创建内凸台→创建轴

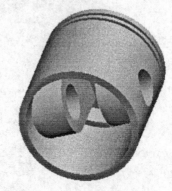

图 7.3 活塞

耳座→开密封槽→阵列密封槽→镜像操作。

在该模型创建中，使用了拉伸特征、抽壳特征、基准平面特征、基准轴特征、旋转特征、阵列特征和镜像特征等，下面介绍该零件的创建过程。

1. 进入 Pro/E Wildfire 系统

①打开 Pro/E Wildfire 系统，选择主菜单"文件/新建"或单击"新建"按钮 ⬜，在出现的"新建"对话框中选择"零件"，输入文件新名称 piston，去掉"使用缺省模板"前的"√"，点击"确定"。

②在随后出现的"新文件选项"对话框中选择 mmns_part_solid（毫米牛顿秒制），单击"确定"进入零件特征创建界面。

③设置工作目录。

如果想每次不通过该设置选择而直接进入"毫米牛顿秒制"建模环境或对建模的其它环境进行设置，可通过配置文件 config.pro 来实现，有关如何设置配置文件，详细介绍请参阅其它参考书。

2. 创建活塞基体

①单击"拉伸工具"按钮 ⬜，在操作控制面板上点击"放置"按钮，弹出上滑面板，点击"定义"按钮，进入"草绘"对话框，由此定义草绘面并绘制草图。打开"草绘"对话框后，在模型窗口中，选择 TOP 面作为草绘面、FRONT 为参照面，点击"草绘"按钮进入草绘环境。使用草绘工具绘制 $R = 20$ 的半圆形截面草图，单击 ✔ 退出草绘器。

②在操作控制面板上，选择拉伸深度方式为给定深度 ⬜，输入拉伸深度尺寸 40，单击 ✔ 完成特征创建，如图 7.4 所示。

3. 活塞基体抽壳

①单击"壳工具"按钮 ⬜，按住"Ctrl"键，在模型窗口选择如图 7.4 所示的两个表面作为移除面。

②在操作控制面板上，输入壳体厚度 2.5，单击 ✔ 完成特征创建，如图 7.5 所示。

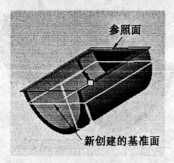

图 7.4 抽壳移除面

图 7.5 活塞体抽壳特征

4. 创建活塞内凸台

①单击"拉伸工具"按钮 ⬜，在操作控制面板上点击"放置"按钮，弹出上滑面板，点击"定义"按钮，进入"草绘"对话框，在模型窗口选择如图 7.6 所示草绘面和

参照面，点击"草绘"按钮进入草绘环境。通过草绘工具中的"通过偏移边创建图元"命令 ⌐ 和"通过边创建图元"命令 ▯ 直接创建两个圆弧图元，并使用"线"命令将其轮廓封闭，所创建的轮廓如图 7.7 所示，单击 ✔ 退出草绘器。

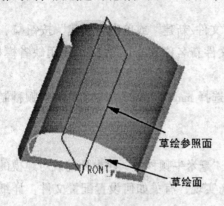

图 7.6　凸台拉伸草绘面　　　　　　图 7.7　活塞凸台拉伸草绘

②在操作控制面板上，选择拉伸深度方式 ▦，输入拉伸深度尺寸 8，单击 ✔ 完成特征创建，如图 7.8 所示。

5.创建基准面 DTM1

创建基准轴的目的是为创建轴耳座特征的草绘面做准备。单击"基准平面工具"按钮 ▱，打开基准平面对话框，选取 RIGHT 面为参照，在基准平面对话框中选择约束类型"偏移"，并在"偏距"栏中输入平移值 6，点击"确定"按钮，创建的基准面如图 7.9 所示。

在创建基准面过程中，需要选择多个参照时，要按 Ctrl 键后同时选取。

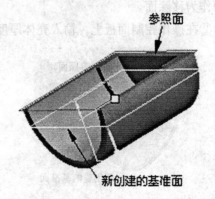

图 7.8　活塞凸台拉伸特征　　　　　　图 7.9　创建基准面 DTM1

6.建立轴耳座

①单击"拉伸工具"按钮 ▱，由操作控制面板上"放置"弹出的上滑面板，点击"定义"按钮，进入"草绘"对话框，在模型窗口中选择基准面 DTM1 作为草绘平面，

并在草绘器中绘制截面草图，如图7.10所示，单击✔退出草绘器。

②在操作控制面板上，选择拉伸深度方式⊥⊥，并选择壳体外圆柱面为拉伸终止面，单击✔完成特征创建，如图7.11所示。

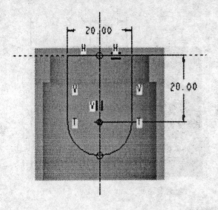

拉深至此曲面

图7.10　轴耳座草绘　　　　　　　　　　图7.11　轴耳座拉伸特征

7.打轴孔

单击"拉伸工具"按钮 ，进入"草绘"对话框后，选择基准平面DTM1作为草绘平面，如图7.12所示，在其上面绘制 $\phi = 12$ 的圆，单击✔退出草绘器。

8.创建基准轴 A_1

点击"基准轴工具" ，打开创建基准轴对话框，选取图7.13所示外圆柱面为参照，点击"确定"按钮，创建的基准轴为 A_1。创建该轴的目的是为开密封槽和阵列密封槽做准备。

新创建的基准轴

参照面

图7.12　轴孔拉伸去除特征　　　　　　　图7.13　创建基准轴

9.开密封槽

①单击"旋转工具"按钮 ，在操作控制面板上打开"位置"上滑面板，点击"定义"按钮进入"草绘"对话框，在模型窗口中选择 RIGHT 面作为草绘平面，草绘方向可设为默认设置，然后点击"草绘"按钮进入草绘环境，绘制如图7.14所示旋转特征截面草图，其中右侧图为密封槽截面放大图，单击✔退出草绘器。

②在操作控制面板上，将"旋转轴收集器"激活，在模型窗口中或特征树中，选择基准轴 A_1 作为旋转轴，然后在操作控制面板上，选择旋转角度方式▦，输入旋转角度 360°，并点击"去除材料"图标按钮▨，最后单击✔完成该特征创建。

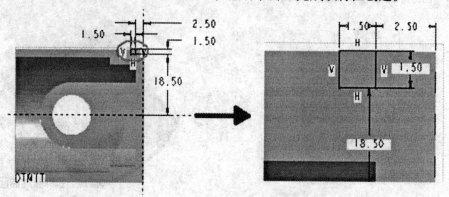

图 7.14　旋转截面草绘

10. 阵列密封槽

在模型树中选中创建的密封槽特征，单击"阵列工具"按钮▦，在操作控制面板的"阵列类型"栏里，选取"轴"作为阵列中心，阵列个数设定为 2，在模型窗口中选择 A_1 轴，在"尺寸"上滑面板中选择图 7.14 中轴向尺寸 2.5 作为阵列尺寸，并将其尺寸增量改为 3，点击✔完成特征创建，如图 7.15 所示。

在密封槽个数不多的情况下，也可不采用阵列方法来创建，可在步骤 9 中通过绘制截面轮廓一起创建。

11. 镜像操作

到目前为止，已经完成了活塞零件对称造型的一半。最后我们可以通过镜像操作，完成零件对称造型的另一半。

点选模型树中最上端的零件特征，单击"镜像工具"按钮▦，此时相当于该零件已有特征全被选中，在模型窗口中选择 RIGHT 面作为镜像参照面，点击✔完成镜像特征创建，如图 7.16 所示。

镜像参照面

图 7.15　密封槽阵列特征　　　　　图 7.16　活塞的镜像操作

7.2 连杆及连杆头盖模型

本节设计的零件是如图 7.17 所示的连杆和图 7.18 所示的连杆头盖。在该模型创建中，使用了拉伸特征、混合特征、倒圆角特征、边倒角特征、创建基准平面和镜像特征等。由于连杆和连杆头盖中的半圆孔径大小相等，外形基本一样，并且在装配时用螺栓连接在一起，因此在建模时可采用先整体建模然后再一分为二的方法，以保证两个零件连接部分造型一致、创建快捷和修改方便。其设计思路是：同时创建连杆大头与连杆头盖部分→创建连杆体→创建连杆小头→完成连杆大头与连杆头盖部分的细节→镜像操作→打螺栓连接孔→倒角操作→两件分离，下面介绍连杆与连杆头盖的创建过程。

图 7.17 连杆   图 7.18 连杆头盖

1. 进入 Pro/E 系统

①打开 Pro/E 系统。选择主菜单"文件/新建"或单击"新建"按钮 □，在"新建"对话框中选择"零件"，输入文件名字 connecting _ rod，去掉"使用缺省模板"前的"√"，点击"确定"。

②在随后出现的"新文件选项"对话框中选择 mmns _ part _ solid（毫米牛顿秒制），单击"确定"进入零件特征创建界面。

2. 创建连杆大头与连杆头盖

①单击"拉伸工具"按钮 □，在操作控制面板上点击"放置"按钮，弹出上滑面板，由此定义草绘面、绘制草图。打开草绘对话框后，选择 FRONT 面作为草绘面，选择 TOP 面为草绘参照面，在草绘面上绘制截面草图如图 7.19 所示，单击 ✔ 退出草绘器。

②在操作控制面板上，选择拉伸深度方式为"对称" □，输入拉伸深度尺寸 14，单击 ✔ 完成特征创建，如图 7.20 所示。

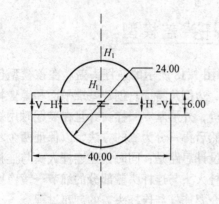

图 7.19　连杆大头与连杆头盖截面草绘　　　　图 7.20　连杆大头与连杆头盖拉伸特征

3.创建连杆体

为了进行练习,这里我们使用混合特征来创建连杆体,其操作步骤如下:

①选择主菜单"插入/混合/伸出项",在如图 7.21 所示弹出的"混合选项"菜单管理器中选择"平行/规则截面/草绘截面",单击"完成";在弹出的"属性"菜单管理器中选择"光滑"并单击"完成";在随后弹出的菜单管理器"设置草绘平面"栏中选择"新设置",在"设置平面"栏中选择"平面"并选择如图 7.22 所示平面作为草绘面;在弹出如图 7.23 所示的菜单"方向"栏中选择"正向"作为特征创建方向;在弹出菜单的"草绘视图"栏中选择"缺省"直接进入系统默认参照的草绘界面。

②在草绘器中绘制如图 7.24 所示混合截面 1,然后选择主菜单"草绘/特征工具/切换剖面",绘制如图 7.25 所示混合截面 2,再次选择主菜单"草绘/特征工具/切换剖面",绘制如图 7.26 所示混合截面 3,最后单击✔退出草绘器。

图 7.21　混合操作菜单管理器选项设置

草绘面

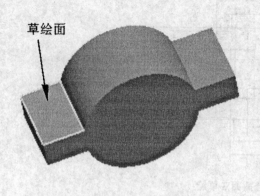

图 7.22　混合特征草绘面　　　　　图 7.23　特征方向与草绘视图设置

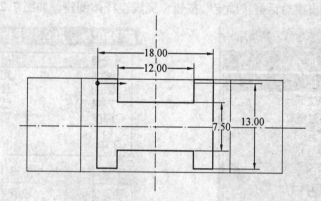

图 7.24　混合截面 1 草绘

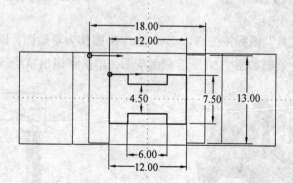

图 7.25　混合截面 2 草绘

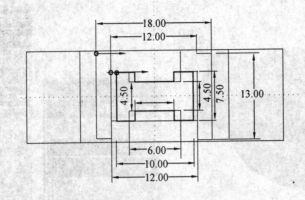

图 7.26　混合截面 3 草绘

③接着系统弹出如图 7.27 所示"深度"菜单管理器，选择"盲孔"、单击"完成"，在信息栏输入截面 2，深度 35，单击 ✔，输入截面 3，深度 35，单击 ✔，最后单击图 7.28 所示混合伸出项对话框"确定"按钮，完成连杆体创建，如图 7.29 所示。

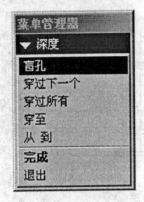

图 7.27　深度选项设置

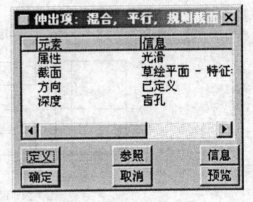

图 7.28　混合伸出项对话框

4.创建连杆小头

①单击"拉伸工具"图标按钮 ，选择 FRONT 面作为草绘面，以 RIGHT 面为草绘参照面，在草绘面上绘制如图 7.30 所示截面草图，单击 ✔ 退出草绘器。

图 7.29

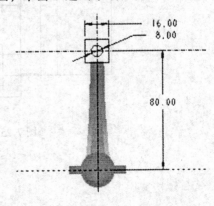

图 7.30

②在操作控制面板上，选择拉伸深度方式为⊟，输入拉伸深度尺寸 12，单击✔完成拉伸特征创建，如图 7.31 所示。

5.创建连杆轴孔

①单击"拉伸工具"按钮⬜，选择如图 7.32 所示平面作为草绘平面并以 TOP 面为草绘参照面，绘制 $\phi = 18$ 的同心圆，单击✔退出草绘器。

图 7.31　连杆小头拉伸特征

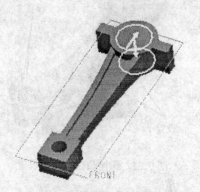

图 7.32　轴孔截面草绘

②在操作控制面板上，选择"贯穿"拉伸深度方式▥，点击"去除材料"按钮◰，单击✔完成轴孔特征的创建。

6.创建螺栓连接凸台

①单击"拉伸工具"按钮⬜，选择 FRONT 面为草绘平面，绘制的截面草图如图 7.33 所示，该草图以通过圆心的垂直构造线作为对称，单击✔退出草绘器。

②在操作控制面板上，拉伸深度方式选择⊟，输入拉伸深度尺寸 11，单击✔完成其特征创建，如图 7.34 所示。

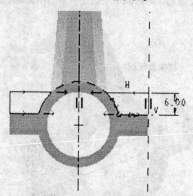

图 7.33　螺栓凸台拉伸截面草绘

图 7.34　螺栓凸台拉伸特征

7.凸台倒圆角

这里我们采用单击"完全倒圆角"方法给螺栓连接凸台倒圆角。点击"倒圆角工具"按钮⬜，在操作控制面板中打开"设置"上滑面板，按住"Ctrl"键，连续选取螺栓凸台一侧的两条棱边,使之成为设置列表中的"设置1",接着点击"完全倒圆角"按钮,然后在设置列表中添加"设置2",以相同方式选取另一侧螺栓凸台的两条棱边,如图7.35所示,最后单击✔完成特征创建,如图7.36所示。

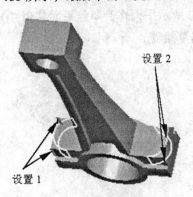

图7.35 螺栓凸台倒圆角设置　　　　　　　图7.36 螺栓凸台倒圆角特征

8.创建基准面 DTM1

创建该基准面的目的是为镜像特征操作和分离零件做准备。单击"基准平面工具"图标按钮⬜,选取连杆轴孔的轴为参照1,并在基准平面对话框中选择约束类型为"穿过",然后按住"Ctrl"键,点选螺栓凸台上表面为参照2,在基准平面对话框中选择约束类型为"偏移",并在"偏距"栏中输入旋转角度0°,点击"确定"按钮,创建的基准面特征如图7.37所示。

9.镜像操作

该镜像操作的目的是实现连杆头盖上螺栓连接凸台的特征创建。按住"Ctrl"键,在模型树中连续选择步骤6创建的拉伸特征和步骤7创建的倒圆角特征,单击"镜像工具"按钮🔲,选择步骤8创建的基准面 DTM1 作为镜像参照面,点击✔,完成螺栓连接凸台的镜像操作,如图7.38所示。

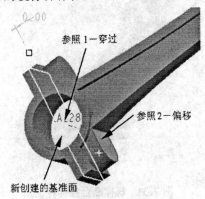

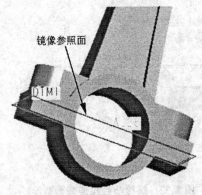

图7.37 创建基准面 DTM1　　　　　　　图7.38 螺栓连接凸台的镜像操作

10.创建螺栓连接孔

①单击"拉伸工具"按钮🔲,选择凸台上表面作为草绘平面,绘制截面草图如图

7.39所示。注意该圆应与"完全倒圆角"的外柱面同心，单击✔退出草绘器。

②在操作控制面板上，拉伸深度方式选择▦，点击"去除材料"图标按钮◢，单击✔完成特征创建，如图7.40所示。

图中的这两个螺栓连接孔也可在镜像操作前创建，而后通过镜像操作实现通孔。

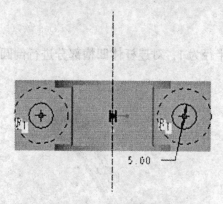

图7.39 拉伸去除截面草绘

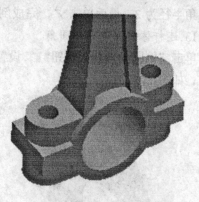

图7.40 螺栓孔拉伸去除特征

11.创建凸台底边各交线圆角

①单击"倒圆角工具"按钮▨，按住"Ctrl"键，连续选取图7.41所示交线，输入倒圆角半径2，单击✔完成特征创建。

②接下来，在刚创建的圆角基础上，在每条边线上创建可变半径倒圆角。单击"倒圆角工具"按钮▨，选择图7.42所示的一条边线，在操作控制面板中打开"设置"上滑面板，在半径表栏目中单击右键，选择"添加半径"命令，由此对半径锚点的不同半径进行设置，完成一条变半径倒圆角特征的创建。然后在设置列表中添加"设置2"，以相同方式创建另一条变半径倒圆角特征。按照同样操作方法可完成其它边线的变半径倒圆角特征的创建（共有8个设置），最后单击✔确认所建特征。

图7.41 倒圆角

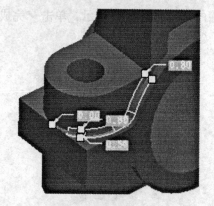

图7.42 可变半径倒圆角

12.连杆小头倒角

①对连杆小头倒棱角，如图7.43所示。单击"倒角工具"按钮▨，按住"Ctrl"

键,连续选取头部的两条底边,在操作控制面板上选择 D×D 方式,输入 D 值为 2,单击✔,完成倒棱角。

②对连杆小头倒圆角。单击"倒圆角工具"按钮[Y],分别选择如图 7.43 所示边线,在操作控制面板的"设置"上滑面板中,设置头部上侧两边倒圆角半径为 4,下侧两边倒圆角半径为 2,最后单击✔,完成倒圆角操作。

13.连杆体凹槽部分倒圆角

单击"倒圆角工具"按钮[Y],设置倒圆角半径为 1,对连杆体凹槽部分进行倒圆角操作,如图 7.44 所示。

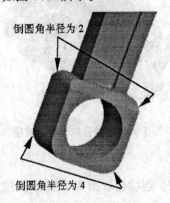

图 7.43　连杆头部倒角　　　　　　　图 7.44　连杆凹槽倒圆角

14.分离连杆和连杆头盖

①单击"拉伸工具"按钮[图],在操作控制面板上打开"放置"上滑面板,由此定义草绘面、绘制草图。打开草绘对话框后,选择步骤 8 创建的基准面 DTM1 为草绘平面,绘制一个矩形截面,并使其轮廓大于该截面中的零件外形,单击✔退出草绘器。

②在操作控制面板上选择拉伸深度方式为[非],点击"去除材料"图标按钮[图],要去除的材料如图 7.45 所示,单击✔完成连杆三维建模,如图 7.46 所示。

③保存该文件。

图 7.45　去除连杆头盖拉伸方向　　　　　图 7.46　去除头盖后的连杆

④在模型树中选中刚创建的特征，按右键后选择"编辑定义"，重新进入该特征的创建环境中。

⑤在操作控制面板上，单击改变拉伸深度方向控制按钮💾，使其"反向"去除材料，如图 7.47 所示，单击✔完成连杆头盖三维建模，如图 7.48 所示。

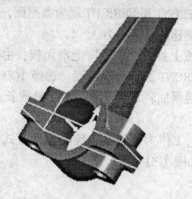

图 7.47　去除连杆拉伸方向　　　　　　图 7.48　去除连杆后的连杆头盖

⑥将该文件以另一个名字，如 connecting，保存一个文件副本作为连杆头盖零件。这样就完成了连杆和连杆头盖的"联合"创建。

7.3　曲轴模型

在本节中要创建的零件是一个如图 7.49 所示的曲轴。对于轴类零件，它的主体由旋转特征构成，该曲轴有两个平衡重（块），它可由拉伸特征创建。所给出的曲轴基本创建思路是：创建右端轴→创建平衡重→创建轴颈→镜像平衡重→创建左端轴→打中心孔→倒角。

在该模型创建中，使用了创建基准轴、旋转特征、拉伸特征、创建基准面、镜像操作、孔特征、边倒角和倒圆角特征等。

图 7.49　曲轴

1. 进入 Pro/E 系统

其操作步骤同前。

2. 创建右端轴

①为了方便旋转特征的创建，首先创建旋转轴。单击"基准轴工具"按钮 ，打开基准轴对话框，按住"Ctrl"键，在模型窗口选择 FRONT 面和 RIGHT 面为参照面，其约束类型均设定为"穿过"，点击"确定"按钮，所创建的基准轴为 A _ 1。

②单击"旋转工具"按钮 ，在操作控制面板上打开"位置"上滑面板，由此定义草绘面、绘制草图。打开草绘对话框后，选择 FRONT 面作为草绘面，选择 TOP 面为草绘参照面，点击"草绘"按钮后，在草绘面上绘制回转截面草图（φ12 轴段长 20），如图 7.50 所示，单击✔退出草绘器。

③在操作控制面板上，选择创建的基准轴 A _ 1 作为旋转轴，旋转角度方式选择 ，输入旋转角度 360°，点击✔完成特征创建，如图 7.51 所示

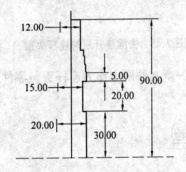

图 7.50　旋转特征截面草绘

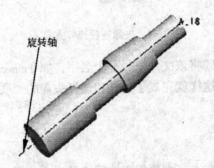

图 7.51　右端轴旋转特征

3. 创建平衡重

①单击"拉伸工具"按钮 ，在操作控制面板上打开"放置"上滑面板，点击"定义"按钮，打开草绘对话框，选择如图 7.52 所示平面作为草绘平面，进入草绘环境后在该平面上绘制如图 7.53 所示截面草图，单击✔退出草绘器。

②在操作控制面板上，选择拉伸深度方式 ，输入拉伸深度尺寸 12，单击✔完成其特征创建，如图 7.54 所示。

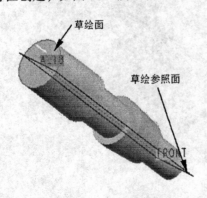

图 7.52　草绘面选取

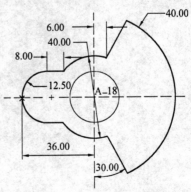

图 7.53　平衡重拉伸截面草绘

4.创建轴颈

①单击"拉伸工具"按钮，选择如图 7.54 所示平面作为草绘平面，并在该平面上绘制截面草图，如图 7.55 所示，且与平衡重 $R = 12.5$ 轮廓同心，单击 ✔ 退出草绘器。

②在操作控制面板上，选择拉伸深度方式为，输入拉伸深度尺寸 14，单击 ✔ 完成其特征创建。

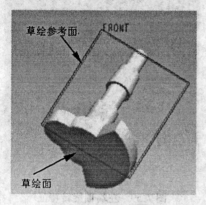

图 7.54 拉伸草绘面

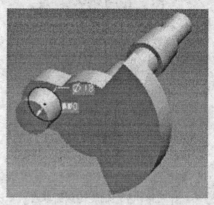

图 7.55 连杆轴拉伸草绘

5.创建基准面 DTM1

创建该基准面的目的是用于镜像操作平衡重。单击"基准平面工具"图标按钮，选择图 7.54 中草绘面为参照面，约束类型选择"偏移"，输入偏距值 7，创建的基准平面 DTM1 如图 7.56 所示。

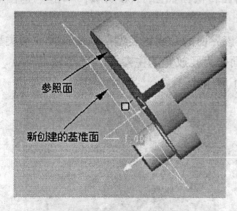

图 7.56 创建基准面

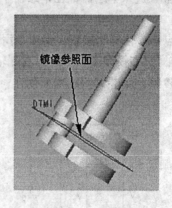

图 7.57 镜像平衡重

6.镜像平衡重

在模型树中点选步骤 3 中创建的平衡重特征，单击"镜像工具"，选择步骤 5 中创建的基准面 DTM1 作为镜像参照平面，单击 ✔ 完成特征创建，如图 7.57 所示。

7.创建左端轴

①单击"旋转工具"按钮，在操作控制面板上打开"位置"上滑面板，点击

"定义"按钮，打开"草绘"对话框，选择 FRONT 面作为草绘面，以 RIGHT 面作为草绘参照面，进入草绘环境后，在草绘面上绘制其回转截面（总体长 80）草图，如图 7.58 所示，单击 ✔ 退出草绘器。

②在操作控制面板上，选择基准轴 A_1 作为旋转轴，旋转角度方式选择 ⊞，输入旋转角度 360°，点击 ✔ 完成特征创建，如图 7.59 所示。

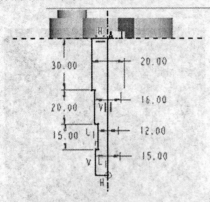

图 7.58 左端轴旋转截面草绘

图 7.59 左端轴旋转特征

8. 打中心孔

在曲轴两端打中心孔的目的是用于曲轴的加工。由于没有现成的孔型可选取，因此要在草绘器中绘制中心孔的截面草图。

①单击"孔工具"按钮 ⊞，在操作控制面板上，选择孔类型为"草绘"，单击草绘图标按钮 ⊞ 进入草绘器，在草绘器中绘制孔的回转截面如图 7.60 所示，单击 ✔ 退出草绘器。

②点击"位置"按钮，弹出上滑面板，在该界面的"放置类型"框中选择放置类型为"同轴"，在模型窗口中选择右端轴的轴端面作为孔放置的主参照，选择基准轴 A_1 作为次参照，点击 ✔ 完成特征创建，如图 7.61 所示。

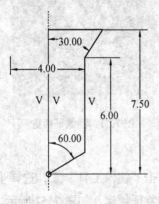

图 7.60 孔剖面草绘

图 7.61 左端轴端面孔

③用相同方法可在右端轴的轴端面创建相同的中心孔。

　　该中心孔的创建也可用复制特征的方法来完成，当要反复使用该特征并且其尺寸可能发生变化时，还可通过用户定义特征方法来实现。

　　9.倒角

　　（1）边倒角

　　单击"倒角工具"按钮▧，按住"Ctrl"键，分别选取两个平衡重的两外侧半圆边，在操作控制面板上选择 D1×D2 方式，输入 D1 值为5，D2 值为3，创建边倒角特征，如图7.62所示。

　　（2）倒圆角。

　　单击"倒圆角工具"按钮▧，进入倒圆角特征创建与编辑环境，按住"Ctrl"键，连续选取要倒圆角的边线，如图7.63所示，输入倒圆角半径5，完成倒圆角特征的创建。

　　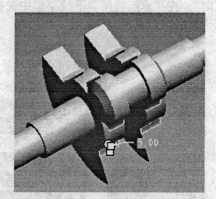

图7.62　边倒角特征　　　　　　　　　　　　图7.63　倒圆角特征

7.4　机壳模型

　　最后介绍如图7.64所示的机壳创建过程。对于壳体零件，尽管因其各自的特点不同，创建过程有一定差异，但其中的创建方法相信会对设计者有一定的参考和借鉴作用。这里给出的机壳创建大致过程是：用扫描创建机壳中间凹槽→创建平衡重凹槽→创建曲轴支撑座及凸台→镜像操作→打螺钉孔→阵列螺钉孔→开轴孔→倒角→创建机壳外缘凸台。

　　在该模型创建过程中，使用了扫描特征、旋转特征、拉伸特征、孔特征、镜像特征、阵列特征、倒圆角特征和倒棱角特征等，具体创建过程如下：

　　1.进入 Pro/E 系统

　　操作步骤同前。

　　2.建立机壳中间凹槽

　　①选择主菜单"插入/扫描/伸出项"，在弹出的"扫描轨迹"菜单管理器中选择"草绘轨迹"，系统弹出"设置草绘平面"菜单管理器，在"设置平面"下拉菜单中选择"平面"，并在模型窗口中选择 FRONT 面作为草绘平面，在"方向"下拉菜单中选择

图 7.64 壳体

"正向"，在"草绘视图"下拉菜单中选择"缺省"，系统进入草绘器。其菜单选择如图 7.65 所示。

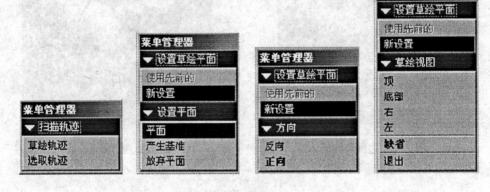

图 7.65 扫描轨迹草绘设置

②在草绘器中绘制如图 7.66 所示扫描轨迹。

③单击 ✔，在系统默认的平面上绘制如图 7.67 所示扫描截面，单击 ✔ 退出草绘器。

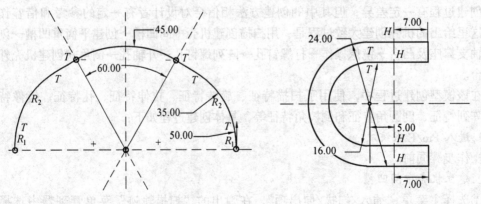

图 7.66 扫描轨迹草绘   图 7.67 扫描截面草绘

④单击如图 7.68 所示"扫描伸出项"对话框中的"确定"按钮，创建的特征如图

7.69 所示。

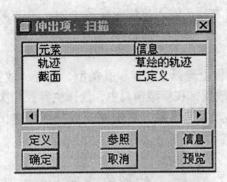

图 7.68 "扫描伸出项"对话框

图 7.69 中间槽扫描特征

3.创建平衡重凹槽

①单击"旋转工具"按钮 ⬦，在操作控制面板中，当打开"草绘"对话框后，在模型窗口里选择 RIGHT 面作为草绘平面，选择 TOP 面为草绘参照面。进入草绘环境后，绘制如图 7.70 所示旋转截面草图，单击 ✓ 退出草绘器。

②在操作控制面板上选择旋转角度方式 ⊞，输入旋转角度 180°，选中"加厚草绘"图标 ▨ 并输入厚度值 4，点击 ✓ 完成特征的创建，如图 7.71 所示。

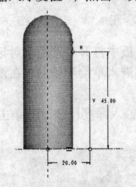

图 7.70 旋转截面草绘

图 7.71 平衡重凹槽特征

注意，这里创建的是"薄壁"特征，因此其轮廓草图可以不封闭。

4.创建曲轴支撑座

①单击"拉伸工具"按钮 ▨，在操作控制面板中打开"草绘"对话框，选择如图 7.72 所示平面作为草绘平面，进入草绘环境后在该面上绘制 $\phi = 60$ 半圆形截面草图，其半圆形应与刚创建的平衡重凹槽回转体同心，单击 ✓ 退出草绘器。

这里半圆形截面草图可不必封闭，系统

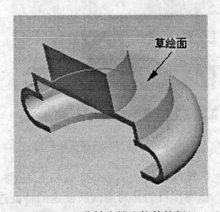

图 7.72 曲轴支撑座拉伸特征

可自行判断，自动进行封闭。

②在操作控制面板上，选择拉伸深度方式为 ▦，输入拉伸深度尺寸 24，单击 ✔ 完成特征创建，如图 7.72 所示。

5.创建凸台

①单击"孔工具"按钮 ▦，在操作控制面板上选择"简单"孔类型，打开"放置"上滑面板，在此设定孔的放置类型为"线性"放置，在模型窗口中，选择主参照和次参照，如图7.73所示，并输入孔直径为 20，钻孔方式选择 ▦，单击 ✔ 完成特征创建，如图 7.74 所示。

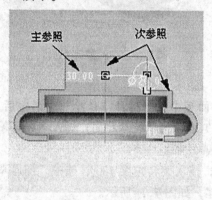

图 7.73 孔的放置参照

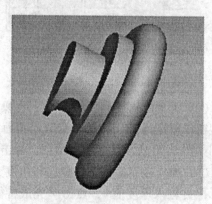

图 7.74 凸台孔特征

②然后单击"拉伸工具"按钮 ▦，在操作控制面板中打开"草绘"对话框，选择图 7.73 中的参照面作为草绘平面，点击"草绘"按钮进入草绘环境后，在该面上绘制截面草图，如图 7.75 所示，单击 ✔ 退出草绘器。

③在操作控制面板上，选择拉伸深度方式为 ▦，输入深度尺寸 10，单击 ✔ 完成特征创建，如图 7.76 所示。

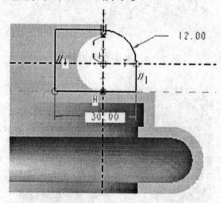

图 7.75 凸台位拉伸截面草绘

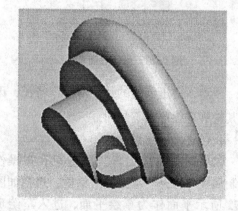

图 7.76 凸台拉伸特征

6.镜像操作

该操作目的是对前面所创建的特征进行镜像操作，以完成与其对称的另一侧特征的创建。镜像操作分两步，第一步对步骤 5 创建的两个特征进行镜像操作；第二步再对步骤 3 至 5 创建的特征以及第一步创建的镜像特征进行镜像操作，具体步骤如下：

①按住"Ctrl"键，在特征树中连续点选步骤 5 中创建的孔特征和拉伸特征，单击"镜像工具"按钮并选取 RIGHT 面作为镜像参照平面，单击✔完成特征创建，如图 7.77 所示。

②接下来按住"Ctrl"键，在特征树中连续点选步骤 3、4、5、和第一步创建的镜像特征，单击"镜像工具"按钮并选取 FRONT 面作为镜像参照平面，单击✔完成特征创建，如图 7.78 所示。

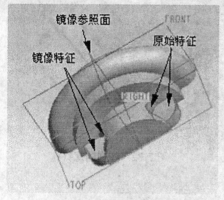

图 7.77　凸台镜像特征

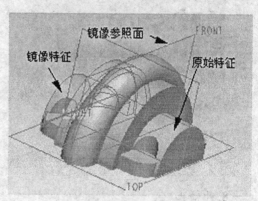

图 7.78　对称特征的镜像操作

7.打螺钉孔

这里要创建 4 个螺钉孔，为了创建简单，可先打一个螺钉孔，然后使用阵列完成其它 3 个螺钉孔的创建。

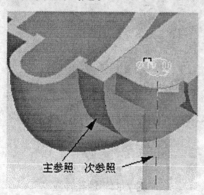

图 7.79　螺钉孔的放置参照

图 7.80　孔特征

①单击"孔工具"按钮，在操作控制面板上选择"简单"孔类型，打开"放置"上滑面板，在此设定孔的放置类型为"同轴"放置，在模型窗口中，设置主参照和次参照，如图7.79所示。然后输入孔直径为10，选择钻孔方式，单击✔完成特征创建，如图 7.80 所示。

②在模型树中选取刚创建的孔特征，单击"阵列工具"，在操作控制面板上选择阵列类型为"方向"，在模型窗口中选择机壳的两条方向控制边，如图 7.81 所示，然

后在操作控制面板上，设定两个方向的阵列个数均为2，在方向1中输入尺寸增量值60，在方向2中输入尺寸增量值68，点击✔完成阵列特征创建，如图7.82所示。

需要注意的是，此处是为了复习阵列特征而采用的螺钉孔创建方法，实际上可在步骤5的②中同时绘制一个 $\phi = 10$ 的同心圆即可实现。

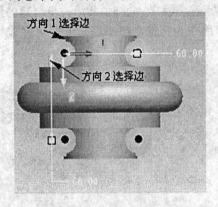

图7.81　阵列螺钉孔设置

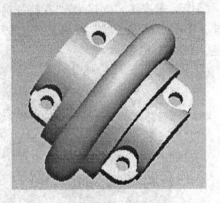

图7.82　阵列的螺钉孔

8.开轴孔

单击"孔工具"按钮🔲，在操作控制面板上选择"简单"孔类型，采用"同轴"放置方式，在模型窗口中设置主参照和次参照，如图7.83所示，输入孔直径为32，钻孔方式选择🔲，点击✔完成特征创建，如图7.84所示。

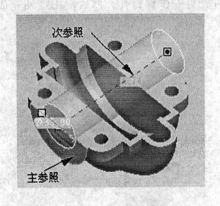

图7.83　轴孔放置参照

图7.84　轴孔特征

9.平衡重凹槽修剪

步骤3的创建平衡重凹槽过程中，在机壳中间凹槽与平衡重凹槽连接处有一个如图7.84所示的多余小凸台，应将其去掉，过程如下：

①单击"拉伸工具"按钮🔲，打开"草绘"对话框，在模型窗口中选择 FRONT 面作为草绘平面，选择 RIGHT 面作为草绘参照面。进入草绘环境后，点击草绘器工具栏中"通过边创建图元"按钮🔲，在模型窗口中点选机壳中间凹槽与平衡重凹槽连接处交线，创建的投影草图如图7.85所示，点击✔退出草绘器。

②在操作控制面板上点击"去处材料"图标按钮 ◿，打开"选项"上滑面板，在其上面设置两侧拉伸深度方式均为"⇌到下一个"，单击 ✔ 完成特征创建，如图7.86所示。

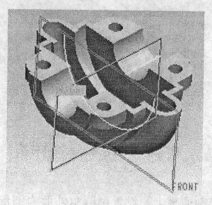 

图7.85　拉伸去除草绘面　　　　　　图7.86　飞轮槽拉伸去除特征

10.倒圆角及倒棱角

①单击"倒圆角工具"按钮 ▦，设置倒圆角外形为圆形，按住"Ctrl"键连续选取如图7.87所示机壳外表面各交线，并在操作控制面板上输入倒圆角半径3，单击 ✔ 完成倒圆角特征。

②单击"倒角工具"按钮 ▦，按住"Ctrl"键连续选取如图7.88所示机壳外侧两端棱边，在操作控制面板上选择 D×D 方式，输入 D 值为 2，单击 ✔ 完成边倒角特征的创建。

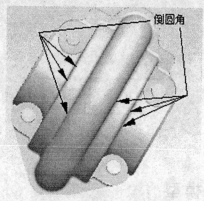 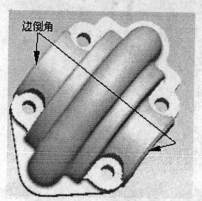

图7.87　机壳倒圆角　　　　　　　　图7.88　机壳边倒角

11.创建机壳外缘凸台

①单击"拉伸工具"按钮 ▦ 并打开"草绘"对话框，在模型窗口中选择机壳的主平面作为草绘平面，进入草绘环境后在该平面上绘制截面草图，如图7.89所示，单击 ✔ 退出草绘器。

②在操作控制面板上选择拉伸深度方式 ▦，输入拉伸深度尺寸 5，单击 ✔ 完成其特

征创建，如图 7.90 所示。

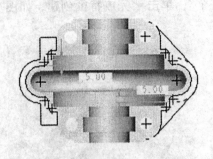

图 7.89 机壳外缘凸台截面草绘

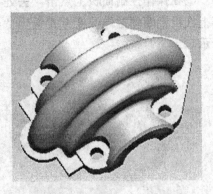

图 7.90 机壳外缘凸台拉伸特征

12. 倒圆角

①单击"倒圆角工具"按钮 ，在操作控制面板上，设置倒圆角外形为圆形，按住"Ctrl"键，在模型窗口中选取如图 7.91 所示机壳外表面的棱边。选取过程中将半径为 3 的棱边设为一组，将半径为 5 的棱边设为一组，分别输入倒圆角半径，单击 ✔ 完成倒圆角特征的创建。

②接下来进行如图 7.92 所示的倒圆角。单击"倒圆角工具"按钮 ，按住"Ctrl"键，在模型窗口中选取图中所示机壳棱边，两侧棱边仍分为两组。每组倒圆角的半径可在"设置"的上滑面板中输入，倒圆角半径为 2，单击 ✔ 完成倒圆角特征创建。

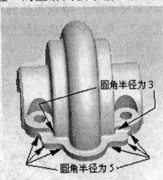

图 7.91 机壳倒圆角特征 1

图 7.92 机壳倒圆角特征 2

7.5 机架模型

为使第 9 章发动机运动仿真的运动情况看得清楚，创建一个有液压缸的几乎透明的机架，如图 7.93 所示。主要由机架主体、液压缸、联接凸缘、轴承座孔几个特征组成。设计思路为：创建主体→零件抽壳→创建液压缸→创建轴承座孔凸台→创建联接凸缘→创建轴承座孔。以下介绍零件的创建过程。

1. 进入 Pro/E Wildfire 系统

其操作步骤同前。

2.创建主体

①单击"拉伸工具"按钮🖳，选择 RIGHT 面作为草绘面、TOP 面为草绘参照面，绘制图 7.94 所示的截面，单击✔退出草绘器。

②在操作控制面板上，选择拉伸深度方式为对称深度🖳，输入拉伸深度尺寸 78，单击✔完成特征创建，如图 7.95 所示。

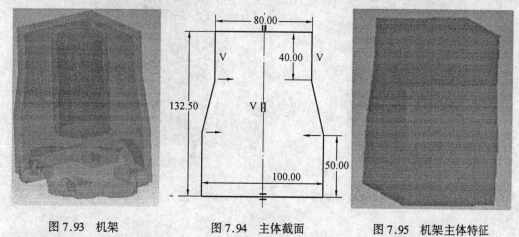

图 7.93　机架　　　　　　　　图 7.94　主体截面　　　　　　图 7.95　机架主体特征

3.抽壳

单击🖳按钮，在操作控制面板上点击"参照"按钮，选取主体的下端面，在厚度输入框中输入 5，即创建一个厚度为 5 的壳体。

4.创建活塞缸

①单击"拉伸工具"按钮🖳，选择如图 7.96 所示的壳底部内表面为草绘面、FRONT 面为参照面，绘制直径分别为 40、50 的圆环，单击✔退出草绘器。

②在操作控制面板上，选择拉伸深度方式为给定深度🖳，输入拉伸深度尺寸 85（此尺寸保证活塞的行程为 40)，单击✔完成特征创建，如图 7.97 所示。

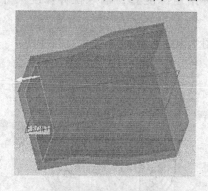

图 7.96　选择特征 3 的绘图参照面　　　　　　图 7.97　活塞缸特征

5.创建轴承座孔凸台

①单击"拉伸工具"按钮🖳，选择图 7.98 所示的面为草绘面、TOP 面为参照面，绘制一个直径为 60 的半圆，单击✔退出草绘器。

②在操作控制面板上，选择拉伸深度方式为给定深度 🔲，输入拉伸深度尺寸 10，单击 ✔ 完成特征创建。

③以 RIGHT 面为镜像基准面，镜像特征形成另一侧的轴承座孔凸台，完成的特征如图 7.99 所示。

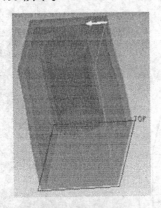

图 7.98 特征 4 草绘参照面

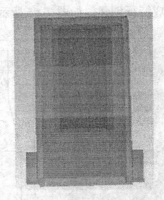

图 7.99 轴承座凸台特征

6.创建联接凸缘

①以前面所讲的壳零件的凸缘部分的尺寸为截面：打开 shell.prt，右键单击凸缘特征，在快捷菜单中点击"编辑定义"，进入草绘环境，用按钮 🔲 选取图 7.100 所示图元，保存此图形文件，名称为 s2d0001.sec，点击 ✖ 退出草绘器，即对截面不作修改。

②单击"拉伸工具"按钮 🔲，选择主体下表面为草绘面、FRONT 面为参照面，进入草绘环境，单击"草绘/数据来自文件"，在"打开文件"对话框中选取 s2d0001.sec 的文件，将图形移动至适当位置，在"缩放旋转"对话框中输入比例为 1，旋转 – 90°，再对此图形稍作修改，最后的截面形状如图 7.101 所示。单击 ✔ 退出草绘器。

③在操作控制面板上，选择拉伸深度方式为给定深度 🔲，输入拉伸深度尺寸 10，单击 ✔ 完成特征创建。

④用 FRONT 面为镜像基准面，镜像特征如图 7.102 所示。

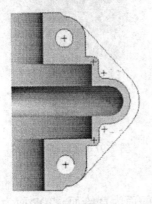

图 7.100 选取的截面图

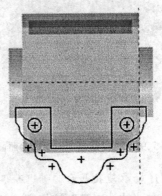

图 7.101 修改后的截面

7.创建轴承座孔

①作基准轴，选机架主体下表面和 FRONT 面为参照，则产生一个过这两个面交线的轴线 A_14。

②放置孔，选取同轴方式，以轴承座孔凸台端面为放置参考面，第二参照选取轴线 A_14，直径为32，深度为通孔。完成孔的放置如图 7.103 所示。

图 7.102　联接凸缘特征　　　　　　　　　图 7.103　轴承孔特征

第 8 章
装 配

在机械产品设计中，传统的设计方法是将设计者的构思落实到图纸上，采用特定的投影方法和制图规则，用二维图来表达设计者脑海里的三维形体。然后，再将这些二维图纸再交给工艺人员排工艺，最后由现场加工人员根据图纸加工出零件。Pro/E 改变了设计人员的设计流程，它可以直接按设计者的构思画出零件的三维实体，然后将三维零件图转化为二维视图供加工使用，也可以将零件进行装配，给出其装配关系。本章主要介绍 Pro/E 装配的功能，包括装配约束类型、装配元件、在装配中创建并修改元件、装配模型的修改与重定义等内容，以学习零件装配和装配设计的基本操作。

8.1 装配约束

在进行实际的装配设计时，要考虑装配接触面、定位面等许多装配结构，以确定零件间的相对位置和装配关系。Pro/E 系统设置了一些装配约束来实现元件的装配定位，以确定在什么位置如何装配元件。生成装配体的过程就是对零件进行约束的过程。以下介绍各种装配约束的使用及选取约束的原则。

8.1.1 约束类型

Pro/E 系统提供了十几类装配约束，以下结合示意图介绍常用约束的使用方法。

1. 匹配（Mate）

"匹配"定位两个曲面、平面或基准平面，并将它们的法线彼此相对。如果选基准平面配对，则它们的黄色侧彼此相对。这个约束下"偏移"选项有三个子项，即偏距、重合、定向。如果选"重合"或"偏距值"为零，说明它们重合，其法线彼此相对；如选"偏距"，也即"偏距匹配"，需指定两个平面之间的距离，此时在组件参照中会出现一个箭头，指向偏移的正方向，同时在信息提示栏要求输入偏距值，偏移值决定两个平面之间的距离；如选"定向"，不需指定距离，只使两个面的法线相对。图 8.1、8.2 说明"匹配"和"偏距匹配"的装配形式。

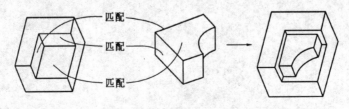

图 8.1 匹配示意图

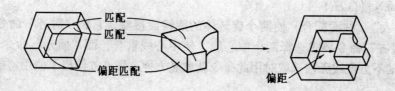

图 8.2　偏距匹配示意图

2. 对齐（Align）

"对齐"使两个面对齐（法线方向相同），两条轴线同轴，两点重合，还可以对齐旋转曲面或边。"对齐"命令也可以选择坐标面进行定位，当然也要选择坐标面的方向。

在这个约束下，"偏距"选项有与"匹配"相同的三个子选项，即偏距、重合、定向，用来使要约束的元素对齐、偏距对齐、定向对齐，如图 8.3、8.4、8.5 所示。

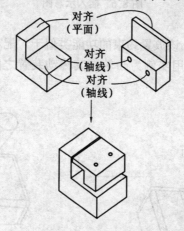

图 8.3　对齐示意图

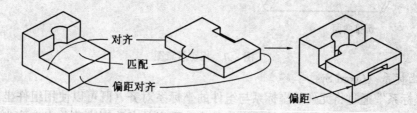

图 8.4　偏距对齐示意图

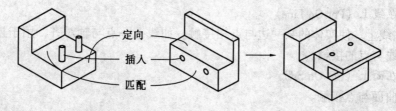

图 8.5　定向对齐示意图

3.插入（Insert）

"插入"（柱面配合）使两个旋转体的旋转面接触，它和"对齐"命令相似但不相同，"对齐"命令要求选择两个中心线，使中心线重合，而"插入"命令选择旋转面，在参照轴不方便或无法选取时用此命令就愈显方便。图 8.6 给出了使用"插入"命令的例子。

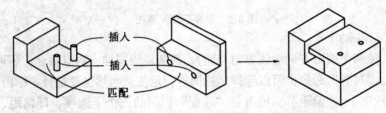

图 8.6 插入示意图

4.相切（Tangent）

"相切"使两曲面相切，该放置约束的功能类似于"配对"，因为它配对曲面，但不对齐曲面。该约束的一个应用实例为凸轮与其传动装置之间的接触面或接触点。如图 8.7 所示。

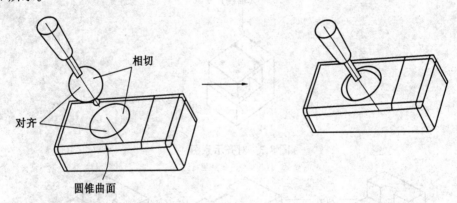

图 8.7 相切示意图

5.坐标系（Coord Sys）

"坐标系"通过将元件的坐标系与组件的坐标系对齐（既可以使用组件坐标系又可以使用零件坐标系），将该元件放置在组件中。可以从名称列表菜单中选取坐标系，也可以即时创建。通过对齐所选坐标系的相应轴来装配元件。

6.点在线上（Pnt On Line）

"点在线上"使实体的某一边与点相接触。如线上一点与轴对齐，用于控制边、轴或基准曲线与点的接触。

7.点在面上（Pnt On Srf）

控制曲面与点接触。

8.边在面上（Edge On Srf）

使模型的某一边在曲面上，控制曲面（指基准平面、零件或装配模型上平坦的曲面特征）与平坦的边接触。

9. 默认（Default）

以系统默认的方式进行装配。

10. 固定（Fix）

将元件按当前位置固定在装配模型中。

11. 自动（Automatic）

系统自动判断约束条件，用户只需选择好配对的参照点、线、面等，系统会根据所选择的参照图元自动选择适当的约束条件。

8.1.2 选取约束的原则

在选取约束条件时，应注意以下几点：

①使用"匹配"与"对齐"时，必须选择相同的特征，如平面对平面、点对点、旋转曲面对旋转曲面，"匹配"使两个面的法线方向相反，"对齐"一定使两个面的法线方向相同。

②使用"匹配"或"对齐"，在给定"偏距"值时，屏幕上出现的箭头表示进行偏移的方向，如果所要偏移的方向与箭头所指相反，则输入负偏距值。

③指定装配与被装配件间的约束条件时，一次只能给定一个约束，也就是说系统无法一次对齐某零件的两个面与另一零件的两个面，必须做两次对齐，各自指定。

④角度偏移约束只能在轴或边创建的"对齐"约束中使用。

⑤要完全确定元件的位置，一般都要组合使用约束，例如，可以使用一次匹配、一次插入、一次定向。

8.2 装配操作

8.2.1 装配的步骤

可以按以下步骤进行元件的装配，以生成一个装配体。

1. 建立一个装配文件

依次单击主菜单的"文件/新建"，在弹出的对话框中选择"装配"，并输入装配图的文件名，这样就得到了一个扩展名为 asm 的装配图文件。如果选中"使用缺省模板"复选框，点击"确定"后系统直接进入装配模式；如果未选中该复选框，点击"确定"后弹出"新文件选项"对话框，在此对话框中选取模板，可选用系统默认的模板或空，选定模板后单击"确定"按钮，系统自动进入装配模式。

2. 装入元件

依次单击"插入/元件/装配"弹出"元件"菜单，可以调入或创建要装配的元件，以下说明"元件"菜单常用的"装配"和"创建"选项的功能和使用方法。

（1）装配

从"文件打开"对话框中选取要装配的元件，即向装配体中添加元件。需要注意的是：要装入的第一个图形可以是单个实件，即所谓的零件图，也可以是一个装配体。作为第一个装配件应具备与后续装配件的配合多、便于定位和便于创建装配坐标系等优点。而且在整个装配过程中，绝不能删除，否则整个组件将被全部删除。

（2）创建

点击此按钮弹出"元件创建"对话框，点击"确定"后出现创建选项对话框，有四项可供选择，其意义如下：

①复制现有。可以指定要进行即时复制的元件并立即将复件放置在组件中。

②定位缺省基准。可创建一个元件并自动装配它以在组件中作为参照。系统将创建约束以相对于所选组件参照定位新元件的缺省基准平面。

③创建空零件。可创建一个无初始几何形状的零件

④特征。可创建新零件的第一特征。此初始特征取决于组件。

3.设置元件放置对话框

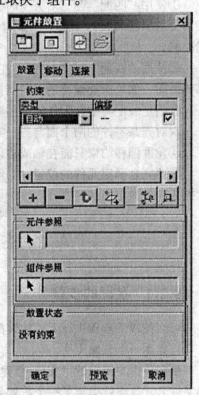

调入一个元件后，系统将出现如图 8.8 所示的元件放置对话框，单击"放置"，在约束栏选取约束类型，在元件参照栏用按钮↖选取元件和部件的约束参照，最后单击"确定"完成一个元件的装配，再重复步骤 2、3，直到所有元件装配完。

8.2.2 元件放置对话框

装配过程中大部分设置是在元件放置对话框中完成的，以下重点介绍这个对话框的选项及其功能。该对话框从上至下分四个部分，各部分含义和使用如下。

1.对话框顶部按钮

有两个按钮用来设置指定元件约束时要装配元件的显示方式，用按钮◻时，在单独的子窗口中显示该元件；而用按钮◻时，在主窗口内显示该元件，并在指定约束时更新该元件的位置，当这两个图标同时被选取时，该元件同时显示在主窗口及子窗口中，使用这种方式便于一些对象的选取。

图 8.8 放置元件对话框

2.约束

选用装配约束类型，单击"自动"右侧的◥，弹出约束类型列表，选取需要的约束。用按钮✚和━添加、删除约束。

3.元件参照

用来选择要装配的元件和组件的约束参照。例如，选取约束类型为"匹配"时，要选取两个面匹配，选取约束类型为"对齐"时，要选取面、点或轴线使之对齐。

4.放置状态

在该栏中，显示目前装配状态是无约束、部分约束、完全约束或无效约束。如果组合状态为无效约束，应修改约束条件与参照。

8.3 修改装配体

元件装配后，需要修改，有三种选择元件方式对其进行修改。

①选中部件后，从主菜单的"编辑"菜单中选取相应的命令。

②选中部件后，在窗口的空白处单击右键，弹出图形窗口快捷菜单，从中选取相应的命令。

③在模型树中选择一个零件后，单击右键，弹出模型树快捷菜单，从中选取相应的命令。

以下介绍几个常用编辑命令的功能和使用：

①编辑定义。用此命令弹出元件放置对话框，可以对元件的约束进行修改，以修改元件的位置。包括修改对齐，改变匹配的约束类型、面的匹配方向，修改偏距值，指定新的装配参照，指定新的组件参照等。

②删除。在弹出的模型树快捷菜单或图形窗口快捷菜单中，单击"删除"可以将元件和它的子件从装配中删除。

③隐含与恢复。在模型中不显示所选的元件，该元件也不参与重新生成计算，节省了时间和内存，以便于提高计算速度，同时可以使复杂的模型变得简洁，方便操作。隐含的元件不出现在质量属性和剖面中，且不能对其进行保存。

已隐含或隐藏的元件，可以用"恢复"使其恢复显示。

④重新排序。可以调整元件的装配顺序，修改部件的装配次序，次序调整后系统将自动重新再生成装配模型。

⑤插入。用于在装配模型中添加新的元件或特征。

8.4 装配体的分解图

分解图也可称之为爆炸视图，系统根据平面的匹配、偏距匹配、对齐、偏距对齐等约束决定默认的分解位置，将装配件的各零件显示位置炸开，而不改变零件间的实际距离，通过分解视图能够详细地表达产品装配或分解状态，使装配件变得易于观察。

主菜单的"视图"的"分解"选项用于分解视图的操作。该菜单有两个选项，即"分解视图"和"编辑位置"。以下说明这两个选项的用法。

1.分解视图

依次单击主菜单的"视图/分解/分解视图"，可以创建系统默认的分解视图。当分解视图创建后，"分解"选项出现"取消分解视图"子项，随时可以取消分解视图，回到正常视图状态进行装配件的操作，在分解状态下，无法进行元件的装配和操作。

单击"视图/分解/取消分解视图"，恢复装配件的装配显示状态。

2. 编辑位置

编辑位置用来设置分解视图的状态。

系统创建的视图一般不能体现设计者的创作意图，需要通过修改视图位置的办法来创建一个完美的分解视图，依次单击"视图/分解/编辑位置"，系统将弹出如图 8.9 所示的"编辑位置"对话框，其中各选项的用法如下：

（1）运动类型（Motion Type）

用于选取元件的移动方式，系统提供了以下四种定义零件的移动方式：

①平移（Translate）。直接拖动零件在移动参照上平动。

②复制位置（Copy Pos）。以一零件的移动方式来定义另一零件的移动方式。

③缺省方式（Default Expld）。选取零件到系统默认的位置。

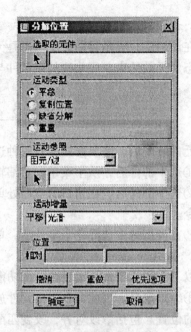

图 8.9　分解位置对话框

④重置（Reset）。恢复已移动的零件到移动前的位置。

（2）运动参照（Motion Reference）

设置元件的移动参照，也就是零件的移动方向，移动参照共有六种，各项意义如下：

①视图平面（View Plane）。以当前的视图平面作为参照平面。

②选取平面（Sel Plane）。以非视图平面的平面作为参照平面。

③图元/边（Entity/Edge）。以零件的一条边线或基准轴的方向作为移动方向。

④平面法向（Plane Normal）。以平面或基准平面的法线方向作为移动方向。

⑤两点（2 - Point）。以两点或基准点的连线方向作为移动方向。

⑥坐标系（C - Sys）。以坐标系的一个轴的方向作为移动方向。

（3）运动增量（Motion Increments）

可以选取 1、5、10 三种数值来定义平移时的递增量，如果平移时并不需要明确的递增量，选择光滑（Smooth）即可。

8.5　装配实例

下面以发动机装配体为例说明装配过程及分解视图的生成，这个装配体包括：壳体、曲轴、活塞、连杆、连杆头盖，整个装配步骤如下：

①创建一个新的装配文件。依次单击"文件/新建"，系统弹出新建对话框，选中"装配"单选按钮，在"名称"中输入新的文件名为"asem"，取消系统默认的"使用缺省模板"复选框，单击"确定"，在弹出的"新建文件选项"对话框中选择 mmns _ asm _ desing 公制单位的模板，单击"确定"进入装配模式。

②装入曲轴。单击 按钮，打开工作目录下文件名为 crank_shaft.prt 的零件，然后在"元件放置"对话框"约束"选项卡下单击 按钮将其固定在系统默认位置，完成后单击"确定"。

③装入连杆。单击 按钮，打开工作目录下文件名为 connecting_rod.prt 的零件，"约束栏"中选择"匹配"进行装配，选曲轴的轴面和连杆头的的内孔面配合，再单击 按钮，添加约束"匹配"，所选取的曲轴的配重内表面与连杆大头的端平面配合，在这两种约束下需要选取的特征表面如图 8.10 所示。之后单击"确定"完成连杆的装配。

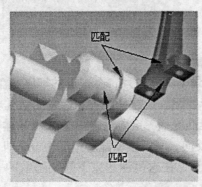

图 8.10　连杆的装配

④装入连杆头盖。单击 按钮，打开工作目录下文件名为 connecting.prt 的零件，在"约束"栏中用按钮 依次添加约束"匹配"、"对齐"、"对齐"进行装配。选连杆头盖和连杆的联接螺栓的凸台平面为匹配，依次选取连杆和连杆头盖的两个螺栓孔的轴线为对齐约束参照，在这两种约束下需要选取的约束参照如图 8.11 所示。之后单击"确定"完成连杆头盖的装配。

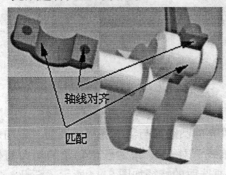
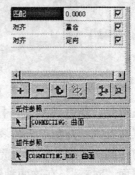

图 8.11　连杆头盖的装配

⑤装入连接螺栓和螺母。单击 按钮，打开工作目录下文件名为 screw.prt 的零件，在约束栏中选择一次"插入"、一次"匹配"进行装配，选螺栓头部的安装面与连杆螺栓凸台面匹配，选螺栓外表面和连杆螺钉孔内表面插入。用相同的方式装入螺母。

⑥装入销轴。单击 按钮，打开工作目录下文件名为 pin_shaft.prt 的零件，选取两次"对齐"，使销轴和活塞的轴线对齐，并使销轴的 TOP 面和活塞的 FRONT 面对齐，如

图 8.12 所示。之后单击"确定"完成销轴的装配。

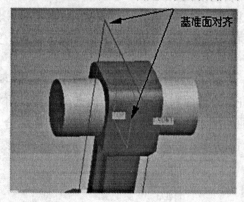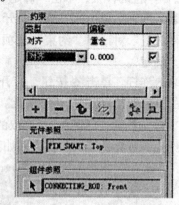

图 8.12　销轴装配

⑦装入活塞。单击🖳按钮，打开工作目录下文件名为 piston.prt 的零件，在"约束"栏中选择两次"对齐"和一次"匹配"进行装配。选连杆小头和活塞的销孔轴线"对齐"；再选取活塞的底部的外表面和连杆螺栓凸缘面"定向对齐"，在此要求输入旋转角度，先输入 0，如果活塞的开口端与实际的反向，只需改变配对角度为 180°即可；最后选活塞轴耳座与连杆头的销轴孔端面"匹配"，在这两种约束下需要选取的表面如图 8.13 所示。

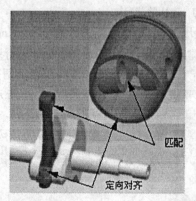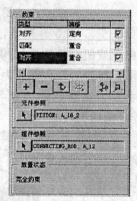

图 8.13　活塞装配

⑧装入机壳。单击🖳按钮，打开工作目录下文件名为 shell.prt 的零件，在"约束"栏中选择"对齐"、"匹配"进行装配。选机壳的凸缘面与活塞底部外表面"定向对齐"，使它们方向相同；再选曲轴和机壳的轴孔轴线"对齐"；最后选取轴颈的端面与机壳轴承坐孔外端面"对齐"，在这两种约束下需要选取的特征如图 8.14 所示。至此，完成所有零件的装配。

装配完成后的发动机如图 8.15 所示。

⑨生成发动机的分解视图。单击"视图/分解/分解视图"生成分解视图。对元件的位置进行编辑以生成清晰、能体现元件间位置关系的分解视图，选取销孔轴线为参照，将销轴用平移的方式，拖动至合适的位置。用同样的方式使活塞沿垂直于销孔轴线的方向移动到合适的位置。最后的分解视图如图 8.16 所示。

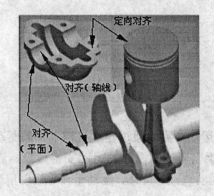

图 8.14 机壳装配

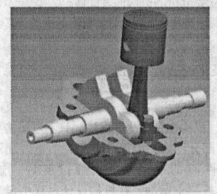

图 8.15 发动机总装配图

图 8.16 发动机分解图

第 9 章

运动仿真

Pro/E 的机构功能用来处理机构的运动仿真。通过建立机构、添加驱动器使之运动以实现机构运动的仿真，使在图纸上难以表达和设计的运动变得形象、直观、便于设计；通过运动分析还可以对机构进行运动轨迹、位移、运动干涉等运动情况的分析，使机构的研究更为简洁、方便。

机构仿真主要分四步：①以"连接"方式建立要分析的机构的装配体；②添加驱动器；③机构运动仿真；④分析保存仿真结果。本章将围绕这几个方面来讲解机构的运动仿真。

9.1 连接类型

上一章所讲的装配体，每个元件在放置对话框中用"放置"完成对全部约束的设定，各元件（部件或零件）之间不能相对运动，机构也是一个装配体，只不过机构要运动，元件（也称构件）间不能完全约束，只能部分约束，但部分约束并不是装配不完全，而是要根据各构件的运动形态及构件间的运动情况，通过各种"连接(Connecting)"的设定限制其运动自由度，使之按要求运动。在机构设计过程中定义连接是最关键的，因此以下先介绍连接的类型、功能及使用。

①刚性。自由度为 0，一般定义机架时用此连接。刚性连接的构件构成单一主体，选中"刚性"连接，对话框中多出其它连接选项没有的"将元件固定到当前位置"按钮❧。单击此按钮，"元件参照"和"组件参照"都接受"原始"，单击"确定"按钮完成。

②销钉。自由度为 1，构件之间只可以绕指定的轴旋转。需定义一个"轴对齐"和"平移"约束，选取两平面间的约束为"对齐"、"匹配"、"偏距匹配"、"偏距对齐"的一种，选点"对齐"也可以，以保证连接只有一个转动，而不能平动。

③滑动杆。只有 1 个平移自由度，允许沿轴平移。需要定义"轴对齐"和"旋转"，即平面"匹配"或"对齐"约束，限制构件绕轴线的转动。

④圆柱。有 1 个旋转自由度和 1 个平移自由度，使构件沿指定的轴平移并绕该轴转动。只定义一个"轴对齐"约束即可，如果转向不对，可以用"反向"使转动符合要求。

⑤平面。有 1 个旋转自由度和 2 个平移自由度，允许通过平面连接的主体在一个平面内相对平动，并以该平面的法线为轴旋转。要加"平面对齐"或"平面偏距"的约束。

⑥球。有 3 个旋转自由度，允许在连接点沿任意方向转动而不能平动，需定义"点与点对齐"约束。

⑦焊接。自由度为 0，将两个零件焊接在一起。需定义"坐标系"对齐。

⑧轴承。有 3 个旋转自由度和 1 个平移自由度，轴承连接是球连接和滑动杆连接的组合，允许在连接点沿任意方向旋转，沿指定轴平移。

⑨常规。用"常规"表示模型中元件所需的任意自由度数目。决定自由度的数目后，可通过在"元件放置"对话框中选取一个或两个放置约束来创建所需的一般连接。

⑩6DOF。连接建模具有三个旋转连接和三个平移连接。该连接因为没有应用任何 Pro/E 约束，不影响元件之间的相对运动。要定义 6DOF 连接，需在元件和组件上选取坐标系。

9.2　建立运动连接

可以按以下步骤建立运动连接：

①建立一个新的装配文件，进入装配模式。

②用与装配体相同的方式装入基础元件，也叫机架，它是整个机构的参考系。

③装入运动构件。依次单击"插入/装配/元件"，弹出打开文件对话框，选中需要装配的构件后，弹出"元件放置"对话框，在对话框中单击"连接"而不是"放置"，进入连接的设置，首先单击"销钉"右侧的■按钮，根据构件的运动特点选取连接类型，在参照栏选取约束参照，用按钮➕和➖增加、删除连接，当然不是所有构件都只用"连接"定义，在特殊情况下，有些构件还要和装配约束条件结合使用，确定其运动关系。

在进行连接设定时，构件有时可能不在合理位置，连接无法设定，可以使用"移动"将构件移动到合适的位置，这和前面装配方式下的使用完全相同。

④重复步骤 3，直至完成所有的构件连接。

如果机构中存在"槽"、"凸轮"、"齿轮"从动件，则要进行从动机构的连接，在此，介绍这几个运动副的功能和使用。

（1）凸轮副。

设定凸轮从动机构连接，系统自动根据定义的两凸轮的接触面和接触线构成凸轮副。依次单击"应用程序/机构"进入机构模式，单击"机构/凸轮"或按钮🔘，弹出凸轮从动机构连接对话框，可以进行凸轮副的添加、删除、编辑。

单击对话框的"新建"，弹出图 9.1 所示的"凸轮从动机构连接定义"对话框。

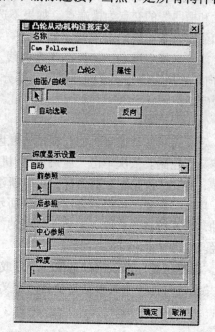

图 9.1　凸轮连接定义对话框

在第一个主体上选取曲面或曲线来定义第一个凸轮。选取凸轮时，如果"自动选取"复选框被选中，则选取第一个曲面或曲线后，系统自动选择与之配对的凸轮曲面。

"反向"按钮，可以使凸轮曲面的法向反向。曲面法向指向凸轮接触的一侧。如果选取曲面，则对话框的"深度显示设置"的几项按钮将被激活，使用这些项目来指定参照，以在曲面上定向凸轮。一般凸轮从动件不需要明确创建出实体深度，接受系统默认的选项即可。

如果要让凸轮能够分离和碰撞，即在运动过程中凸轮两个主体可以保持不接触，单击"属性"，在弹出的"属性"对话框中加以设定。

（2）槽轮副

定义槽从动连接机构，使一指定的基准点或顶点在一条曲线上移动。依次单击"应用程序/机构"进入机构模式，单击"机构/槽轮"或按钮，弹出"槽从动连接机构"对话框，可以新建、删除、编辑槽从动连接机构。

单击"新建"按钮，弹出图 9.2 所示的"槽从动连接机构定义"对话框。

在一个主体上选取一基准点或顶点，显示主体名和点名。然后在另一个主体上选取一条或多条曲线为槽，这些曲线必须相邻，但不必是平滑曲线，该曲线用蓝色加亮表示，并显示主体名和图元名。

槽端点可以选取基准点、顶点、曲线/边及曲面。如果选取曲线、边或曲面，所选图元和槽曲线的交点为槽端点。如果不选取端点，则默认的曲线端点就是所选取的第一条和最后一条曲线的最末端。如果以一条闭合曲线，或选取形成闭合的一系列曲线为槽，就不必指定端点；如果在闭合曲线上定义端点，则最终槽将是一个开口槽，单击"反向"来指定原始闭合曲线的哪一部分将成为开口槽。单击"确定"按钮，完成槽连接设定。

（3）齿轮副

定义齿轮从动连接机构，根据选取齿轮的旋转轴、两齿轮接触的节圆直径，系统自动定义齿轮副。依次单击"应用程序/机构"进入机构模式，单击"机构/齿轮副"或按钮，弹出"齿轮副"对话框，可以新建、编辑、删除齿轮副。

单击"新建"按钮，弹出图 9.3 所示"齿轮副定义"对话框。选择齿轮 1、2 的连接轴，则系统自动选取"主体"区域的"齿轮"和"托架"。"节圆"选项用以输入节圆直径。

"图标位置"选项用以选取一个点或顶点，更改所显示的节圆的位置。

"属性"选项用来根据需要自己定义齿轮的传动比。

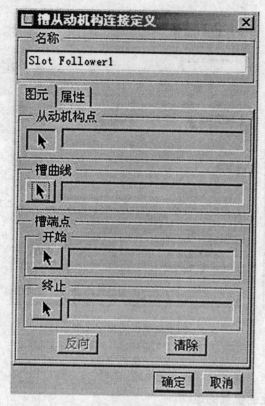

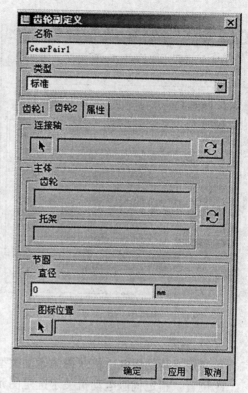

图 9.2　槽从动机构连接定义对话框　　　　图 9.3　齿轮副定义对话框

9.3　设置驱动

机构是由原动件、机架、从动件组成，因此在完成连接、约束，建立机构后，需在原动件上添加驱动器。在主菜单上依次单击"机构/伺服电动机"或单击右侧工具条的 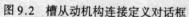 按钮，弹出"伺服电动机"对话框，可以新增、编辑、删除和复制驱动器。单击"新建"按钮弹出如图 9.4 所示的"伺服电动机定义"对话框。各选项的功能如下：

1. 类型

从动图元有三项可以选择：连接轴、平面和点。即可以在这些图元上放置驱动器。如果选取点或平面来定义伺服电动机，则创建的是几何伺服电动机，用来创建复杂的运动，但在运动分析中不能使用几何伺服电动机。

2. 运动类型

系统根据选取连接轴的连接类型自动改变运动。如选取轴的类型是"滑动杆"，则系统自动将运动类型改为"平移"；如选取轴的连接类型是"销钉"，则系统自动将运动类型改为"旋转"。

3. 轮廓

单击"轮廓"选项卡，对话框显示如图 9.5 所示。以下介绍各选项的使用和功能。

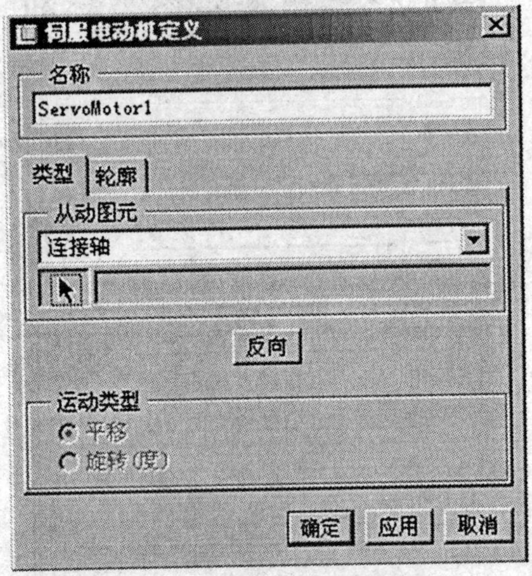

图 9.4 伺服电动机定义对话框 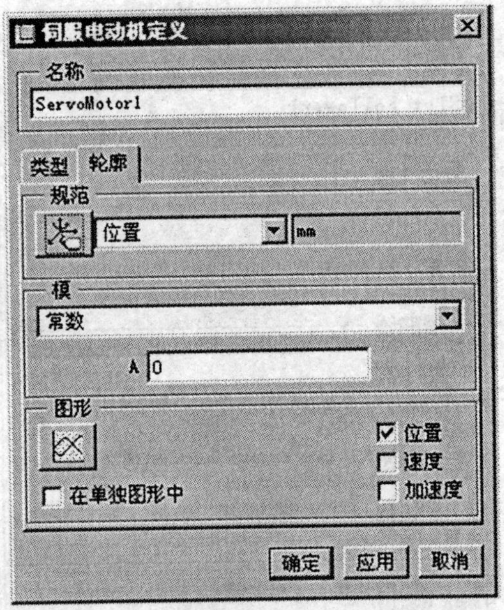   9.5 伺服电动机轮廓定义对话框

（1）规范

用来定义从伺服电动机获得的运动类型。规范有 3 种类型可以选择。

①位置。指定伺服电动机关于选定图元的位置的运动。

②速度。指定伺服电动机关于速度的运动。如果选取该类型，就可以选取一个初始位置，缺省情况下，以伺服电动机开始运动的位置为零位置。

③加速度。指定伺服电动机关于加速度的运动。如果选取该类型，可以选取一个初始位置和一个初始速度。如果设置了速度或加速度的初始位置，在运行运动分析时将使用此初始位置。

（2）连接轴设置

指定控制机构中连接轴的参数，可设置以下五项内容：通过连接轴连接的主体的相对方向或配置、定义连接轴零位置的几何参照、在组件分析过程中连接轴再生时所在的位置、对连接轴运动的限制、阻碍连接运动的摩擦力。

单击 按钮，弹出图 9.6 所示的"连接轴设置"对话框。几个主要选项的功能和意义如下：

①零参照。为驱动器指定一个零参照位置。如果要使用机构的当前方向作为零点参

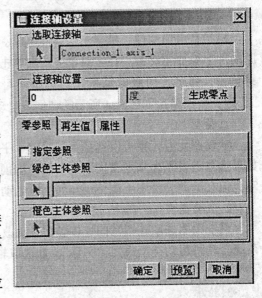

图 9.6 连接轴设置定义对话框

照位置，则清除"指定参照"前的复选框，并单击"生成零点"。

②绿色主体参照。如果选取"指定参照"复选框。绿色主体参照和橙色主体参照用来定义连接轴的零位置。对于"绿色主体参照"可以在绿色主体上选取一个点或平面作为该主体的零点参照。在橙色主体上选取一个点或平面作为该主体的零点参照。

③再生值。设置连接轴相对于连接轴零点的方向，组件再生时将用到此方向。

（3）模

用来定义驱动器的轮廓，对所选的每种规范都有多种方式定义模：常数、斜坡、余弦、SCCA、摆线、抛物线、多项式、表、自定义。可以根据机构的运动特点来选取，如机构振荡运动，选余弦；需恒定运动选常数；模拟凸轮轮廓的输出选 SCCA 等。

（4）图形

显示测量结果的图形以及定义电动机和力的轮廓的函数。

9.4 运动分析

完成原动件驱动添加后，要对其定义运动类型，也即运动分析，以此来进行机构仿真，单击主菜单的"机构/运动分析"或单击按钮⬤，弹出运动分析对话框，可以完成运动类型的新增、编辑、删除和复制等操作，以进行运动分析。

单击"新建"按钮，弹出如图 9.7 所示的对话框，该对话框用来设定机构运动仿真的启动和结束时间。对话框的主要选项的功能和使用如下：

1.类型

Pro/E 系统提供 5 种分析类型：运动、动态、静态、力平衡、重复组件。

•运动：研究不考虑质量和力之外的所有运动方面，在分析运动时不考虑受力。

•动态：主要研究构件运动（或平衡状态）时的受力情况和力（惯性力、重力和外力）之间的关系。

•静态：主要研究构件平衡时的受力状况，用于分析机构在承受已知力时的状态。

•力平衡：是逆向的静态分析，用于求使机构在特定形态中保持固定应施加的力。

•重复组件：对连接轴或几何伺服电动机进行的分析。

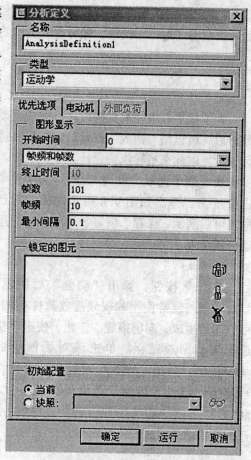

图 9.7 分析定义对话

2．图形显示

可以选取长度和帧频、长度和帧数、帧频和帧数定义测量时间域的方式。

①长度和帧频。输入运动运行的结束时间（以妙计）和帧频（每秒帧数），系统计算总的帧数和运行长度。

②长度和帧数。输入运动运行的结束时间和总帧数。

③帧频和帧数。输入总帧数和帧频或系统运行的时间间隔。

3．锁定的图元

用来创建主体锁定、连接锁定或解除锁定。在已定义的运动分析运行中，这些锁定的主体或连接不会相互运动。可以创建不同的驱动器，锁定不同的图元的多个运动定义。

4．电动机

用于添加、删除驱动器或添加所有驱动器。

5．外部载荷

如果分析类型选取了"动态、静态、力平衡"，则"外部载荷"可用。如果有外部载荷，可以添加外部载荷。如果考虑重力和摩擦，还可以添加重力和摩擦力。设置完成后可以单击"运行"按钮，即可查看机构的运行情况。

9.5　回　放

为了能更好地完成机构设计，完成运动分析后，可以用"回放"查看运动结果并进行分析，以此来指导机构设计。

从主菜单选取"机构/回放"选项或单击按纽 ▶，弹出如图 9.8 所示的回放对话框。可以演示、保存、恢复、删除和输出运动分析结果。

1．回放

单击 ▶ 按钮，弹出"动画"对话框，该对话框与经常使用的视频播放软件类似，可以向后播放、向前播放、停止、快进、快退等演示回放结果。单击该对话框中的█████ 按钮，弹出"捕获"对话框，可以在

图 9.8　回放对话框

当前工作目录下将演示结果保存为 JPEG、MPEG、TIFF、BMP 格式的文件，或得到一系列的 JPEG 图像。设置完后单击"确定"按钮，开始结果回放。

2．模式

Pro/E 提供了 4 种在回放期间检查干涉的模式。

①无干涉。不检查干涉。

②快速检查。进行底层的干涉检查，自动选取"停止回放"作为一个选项。

③两个零件。允许指定用于检查干涉的两个零件。

④全局干涉。检查整个组件中所有类型的干涉。

3.选项

提供相对于干涉检查类型的可用选项。

①包括面组。将曲面作为干涉检测的一部分。

②停止回放。一旦检测到干涉，就停止回放。

4.影片进度表

可指定要查看的部分以及在回放期间是否要显示回放已用去的时间。

5.显示箭头

可查看负荷对机构的相对影响。

9.6 机构运动仿真实例

本节以发动机机构为例讲解机构运动仿真的全过程。

1.使用连接创建发动机机构

发动机机构由壳体、曲轴、活塞、连杆、连杆头盖、机架组成一个曲柄滑块机构，曲轴即是曲柄，活塞即是滑块。

先分析机构的运动特点，曲轴和壳之间、连杆和曲轴轴颈之间、连杆小头和活塞之间都只能转动，而活塞相对机架沿轴线方向上下移动。按照这个运动特点创建机构。

①放置机架。创建一个新装配文件，单击，在"打开"对话框中选取工作目录下的 base.prt 零件（该零件上有用于安装曲轴轴承的定位基准面和轴线）。在"元件放置"对话框中单击，在缺省位置装配零件，这将把该零件定义为基础主体。单击"确定"接受此定义。

②装入活塞。单击，在"打开"对话框中选取 piston.prt 的零件。在"元件放置"对话框中单击"连接"，连接类型选取"滑动杆"，选取机架活塞孔和活塞的轴线重合，选活塞和机架的 RIGHT 面对齐，以限制活塞轴线的转动。单击"确定"完成活塞的连接。

③创建连杆组件。建立一个新的装配文件 connecting.asm，将连杆和连杆头盖用装配的"放置"方式形成固定连接。

④放置连杆组件创建第一个销钉。单击，在"打开"对话框中选取 connecting.asm 的部件，用连接方式放置，连接类型选取"销钉"，选取连杆小头销轴孔和活塞销轴孔的轴线对齐，"平移"约束的参照面为活塞轴耳座与连杆头的销轴孔端面（与上一章装配的参照相同）。

⑤放置曲轴创建第二个和第三个销钉。单击，在"打开"对话框中选取 crank_shaft.prt 的零件，用"连接"方式放置，连接类型选两次"销钉"，使曲轴的轴颈和连杆大头的曲轴孔轴线对齐，"平移"约束参照面为连杆曲轴孔端面和配重内表面（与

上一章装配的参照相同），完成第二个销钉的设定。再添加一个销钉连接，使曲轴和机架之间能相对转动，选曲轴的轴线和机架的轴承座孔轴线（A_14）对齐，使轴承座孔凸台的端面和曲轴上安装轴承的轴颈端面匹配，完成第三个销钉连接。单击"确定"完成曲轴的连接。

⑥安装壳体。单击▨，在"打开"对话框中选取 shell.prt 的零件，壳体也相当于机架，用"放置"方式将它和机架固定连接。

至此发动机机构创建完成，如图 9.9 所示，以黄色的箭头表明各连接类型。

图 9.9 发动机机构

2.创建驱动器

①单击"应用程序/机构"进入机构模式。

②单击"机构/伺服电动机"或按钮▨，出现"伺服电动机"对话框。

③单击"新建"，弹出"伺服电动机定义"对话框。

④设定类型。在"类型"选项卡上，在"从动图元"选取"连接轴"，并选择将 piston.prt 连接到 base.prt 的滑动杆连接轴，运动类型自动改为平移，并通过"反向"按钮确保活塞运动方向指向曲轴。

⑤设定轮廓：

• "规范"选取"速度"，并指定连接轴的零位置。

• 单击▨，并选中"指定参照"复选框，绿色主体参照选取机架的 TOP 面，橙色主体参照选过活塞轴孔轴线并与活塞底部平行的平面，输入距离值 100，使连杆与曲柄拉直共线，以确保活塞从最远运动至最近，点击对话框下部的"预览"按钮，使活塞回到指定位置，再取消"指定参照"，点击"设定零点"，使该点成为连接轴速度计算的零点，点击"确定"，回到"轮廓"设置对话框，在"初始位置"框内输入"0"，并用"▨"预览连接轴的初始位置。

• "模"选"用户自定义"。保证活塞做往复运动，而曲轴做匀速旋转运动。

按机械原理的理论，滑块的速度近似为 $v = l_1\omega_1 (\sin \phi + l_1\sin (2\phi) /2l_2)$，从前面所作的零件图知，曲柄长度（即曲轴轴颈轴线与几何轴线的距离）为 $l_1 = 20$、连杆长度

（连杆大头和小头轴孔中心的距离）为 $l_2 = 80$，曲柄的角速度为 $\omega_1 = 2\pi/5 = 0.4\pi$（这个值是自定义的），$\phi$ 是曲柄（即曲轴）的转角，表示为时间 t 的函数：$\phi = 360°t/5$，t 在 $0\sim5$ 之间变化。

单击▓，添加一个驱动器自定义行，选中该行，单击▨按钮添加表达式：8×3.14（$\sin(72\times t) + 0.125\sin(144\times t)$），区域为 $0 < t < 5$。

单击"确定"，完成模的设定并返回到轮廓选项的设定。

⑥单击"确定"，完成轮廓的设定。

3. 创建并运行运动学分析

单击●，弹出运动分析对话框，单击"新建"弹出"分析定义"对话框。

①在"类型"下，因不考虑力，所以选取分析类型为"运动"，接受缺省名称 AnalysisDefinition1。

②在"图形显示"栏，设"开始时间"为 0，"终止时间"为 5，"帧频"为 50。

③单击"电动机"选项卡，确保列出了"伺服电动机 1"。

④单击"运行"，分析进程显示在模型窗口的底部，并且机构开始运动，活塞做往复运动，曲轴做匀速转动。

4. 查看并保存结果

单击▶按钮，查看发动机机构的运动结果。单击按钮▯保存分析结果。在动画对话框中单击"捕获"，将回放的结果保存为 MPEG 格式的动画文件中。

第 10 章

二维视图

这一章主要介绍工程图生成的基本知识及编辑操作。为加强工程设计人员之间的交流与提高,让工程设计人员能够很好地表达自己的设计思想,也和其它的二维 CAD/CAM 软件进行数据交换,需要利用零件或装配件生成二维工程视图。这一章要求读者熟悉并掌握工程视图生成的基本原理,达到独立完成工程视图的建立及编辑操作的能力。

10.1 二维视图的格式

在进入二维视图的绘制时,首先确定绘图区域。确定绘图区域有三种方法,一是使用用户定义的模板,二是使用已有模板,三是使用空模板。在下拉菜单"文件"→"新建",系统弹出如图 10.1 的对话框,选择"绘图",弹出图 10.2 所示的对话框。

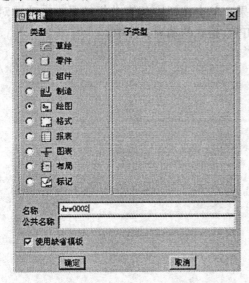

图 10.1 新建绘图对话框

图 10.2 选择图纸文件的对话框

在图 10.2 所示的对话框里,有两个选项:

①"缺省模型"选项。单击"浏览"按钮。可以选择计算机内部已存在的三维模型来生成二维工程视图。

②"指定模板"选项。有三个单项按钮:

- "使用模板":使用系统已有的模板生成工程图,此项是系统缺省选项。
- "格式为空":利用系统设定的图纸或用户定义的图纸格式生成工程图。
- "空":绘图时图纸没有标题栏和图框等,用户必须指定和选取图纸边界大小。

用户选中不同的单选按钮，下面的图纸设定分组选项显示不同的选项。

对于"使用模板"选项，可以从列选框中选择各种图纸模板，图纸大小从 A0～A4，A～F。

对于"格式为空"选项，会出现如图 10.3 所示对话框，单击"浏览"按钮，打开如图 10.4 所示的对话框选择需要的图纸。

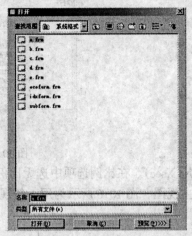

图 10.3　选择"格式为空"　　　　　　图 10.4　打开对话框

对于"空"选项，出现如图 10.3 所示对话框，分别对于图纸的方向和大小进行选择。图纸的大小分别有纵向（portrait）、横向（landscape）、可变大小（variable）三种类型。

10.2　插入菜单

Pro/E 的二维工程图的种类有以下五种：一般视图（General）、投影视图（Projection）、辅助视图（Auxiliary）、局部放大视图（Detailed）、旋转剖面视图（Revolved）。对于投影视图、辅助视图及三视图又有以下几种视图：全视图、全剖（Full View）、半视图、半剖（Half View）、断裂视图（Broken View）。

Pro/E 中建立工程视图有多种类型，本节主要介绍利用插入菜单建立各种视图的方法。

10.2.1　一般视图（General）

在机械工程视图中，主视图是最重要的视图，反映零件的主要信息。在主视图的基础上，配合其它视图，把零件外部结构以及内部结构表达清楚，在 Pro/E 中利用一般视图创建主视图，同时一般视图是唯一可以创建立体视图的。

在主菜单中单击"插入"→"绘制视图"→"一般"，在图纸空间中选择放置图形的中心，打开菜单管理器，如图 10.5 所示。

在模型视图名中选择投射面、在可见区域选项中选择全视图、在剖面选项中选无剖

图 10.5　绘制视图对话框

面（No Xsec）、在比例选项中选无比例（No Scale），单击"确定"，得到一般视图，把它作为主视图，图 10.6 所示为用一般视图创建的主视图与轴侧图。

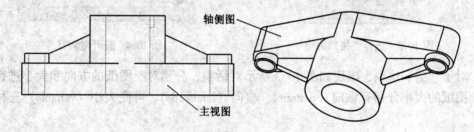

图 10.6　创建的主视图与轴侧图

10.2.2　辅助视图（Auxiliary）

辅助视图可反映出零件上的某倾斜或其它部分的真实尺寸以及形状。系统用垂直于所选的边作为投影方向，向平行于所选的边的平面作投影，也可以由其他视图类型创建辅助视图。

创建辅助视图的步骤：

单击▣或者单击"插入"→"绘制视图"→"辅助视图"，选择视图上的某一条边、基准面或轴线作为参考，确定视图的放置位置，缺省状态是全视图、无剖面、无比例（比例与原视图相同）。双击辅助视图或选中辅助视图，右击，选择属性选项，出现辅助视图的设置选项，设置辅助视图的标注字母。右击可以设置辅助视图的标注，给出箭头、字母及投射方向或者删除标注，图 10.7 为辅助视图。

10.2.3　投影视图（Projection）

当主视图确定后，利用投影视图命令为机件添加投影视图，可以得到左视图、俯视图、仰视图等，把机件的结构表达清楚。

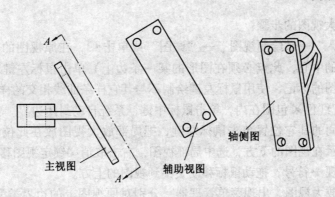

图 10.7 辅助视图

创建投影视图的步骤：

单击█或者单击"插入"→"绘制视图"→"投影"，选择主视图作为投影视图的投影本体，拖动鼠标，完成不同投影视图，在主视图的下方（左方）单击，获得俯视图（左视图）。另外，在移动投影视图时受到原视图的限制，只能与原视图同时进行对齐移动，利用图 10.6 所示的主视图创建的俯视图与左视图如图 10.8 所示。通过对投影视图进行编辑，可以变成剖视图等。

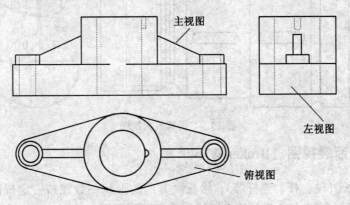

图 10.8 创建的俯视图与左视图

10.2.4 局部放大视图（Detailed）

局部放大视图在图纸空间中创建一个视图，用于显示图形某部分的详细结构。创建局部放大视图时，用户确定局部放大视图的中心点，系统缺省状态用样条曲线作为放大区域的边界，并且把视图的名称和比例值显示在局部放大视图的下方，同时在原视图上用圆、椭圆、样条曲线等表示局部放大区域。

局部放大视图从属于原视图，随着原视图的改变而改变。例如，如果原视图显示隐藏线（用含有隐藏线的模型显示图形），则局部放大视图也同样显示隐藏线，如果原视图隐藏特征，局部放大视图将隐藏其特征。由于局部放大视图具有这种从属性，所有只有修改原视图，才能对局部放大视图进行特性显示的修改，也可以使局部放大视图独立，不从属于原视图。

创建局部放大视图的步骤：

①单击"插入"→"绘制视图"→"详图"或单击 ，在原视图的某一位置（作为局部放大视图的中心，此点必须在图形的某一条边上）单击鼠标左键，出现红色 ▧ 作为局部放大视图的标记，使用鼠标左键绘制不与其它样条曲线相交的样条曲线（封闭或者不封闭），把红色 ▧ 包围在内，单击鼠标中键，系统自动封闭边界。

②在图纸空间的其它位置单击鼠标左键，把局部放大视图放在此位置上，视图名称、放大比例显示在视图的下方，选中局部视图，右击取消"锁定视图移动"选项或单击，选中文字出现 ▣ 符号，拖动鼠标移动文字到视图的上方。

③双击局部放大视图，出现菜单管理器，分别对原视图上的边界类型、视图名称、视图比例、与其它视图的对齐方式、局部放大视图的从属性等进行修改。图 10.9 所示为轴零件结构上的退刀槽的局部放大视图。

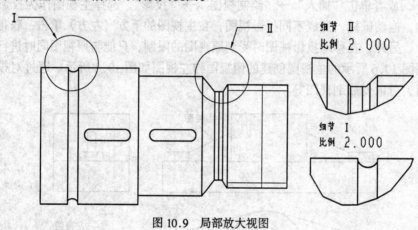

图 10.9 局部放大视图

10.2.5 断裂视图（Broken View）

当机件较长（轴、杆、连杆等），沿长度方向的形状一致或按一定规律变化时，可以断开缩短绘制，在 Pro/E 中利用破断视图建立断裂视图。

单击 ▣ 或选择"插入"→"绘制视图"→"一般视图"，在可见区域选项中选择破断视图，单击 ✚，在视图中，单击图形要断裂部分的边线，拖动鼠标确定断裂方向（水平或垂直），得到带有 ▧ 的第一条断裂线，单击图形中的第二点作为第二断裂处，出现蓝色带有 ▧ 的直线，第一条与第二条断裂线之间部分被断开；在剖面选项中选择无剖面，在比例选项中选择无比例；在断裂线体中确定断裂线的类型，在 Pro/E 中断裂线有草绘、轮廓上的 S 曲线、直线、几何上的 S 曲线等。图 10.10 为用直线、轮廓上的 S 曲线作为断裂线的断裂视图。

10.3 剖 面

为了表达机件的内部结构信息，在工程图中常常需要剖面视图。用假想剖切面将机件切开，将处于观察者与剖切面之间的部分拿掉，将剩余部分向投影面投影得到的视图

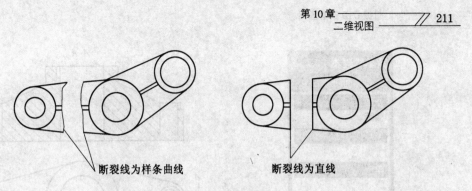

断裂线为样条曲线 　　　　　　　断裂线为直线

图 10.10　建立断裂视图

称为剖视图（简称剖视）。零件被剖开后，其内部结构变为可见，并将剖切面于机件接触部分称为剖面。为区分机件被剖切到和未剖切到的部分，通常在剖面区域画出代表相应材料的剖面符号。

在此介绍以下几种剖面视图：全剖、半剖、局部剖视、断面视图。

10.3.1　全剖（Full View）

全剖是用假想剖切面将机件全部切开，处于观察者与剖切面之间的部分拿掉，将剩余部分向投影面投影得到的视图称为全剖。

根据剖切面的种类不同又可以把全剖分为用单一剖切面进行剖切的全剖、阶梯剖（用几个相互平行的剖切面剖切）、旋转剖（用几个相交剖切面剖切，其交点为回转体的中心）。下面介绍这几种全剖方法。

1. 用单一的剖切面进行全剖

选择"插入"→"绘制视图"→"一般"，在绘图区确定视图的放置中心，出现如图 10.5 所示的菜单管理器。在可见区域选项中选择全视图；在剖面选项中，选择 2D 截面，单击 ✛，选择"创建新"选项，出现剖截面创建菜单管理器，如图 10.11 所示，选择平面，单一，单击完成，在命令提示行输入剖截面的名字，单击 ✔，弹出设置平面菜单管理器，选"平面"，在视图窗口选取剖切面，最后在对话框中单击确定得到全剖视图，如图 10.12 所示。

2. 阶梯剖

用几个相互平行的剖切面将机件全部剖开，向投影面作投影所得到的视图称为阶梯剖。在 Pro/E 中利用剖切面是偏距的方式建立阶梯剖。以下介绍建立阶梯剖的步骤：

①选择"插入"→"绘制视图"→"一般"，在绘图区确定视图的放置中心，出现如图 10.5 所示的菜单管理器。在可见区域选项中选择全视图；在剖面选项中，选择 2D 截面，单击 ✛，选择"创建新"选项，出现剖截面创建菜单管理器，如图 10.11 所示，选择"偏距"、"单一"、"完成"。在命令行提示区输入要创建的截面名称 A，再按"确定"。

图 10.11　剖截面创建菜单管理器

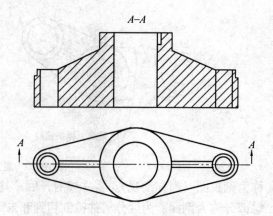

图 10.12　全剖视图

②零件的立体图出现在小窗口内，弹出设置草绘剖切面的菜单，选择如图 10.13 所示的确定绘制剖切位置的参考面，在弹出的设置草绘菜单中，选择缺省项。绘制如图 10.14 所示的全剖位置。在草绘菜单下单击完成，零件窗口自动关闭。

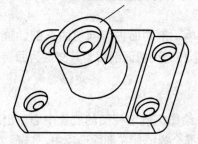

图 10.13　确定剖切位置的参考面的选择

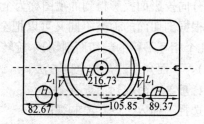

图 10.14　草绘的剖切位置

③在如图 10.5 所示的菜单管理器，选择主视图的投影方向，单击中键确定，生成如图 10.15 所示的阶梯剖。

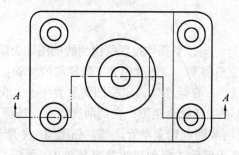

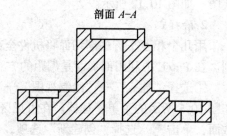

图 10.15　阶梯剖的实例

3. 旋转剖

用两个相交的剖切面剖开机件，将不平行于基本投影面的剖切面切到的结构及相关的部分旋转到与局部投影面平行后再进行投影得到的视图称为旋转剖。在 Pro/E 中，利用全部展开建立旋转剖，如图 10.16 所示。

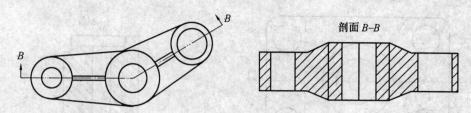

图 10.16　建立旋转剖

10.3.2　半剖（Half View）

当机件具有对称结构时，在垂直于对称面的投影面上作投影，得到视图，以对称线（中心线）为分界，一半画成剖视图（表达内部结构），一半画成视图（表达外部形状），这种投影图称为半剖视图。利用一般视图或者投影视图均可建立半剖视图，下面介绍它的建立过程。

在一般视图或者投影视图的基础上，选中图形，右击选择属性，在可见区域选项中选择全视图，在剖面中创建新剖面，与建立全剖过程一致，在剖切区域中选择一半，建立如图 10.17 所示的半剖。

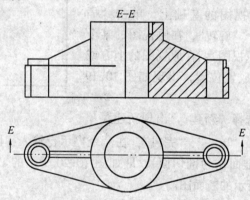

图 10.17　半剖视图

10.3.3　局部剖（Partial View）

用剖切面局部地剖开机件所得到的剖视图称为局部剖视。主要用于仅有机件局部结构需要表达，但没必要作全剖或不适合半剖的情况。局部剖视不受机件结构的限制，剖切范围比较灵活。Pro/E 中在一般视图、投影视图、剖视图的基础上，利用属性创建局部剖。

选中视图，右击选中属性，在剖面选项中，创建新的剖面，创建方法与全剖一样，在剖切区域中选择局部，在剖切位置单击鼠标左键（在视图的边线上选择），出现"✖"，作为局部剖视的中心，单击鼠标增加绘制剖切区域，单击"确定"，得到如图 10.18 所示的局部剖。

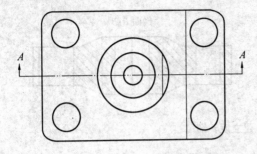
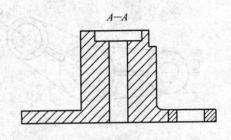

图 10.18　在全剖的视图上建立局部剖

10.3.4　断面视图（Section View）

假想用剖切面将机件切开，仅画出该剖切面与机件接触部分的形状称为断面图。主要用于表达机件上某切断面的形状，如轴、杆上的孔、槽以及轮辐、肋板等断面形状。在 Pro/E 中，利用旋转视图建立断面视图。

在主视图或其它视图的基础上，单击"插入"→"绘制视图"→"旋转"，在原视图的某个位置单击确定（确定原视图），在原视图的上方或下方单击确定断面图放置位置，出现如图 10.19 所示的菜单管理器。

图 10.19　菜单管理器

在截面选项中，选择"新建"，出现新建菜单管理器，选择"平面"、"单一"、"完成"，在命令提示行输入视图名称，选择断面视图的剖切位置（选择基准面作为剖切面），即如图 10.20 所示的 DTM2 或 DTM3，单击确定，建立如图 10.21 所示的断面图。

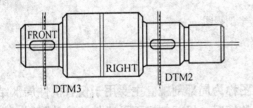

图 10.20　选择断面视图的剖切位置

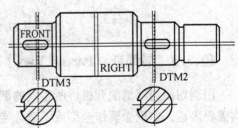

图 10.21　断面图

10.4　视图编辑

视图完成后，常常需要对视图进行编辑修改，提高工程整体页面的美观性、正确性、标准性以及可读性。通常可用以下几种方式编辑视图：移动视图、隐藏与恢复视图、删除视图、设置视图的显示模式。

1. 移动视图

在生成视图时，如果视图的位置不合适，可以通过此选项对视图进行编辑修改，使得各视图在页面中的布置合理、美观。

在投影视图中，缺省状态下原视图移动，其投影视图随之一起移动，以保持视图的对齐；如果在"视图属性"选项中，在"对齐"选项中，取消"将此视图与其它视图对齐"选项，可以单独对某个单一视图进行移动。例如，主视图垂直移动，左视图随之一起垂直移动，保证水平方向对齐。

取消视图锁定的方法：①按图标 ；②选中图形，右击弹出菜单，取消"锁定视图移动"；③在下拉式菜单"工具"→"环境"，取消"锁定视图移动"。取消视图的锁定后，可以对视图进行移动，如图 10.22 所示。

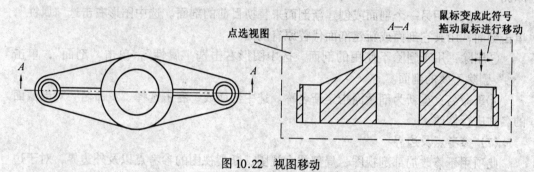

图 10.22　视图移动

2. 删除视图

生成视图后，可以使用删除命令，将多余的视图删除。在删除投影视图时应注意，原视图与其一起被删除。

删除视图的方法：①选中欲删除的视图，直接按键盘上的 Delete；右击选择"删除"选项；②在下拉式菜单"编辑"中选择"删除"；③选中绘制工具栏中的 ×，单击确定完成删除视图的操作。

3. 视图修改

双击视图或选中右击选择属性，出现图 10.5 所示菜单管理器。对视图的类型、比例、截面等进行修改。

（1）视图名称

双击欲修改的视图，出现图 10.5 所示的菜单管理器，在视图类型选项中，在视图名里输入新名称。

（2）视图类型

在图 10.5 的视图类型选项中，从一般、投影、辅助之间进行变化；可见区域选项中，从全视图、半视图、局部视图、破断视图之间进行变化。

（3）比例

当视图为详细视图或一般视图时，单击图 10.5 中的比例选项，对视图进行比例修改，得到新比例值的视图。对于投影视图的比例修改，选中原视图，右击选属性或双击，单击比例选项，修改比例，原视图及其投影视图的比例一起修改。

（4）视图定向

视图定向只适合于一般视图类型，用于重新确定视图的投影方向，同时用此一般视图建立的投影视图的方向一起进行修改。

（5）视图对齐

视图对齐只适合于一般视图类型，用于重新定义视图的对齐方式。此选项可以将取消对齐状态的视图恢复到对齐状态，或者用于建立将一个独立的一般视图与其它视图对齐。

（6）截面

截面用于修改剖截面及其相关项目，共有四个选项：

①反向：切换视图的投影方向同时更新视图。选中剖面线，右击选择"反向材料切除侧"。

②替换：用另一个剖面或创建新剖面来替换目前的剖面。选中图形右击选"属性"，单击剖面，用其它剖面或新建剖面代替原有剖面。

③删除：用于删除不使用的剖面。选中图形右击选"属性"，单击"剖面"，单击"■"删除不要的剖面。

④重命名：重新为剖截面指定新名称。选中剖面线，右击选择"重命名"对剖截面的名称进行修改。

（7）参考点及边界

此项用于修改局部剖视图、局部放大视图、断裂视图的参考点以及外边界，对于边界还可以重新草绘局部放大视图的边界。

对于局部放大视图，选中原视图，双击或右击选"属性"，单击"剖面选项"，单击"参照选项"，重新定位参照点，单击边界可以重新草绘边界；对于局部视图，双击局部视图或右击选"属性"，出现图 10.5 所示的菜单管理器，单击可见区域，对参照点的位置及边界进行修改；对于断裂视图，双击断裂视图。

10.5　二维视图的尺寸标注

在 Pro/E 中，有两种尺寸模式：一种来自于创建的 3D 模型时的尺寸；一种是在工程图中创建尺寸。它们之间的最大差别在于是否影响 3D 几何模型。来自于创建的 3D 模型时的尺寸直接影响三维几何图形，而工程图中创建尺寸不影响三维几何模型。

10.5.1　显示尺寸

在工程图中，可以显示创建 3D 模型时的尺寸。其显示尺寸的方法如下：

单击 或者选择下拉式菜单"视图"→"显示及拭除…"，系统弹出如图 10.23 所示的"显示"与"拭除"窗口，显示及拭除的类型说明见表 10.1。

在图 10.23 中，可以明显地看出，不仅尺寸项目可以"显示/拭除"，还有其它项目可以用"显示/拭除"窗口来控制显示。

表 10.1　显示及拭除的类型说明

图标	说　明	图标	说　明
├─1.2─┤	显示/拭除尺寸	├─(1.2)─┤	显示/拭除参考尺寸
⊕Ø.1⊙	显示/拭除几何公差	─────A.1	显示/拭除轴线
⟋⑤	显示/拭除球标	焊接符号	显示/拭除焊接符号
32√	显示/拭除粗糙度	A◀	显示/拭除基准平面
装饰特征	显示/拭除装饰特征	⟋ABCD	显示/拭除注释

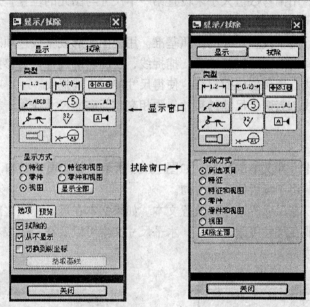

图 10.23　显示与拭除窗口

在图 10.23 中，对于尺寸的显示方式有：

①特征：选取模型特征来显示或拭除尺寸。特征的选取可以从模型树中选取，也可以直接在图形区选取特征，由系统自动确定把尺寸放到哪个视图上。

②零件：用于显示与拭除装配工程图中的某个零件的尺寸。

③视图：用于在指定视图上显示与拭除尺寸。

④特征和视图：与特征的尺寸显示与拭除非常近似，与之不同，尺寸是由用户确定放在哪个视图上。

⑤零件和视图：用于由用户在指定的视图上显示与拭除零件尺寸。

⑥显示全部与拭除全部：将所有尺寸一次显示或拭除。

10.5.2　尺寸编辑

在工程图中，经常要对尺寸进行修改，以达到尺寸清晰、符合国标标准。在 Pro/E

中，利用整理尺寸、尺寸对齐等对尺寸进行编辑。

1.整理尺寸

整理尺寸用于调整尺寸和文本的位置，只适用于线性尺寸位置的修改。点选单个尺寸或用窗口选多个尺寸后，点选"编辑"→"整理"→"尺寸"或单击，系统弹出如图 10.24 的窗口，每一项的功能如下：

整理尺寸用于设置尺寸的摆放方式，有放置与修饰两部分。

（1）放置

图 10.24 所示为放置的窗口，共有四项：分隔尺寸、偏移参照、创建捕捉线、破断尺寸线，其意义如下：

①分隔尺寸。用偏移数值大小来设置第一个尺寸与图元的位置，用增量的数值大小来设置相邻两个尺寸的间距。

②偏移参照。用于设置尺寸的参照基准。用视图轮廓或基线选项进行设置。对于基线选项，可以选择视图图元、基准面、捕捉线、视图轮廓线等作为参照基准。

③创建捕捉线。用于创建捕捉线，使得尺寸能对齐捕捉线。

④破断尺寸线。当两个尺寸的尺寸界限相交时，破断尺寸线用于在相交处打断尺寸界限。

（2）修饰

修饰用于安排尺寸文本的位置，如图 10.25 所示，其选项意义如下：

①反向箭头：用于设置箭头的方向。

②居中文本：在尺寸界限中间放置文本。如果文本在尺寸界限之间放不下，系统按指定方向将文本放在尺寸界限的外部。水平尺寸文本可以放在左边或右边；垂直文本可以放在上边或下边。

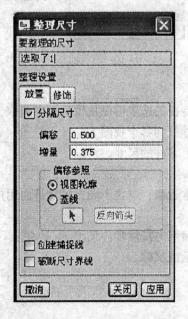

图 10.24 整理尺寸

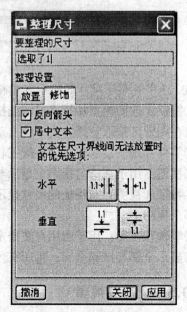

图 10.25 修饰窗口

2. 尺寸删除与移动

由于尺寸类型不同，需要采用不同的方式来删除尺寸。对于由三维模型得到的尺寸，用"显示与拭除"来删除尺寸；对于创建的尺寸，先点选创建的尺寸或"Ctrl + 左键"选多个创建的尺寸，可以用"Delete"或 ▨ 来删除尺寸；也可以右击选择"拭除"或"删除"来删除尺寸。

对于尺寸的移动，先点选尺寸，尺寸变成红色，然后根据指针的符号（如表 10.2 所示），按住鼠标左键即可移动。这种移动方式不局限于尺寸，还可以用于移动注释、公差、符号等。

表 10.2　指针符号表

指针符号	意义
✛	尺寸文本、尺寸线、尺寸界限可以任意移动
↕	尺寸文本、尺寸线、尺寸界限在垂直方向移动
↔	尺寸文本、尺寸线、尺寸界限在水平方向移动

3. 对齐尺寸

不同视图或同一视图的尺寸，利用对齐方式使得尺寸在水平方向或垂直方向等对齐，也可以使纵坐标尺寸对齐。

创建捕捉线：捕捉线用于定位尺寸、注释、公差等图元。"插入"→"捕捉线…"或单击▨，系统弹出菜单管理器，有两种方式用于指定参照：

①依附视图：用视图边界作为参照，一次可以选择多个边界。

②偏移对象：用一个或多个边、基准、已经建立的捕捉线作为参照。

选择参照后，在命令行输入捕捉线与参照边界之间的距离、捕捉线数量以及捕捉线之间的间距，确认后即可创建捕捉线。

第 11 章
计算机辅助工程分析

计算机辅助工程分析（CAE）已成为工程中普遍使用的分析方法，虽有不少的具体分析方法，但有限元法（finite element analysis，简称 FEA）因其独有的优点而得到广泛使用。Pro/E 系统中的 Mechanica 模块提供了 FEA 功能，能在设计环境下快速地进行有限元分析的前处理、建立有限元模型，并将其导入专业有限元分析软件中进行计算、分析，充分发挥了 Pro/E 强大的 CAD 功能，弥补了专业有限元软件前处理能力不足的缺点，提高了整个有限元分析工作的效率和产品设计的柔性化。本章将以结构（structure）分析为例说明 Pro/E 的 FEA 功能。

11.1 有限元分析流程

有限元分析总体上可分为三大部分，即前处理、主分析计算、后处理等。Pro/E 的有限元分析流程，从模型创建开始、简化模型、网格生成到边界条件的设定、求解、最后检查分析结果，判断结构的正确性、可靠性、合理性。其流程图如图 11.1 所示。

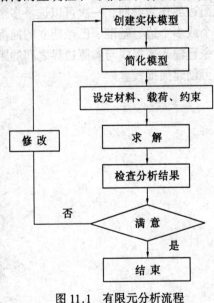

图 11.1 有限元分析流程

11.2 FEA 模型

FEA 模型的定义包括：创建并简化模型、设定材料、添加约束、添加载荷及设置网格等。利用前面所讲的知识创建模型不再重复，以下就后几个方面作简单介绍。

11.2.1　设定材料

在主菜单的"属性"项下有两项用来设置实体模型的材料。

1.材料

用来设置零件模型的材料，如果进行有限元分析之前没有设置零件的材料，则用该选项定义零件的材料。单击主菜单的"属性/材料（Materials）"选项，菜单管理器弹出"FEM MATERIAL（FEM 材料）"菜单，有 6 个选项，分别介绍如下：

"Whole Part"可以设置整个零件的材料；"Solid Chunk"用于设置实体块的材料；"ShellPair"用于设置壳模型对的材料；"1nfo"用于显示零件模型材料的各项信息；"Assign"用于将用户指定的材料分配给零件模型；"Unassign"用于删除零件模型的材料。

2.材料方向

定义材料的方向。如果没安装 Pro/Mechanica 模块，该选项是禁用的。

11.2.2　载荷

Pro/E 系统提供了 5 种类型的载荷，即力/力矩、压力、重力、离心力以及温度。可以用右键快捷菜单添加、删除、编辑作用在模型上的载荷。

单击"插入/力"或 ⊩ 按钮，系统弹出图 11.2 所示力的加载对话框。下面分别介绍各选项的功能：

①Name：设定载荷的名称。

②Member of Set：显示已加载的载荷。

③References：用以指明载荷作用的参照，可以在曲面、边、曲线或点上加载。

④Properties：用以设置力的分布特征是集中力或均布力。

⑤Force（力）/Moment（力矩）：设置力/力矩的大小和方向，可以设置沿坐标方向的大小值，确定载荷或者设置载荷的方向向量与强度确定载荷的大小。

11.2.3　约束

约束用于定义有限元模型的边界条件。单击"插入/位移约束"或按钮 ▨ ，弹出如图 11.3 所示"Constraint"对话框。以下逐一介绍各选项的功能。

①Name：设定约束的名称。

②References：设置约束的参照，即在面、曲线、边或点上施加约束。

③Coordinate System：选取坐标系。

④Translation：施加平移约束，以限制沿 X、Y、Z 方向的移动。

⑤Rotation：施加旋转约束，以限制绕 X、Y、Z 轴的转动。

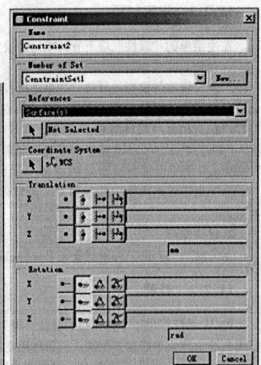

图 11.2　Force/Moment Load 对话框　　　　图 11.3　Constraint 对话框

11.2.4　设置网格

主菜单的"网格"选项,用于控制、创建、检查以及改进有限元模型的网格。下面介绍各选项的功能和使用方法。

1.控制

单击"网格/控制",弹出 Mesh Control(网格控制)对话框,用于设置网格的大小。各选项的功能如下。

①Name:用于输入网格控制的名称。

②Type:选择控制网格大小的方式,系统提供了8种类型的网格大小控制方式。

③Reference:设置网格的使用范围,有零件、曲线/边或曲面三项可供选择。

2.创建

单击"网格/创建"弹出"创建有限元网格"对话框,选取"实体(Solid)",单击"起始"开始网格的创建。

3.改进

用于改进有限元模型的质量。单击该选项,信息提示区出现文本编辑框,输入网格形状改进的通路数值,然后单击右侧的按钮☑,完成网格质量的改进。

4.删除

删除已创建的网格。

5. 查看

查看有限元模型中的节点或单元。

6. 检查元素

检查有限元网格的质量。划分有限元网格后，系统自动弹出"Element Quality Checks"对话框，要求检查网格的质量，设置完对话框中的各个选项后，单击"Check"按钮即可检测模型中的网格，同时在对话框的"Results"栏显示检查结果。

11.3 求 解

单击主菜单的"分析/有限元求解"选项，弹出如图 11.4 所示对话框。可以在该对话框中选择运行有限元分析的求解器，指定分析的类型，设置单元形状以及运算方式等。以下分别介绍各个选项的功能和使用。

（1）Solver

用于选择求解器的种类，Pro/E 系统提供了 Display Only、ANSYS、NASTRAN、COSMOS、PATRAN、SUPERTAB 以 及 PTC FEM Neutral Format 求解器，用来进行有限元分析计算。各个求解器的功能如下。

①Display Only：仅用于屏幕上显示分析结果。

②ANSYS：以 ANSYS 软件作为有限元分析的求解器，输出 ANSYS 可识别的分析结果文件。

③NASTRAN：以 NASTRAN 软件作为有限元求解器，输出 NASTRAN 软件可识别的分析结果文件。

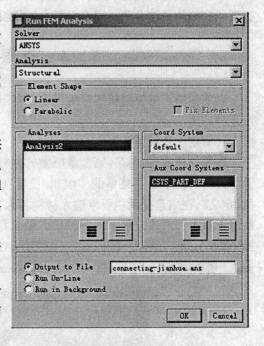

图 11.4 Run FEM Analysis 对话框

④COSMOS/M：输出 COSMOS/M 格式的分析结果文件。

⑤PATRAN：输出 PATRAN 格式的分析结果文件。

⑥SUPERTAB：输出 SUPERTAB 格式的分析结果文件。

⑦PTC FEM Neutral Format：输出 FEMNeutral 格式的分析结果文件。

（2）Analysis

指定分析类型，Pro/E 系统提供了 3 种分析类型：Structural、Thermal 和 Modal。

①Structural（结构）：用于结构力学的分析，可以计算结构的位移、应力、应变和力等参数。

②Thermal（热）：用于热力学分析，可以计算温度、热应力等参数。

③Modal（模态）：用于振动力学的模态分析，可以计算结构的固有频率等参数。

（3）Element Shape

Pro/E 系统提供了 Linear（线性）和 Parabolic（抛物线）两种单元形状。对计算精度没有特别要求时，用"Linear"；有较高精度要求时，用"Parabolic"。

（4）设置运算方式

Pro/E 系统提供了 Output to File（输出至文件）、Run On – Line（联机运行）、Run in Background（后台运行）三种运算方式。选中"Output to File"选项，用于输出有限元模型文件，利用相应的求解器进行计算；选中"Run On – Line"单选项，则可以进行联机计算；选中"Run in Background"选项，则在后台进行运算。

求解对话框设置完成后，单击主菜单的"分析/结果"，可以查看有限元分析结果，查看研究结构是否合理、安全可靠。如果没安装 Mechanica 模块，此功能不可用。

11.4　有限元分析实例

以前面所讲的发动机连杆为例进行有限元分析，以熟悉整个有限元分析的流程及各个选项的用法。

1.创建连杆模型并简化

在零件模式下，打开第 7 章所做的连杆模型，并将其简化，如图 11.5 所示，并设置零件材料，单击主菜单的"编辑/设置"，弹出"零件设置"菜单管理器，单击"材料/定义"，在信息提示栏要求输入材料名称，输入"45"，单击"确定"按钮，弹出一个临时记事本，对该记事本进行编辑，输入材料的属性：杨氏模量 YOUNG _ MODULUS = 206000N/mm^2、泊松比 POISSON _ RATIO = 0.3、剪切模量 SHEAR _ MODULUS = 81000N/mm^2、密度 MASS _ DENSITY = 7.8e – 9tone/mm^3 等，之后保存并退出。

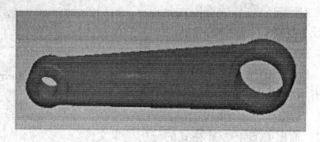

图 11.5　简化的连杆模型

2.进入 Mechanica 模块

单击主菜单的"应用程序/Mechanica"，系统弹出系统所使用的单位信息对话框，单击"Continue"，则以对话框所显示的单位作为有限元分析的主单位，同时直接进入有限元分析模块。

3.添加约束

在连杆大端添加固定约束，即限制沿 X、Y、Z 方向的移动及绕这三个轴的转动。单击"插入/位移"或按钮 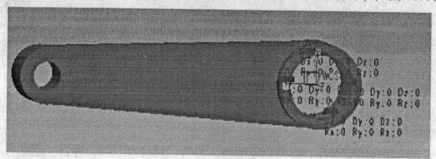，弹出位移约束对话框，在 Name 中输入名称"大端约束"，在"References"栏选"Surface"，单击按钮 ，弹出"SIM SELECT"菜单管理器，选取连杆大端的轴孔内表面，将该表面作为约束作用面。完成选取后单击"确定"按钮回到 Constraint 对话框。设置"Translation"和"Rotation"均为固定约束。完成以上设置后，单击"OK"完成约束的添加，主窗口的零件上出现了约束符号，如图 11.6 所示。

图 11.6　位移约束符号

4.添加载荷

单击"插入/力"或按钮 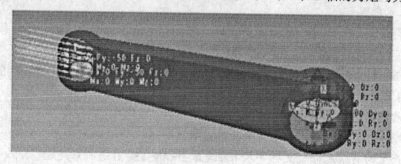，弹出 Force/Moment Load 对话框，在 Name 中输入"小端载荷"，在"Reference"栏选"Surface"，单击 按钮，弹出 SIM SELECT 菜单管理器，选取小端销轴孔的表面，选取完成后单击"确定"返回到"Force/Moment Load"对话框，设置"Properties"栏的"Distribution"选项为"Total"及"Spatial Variation"选项为"Uniform"，即载荷为均布总载荷。在"Force"栏设置 $Y = 50$，其余的都设置为 0，即在 Y 方向加总和为 50 N 的均布力。单击"OK"完成载荷的添加，同时零件上出现载荷符号，如图 11.7 所示。图中的 $F_X = 0$、$F_Y = 50$、$F_Z = 0$、$M_X = 0$、$M_Y = 0$、$M_Z = 0$ 表示沿 X、Z 方向的分力为 0，沿 Y 方向的总分力为 50，对 X、Y、Z 轴的力矩均为 0。

图 11.7　载荷符号

5.设置网格

（1）设置最大网格的尺寸

单击"网格/控制"，弹出"Mesh Control"对话框，在"Name"中输入名称为"最大网格"，在"Type"的下拉列表中选取"Maxmium Element Size"，选"Referece"为

"Components"，即为整个零件设置网格尺寸。在"Element Size"编辑框中输入网格尺寸为4。单击"OK"完成最大网格尺寸的设定。同时在零件上显示最大网格尺寸符号，如图11.8所示。

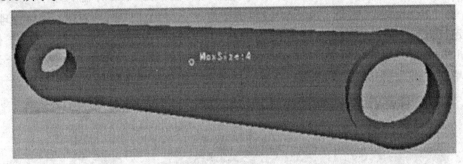

图11.8 网格控制符号

（2）以同样的方式设置最小网格尺寸为1。

6.创建网格

完成大小网格的设置后，即可创建网格。单击"网格/创建"，弹出"创建有限元网格对话框"，选网格类型为"结构"，单击"起始"，系统自动开始网格的划分。

7.网格质量检查

划分网格后，系统自动弹出"Element Quality Check"对话框要求检查网格质量，各选项用系统默认值，单击"Check"，系统自动在"Results"栏显示检查结果。质量差的单元以红色显示。如果选中"Output Element Statistics"的复选项"Screen"时，检查结果同时在屏幕上显示，或选中"File"将检查结果输出到文件。

8.改进网格

完成网格质量检查后，对网格质量进行改进。单击"网格/改进"，在信息提示区输入改进的通路数值为2，单击☑完成网格质量的改进。之后还可以用"网格/查看"查看有限元模型的节点或单元。

9.有限元求解

单击主菜单的"分析/有限元求解"，弹出"Run Fem Analysis"对话框，选取"Solver"为"ANSYS"，选"Analysis"为"Structure"，选"Element Type"为"Linear"，在运算方式栏选"Output to File"，即选取 ANSYS 求解器进行单元形状为线性的结构分析，而且结果输出为 ANSYS 模型文件。

10.查看结果

单击"分析/结果"查看有限元分析的结果。

11.将产生的有限元分析文件导入有限元软件 ANSYS8.0 进行后处理

第 12 章
//Pro/Engineer 模具设计

本章将介绍 Pro/E 中模具设计模块（Pro/Moldesign）的功能及用途。Pro/Moldesign 在 Pro/E 系统中是一个选择性的模块，此模块提供了相当方便实用的设计及分析工具，让用户能在最短的时间内从建立模具装配（mold assembly）开始，通过分模面（parting surface）的规划，到最后模具体积块（mold volume）的产生，依次顺利地完成拆模的工作。

Pro/Moldesign 模块同时也提供了一些拆模过程中必要的分析功能，其中包括投影面积（projected area）、拔模检测（draft check）、厚度检查（thickness check）、分型面检查（parting surface check）、模具分析（mold analysis）、模具开启（mold opening）以及干涉检验（interference check）等。

12.1 模具设计的基本流程

关于模具设计的基本流程大致上可用图 12.1 的流程图来说明。

由流程图可以看出，模具设计可分成下列几个部分：

（1）零件成品（Design Model）

首先，要准备好一个设计好的零件成品（design model），也就是即将要拿来拆模的零件，此零件可在 Pro/E 中零件设计（part design）或是零件装配（assembly design）的模块中先行建立。

当然，也可以在其它的 3D CAD 软件中建立好之后，再通过某种文件格式（如 IGES 文档）将其 3D 数据输入（import）Pro/E，但是此方法可能会因为精度（Accuracy）差异而产生几何问题，进而影响到往后拆模的操作。

（2）模具装配（mold assembly）

在进入了 Pro/E 模具设计的环境之后第一个操作便是进行模具装配（mold assembly）。模具设计的装配环境与零件装配的环境相同，用户能通过一些约束条件的设定轻易地将零件成品（design model）或是参照模型（reference model）与事先建立好的工件（workpiece）装配在一起。此外，工件也可以在装配的过程中建立，在建立的过程中只须指定模具原点及一些简单的参数设定，用户可依个人的喜好来选择模具装配的方式。

（3）模型检验（model check）

在开始拆模之前，必须先检验模型的厚度（thickness check）、拔模角（draft check）等几何特征，其目的在于确认零件成品的厚度及拔模角是否符合设计需求，而后便可以开始进入我们真正的主题——拆模。

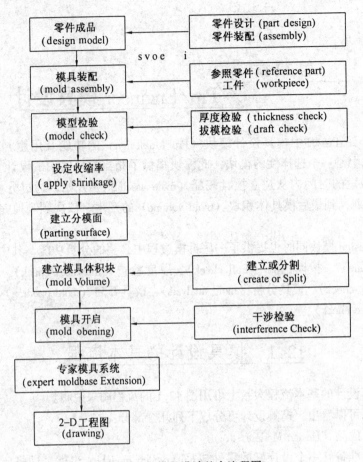

图 12.1　模具设计基本流程图

(4) 设定收缩率 (apply shrinkage)

不同的材料在射出成型后会有不同程度的收缩，为了补正体积收缩上的误差，必须将参照模型放大。Pro/Moldesign 针对这个需要提供了一套设定收缩率的工具，在给定了收缩率公式之后，可以分别对 X、Y、Z 三个坐标轴设定不同的收缩率，也可以针对单一特征或尺寸个别做缩放。

(5) 建立分模面 (parting surface)

若是采用分割 (split) 的方式来建立公模和母模，必须先要建立一个特征曲面作为模块分割的参考 (reference)，我们称此特征曲面为分模面 (parting surface)。建立分模面的方式与建立一般特征曲面时相同，相信读者都已经相当熟悉。通常，参考零件的外形愈复杂，其分模面也将会跟着复杂，此时，必须有相当的曲面功力才能建立各种奇形怪状的分模曲面。因此，熟练特征曲线与特征曲面的操作技巧对于分模面的建立将有非常大的帮助。该项内容是模具设计的重点和难点之一。

(6) 建立模具体积块 (mold volume)

建立模具体积块的方法大致上有两种：一种是分割 (split)；另一种则是建立 (create)。最简单的方法就是利用分模面将模具装配中的工件 (workpiece) 分割为两块，即公模 (core) 和母模 (cavity)。基本上，这个方法已经可以建立出公模与母模的雏形。

除了分割之外，还可以用聚合（gather）的方式来建立模具体积块，其它较特殊的模块体积组件，如滑块（slider），则可利用草绘（sketch）的方式来建立。该项内容也是模具设计的重点和难点之一。

（7）模具开启（mold opening）

Pro/Moldesign 提供了开模操作仿真的工具，可以通过开模步骤的设定来定义开模操作顺序，接着将每一个设定完成的步骤连贯在一起进行开模操作的仿真，在仿真的同时还可以做干涉检验（Interference Check），以确保成品在拔模时不会发生干涉。

以上说明了 Pro/Moldesign 的基本设计流程，在接下来的简单范例中，将依以上所给出设计流程一一介绍 Pro/Moldesign 的使用方法及技巧。需要说明的是对于初学者，像收缩率、模型检验、模架系统等可暂时不涉及这些内容，而把重点放在了解设计流程的操作上。待水平达到一定程度时，再深入学习这些内容。

12.2　Pro/Engineer 模具设计实例

下面以烟灰缸零件为例简单介绍 Pro/Engineer 模具设计的工作流程。

12.2.1　开启参考元件

1.建立新文件

单击菜单"文件/新建"，弹出图 12.2 所示的对话框。在"类型"选项中选择"制造"，然后在"子类型"中选择"模具型腔"，在名称中输入文件名（本例使用缺省文件名 mfg0001），取消选中"使用缺省模板"复选框，单击"确定"按钮，弹出图 12.3 所示的新文件选项对话框。选择mmns_mfg_mold模板文件，单击"确定"按钮。

2.开启参考元件

①开启模具设计的新文件后，选择"模具模型/装配/参考模型"项，如图 12.4 所示。

②在弹出的对话框中选择已建立并保存了的烟灰缸文件：ashtray.prt，并单击"打开"，如图 12.5 所示。

③开启参考元件后，系统将弹出图 12.6 所示对话框，要求选择装配约束类型。在对话框中单击如图 12.6 所示的"在缺省位置装配元件"按钮，"类型"对话框中出现"缺省"选项，按下"确定"键。系统弹出图 12.7 所示的对话框。要求输入参照模型名称，选用默认文件名称 MFG0001_REF，按下"确定"键，会出现如图 12.8 所示的效果。

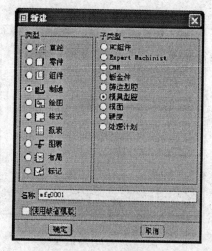

图 12.2　新建对话框

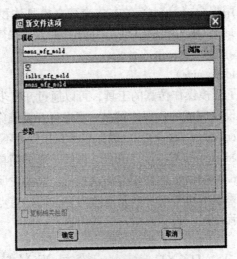

图 12.3　选择模板文件

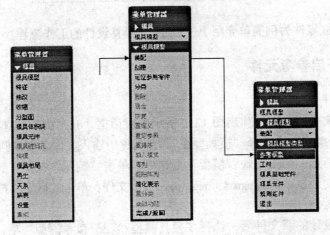

图 12.4　"模具"级联菜单

图 12.5　打开对话框

图 12.6　装配参照模型

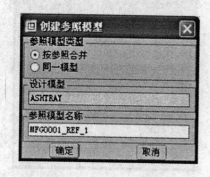

图 12.7　参照模型名称

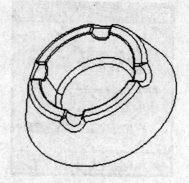

图 12.8　打开保存过的烟灰缸文件

12.2.2　产生模具胚料

①开启参考元件后，在主菜单中依次选择"创建/工件/手动（由用户自己手动建构模具胚料）"。系统弹出图 12.9 所示的元件创建对话框，在"名称"输入框中输入 work_piece，按下"确定"键，系统弹出图 12.10 所示的创建选项对话框。单击"创建特征"选项后按"确定"按钮。

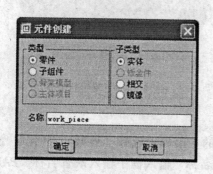

图 12.9　元件创建对话框

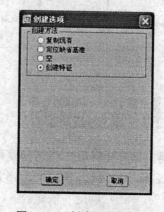

图 12.10　创建选项对话框

②接着在主菜单中选择"实体/加材料/拉伸/实体/完成"，在操控板中单击"创建截面"按钮，系统弹出如图 12.11 所示的剖面对话框。选择 MOLD_FRONT 为草绘平面，MAIN_PARTING_PLN 为参照平面。单击"草绘"按钮。

③在弹出的如图 12.12 所示的参照对话框中选择 MOLD_RIGHT 为水平参照，选择 MAIN_PARTING_PLN 为竖直参照，单击"关闭"按钮，绘制如图 12.13 所示的截面草图，单击"继续当前"按钮，在操控板"拉伸方式"中选择"两侧"，在"深度"值输入框中输入"400"。单击"建造特征"按钮。在主菜单中单击"完成\返回"→"完成\返回"。创建的模具胚料如图 12.14 所示，屏幕上呈绿色。

图 12.11　"剖面"对话框

图 12.12　"参照"对话框

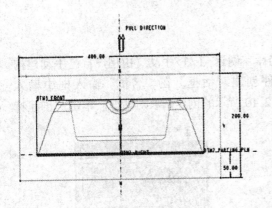

图 12.13　截面草绘图

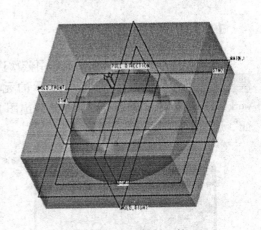

图 12.14　完成后的工件

12.2.3　建立分模面

①建构模具胚料后，建立分模面。在弹出的主菜单中选择"分型面/创建"，出现"分型面名称"对话框，如图 12.15 所示。在"名称"输入框中输入缺省名称"PART_SURF_1"，单击"确定"按钮。

②在弹出的主菜单中选择"增加/着色/完成"项，出现"阴影曲面"属性对话框，如图 12.16 所示。在该对话框中单击"确定"按钮。

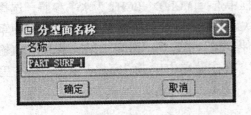

图 12.15　分型面名称

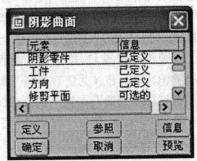

图 12.16　阴影曲面属性

③在弹出的主菜单中选择"完成/返回→完成/返回"项，系统产生红色分模面，如图 12.17 所示。

12.2.4　分割模型

①完成分模面的建立后，在主菜单中选择"模具体积块/分割/两个体积块/所有工件/完成"，选择如图 12.18 所示的分模面。选择"完成选取"（接受选择），这时系统弹出"体积块名称"对话框，如图 12.19 所示，同时模具胚料上半部分显亮。在"名称"输入框中输入缺省名称 MOLD _ VOL _ 1，单击"确定"按钮。"体积块名称"对话框再次出现，同时模具胚料下半部分显亮。在"名称"输入框中输入缺省名称 MOLD _ VOL _ 2，单击"确定"按钮。

②创建模具元件。在主菜单中选择"模具元件/抽取"，弹出如图 12.20 所示的对话框。在对话框中选择 MOLD _ VOL _ 1 和 MOLD _ VOL _ 2 体积块（或单击将 MOLD _ VOL _ 1 和 MOLD _ VOL _ 2 体积块全部选中），单击"确定"按钮。

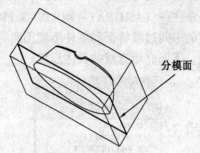

图 12.17　产生分模面

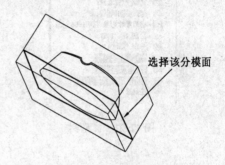

图 12.18　选择分模面

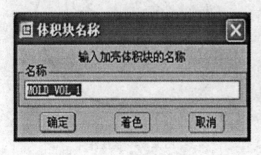

图 12.19　体积块名称

图 12.20　创建模具元件

③生成浇注件。在主菜单中选择"铸模/创建"，在信息栏中输入零件名称："ashtray – molding"，单击"接受值"按钮。完成浇注件的创建。

12.2.5　遮蔽和撤消遮蔽

完成上述设计步骤后，产生了一系列的中间过渡特征和零件，打开如图 12.21 所示的模型树，即可看到这些过渡特征和零件。其中有参考模型（MFG0001 _ REF.PRT）、工件（WORK _ PIECE.PRT）、分型面（阴影曲面标识 496）、体积块（分割标识 1657 和分割标识 2135）。而我们真正需要的只有两件，上模（模具元件 MOLD ＿ VOL ＿ 1）（图 12.22)和下模（模具元件 MOLD ＿ VOL ＿ 2）（图 12.23)。以及为了开模演示的需要，要保留浇注件（ASHTRAY – MOLDING.PRT）（图 12.24)。由于 Pro/E 全相关的设计原理，上述的中间过渡特征和零件不能用删除的方式去除掉，而只能用遮蔽的方式从屏幕上去除掉。下面介绍遮蔽的具体步骤。

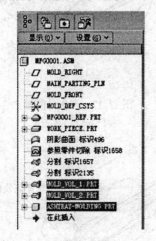

图 12.21　模型树

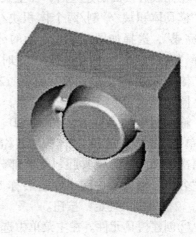

图 12.22　模具元件上模

图 12.23　模具元件下模

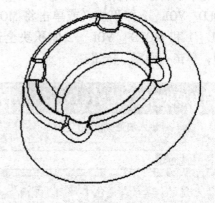

图 12.24　浇注件

（1）将参考模型及模具胚料在画面中隐藏

单击▣按钮，出现"遮蔽 – 撤销遮蔽"对话框，选取参考件 MFG0001 ＿ REF，按 Shift 键选取模具胚料 WORK ＿ PIECE，然后单击"遮蔽"按钮（图 12.25)。

（2）将分型面在画面中隐藏

在"过滤"选区单击"分型面"按钮后，选取分模面 PART ＿ SURF ＿ 1，单击"遮蔽"按钮，如图 12.26 所示。

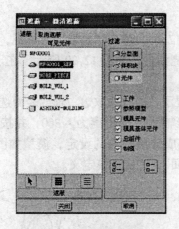

图 12.25　遮蔽元件　　　　　　　　　　12.26　遮蔽分型面

（3）将分割体积块在画面中隐藏

在"过滤"选区单击"体积块"按钮后，选取分割体积块 MOLD_VOL_1 和分割体积块 MOLD_VOL_2，单击"遮蔽"按钮。最后单击"关闭"按钮，参考模型、模具胚料、分型面、分割体积块在屏幕上被隐藏。

12.2.6　定义开模

定义开模的步骤如下：

1. 移动下模

①在下拉菜单中依次选择"模具进料孔/定义间距/定义移动"，弹出"选取"对话框，同时信息栏中提示"选取构件"，用鼠标在图形区选取下模，如图 12.27 所示，在"选取"对话框中单击"确定"按钮。

②再次弹出"选取"对话框，同时信息栏中提示："通过选取边、轴或表面选取分解方向"，用鼠标在图形区选取模型边缘，如图 12.27 所示。在信息区输入分模距离为 −600，并按下"✔"键。在"定义间距"菜单中单击"完成"，完成分模距离的设定，模型如图 12.28 所示。

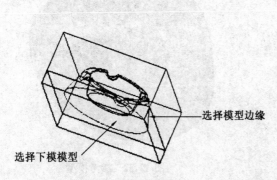

选择模型边缘

选择下模模型

图 12.27　显示分模方向

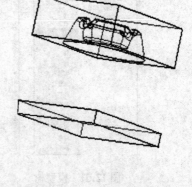

图 12.28　产生下模分模模型

2.移动浇注件

①在模具孔下拉菜单中单击"定义间距/定义位移",弹出"选取"对话框,同时信息栏中提示:"选取构件",用鼠标在图形区选取浇注件,如图 12.29 所示,在"选取"对话框中单击"确定"按钮。

②再次弹出"选取"对话框,同时信息栏中提示"通过选取边、轴或表面选取分解方向",用鼠标在图形区选取模型边缘。在信息区输入分模距离为 − 300,并按下"回车"键。在"定义间距"菜单中单击"完成",完成分模距离的设定,模型如图 12.30 所示。最后在"定义间距"菜单中单击"完成/返回",完成开模定义。

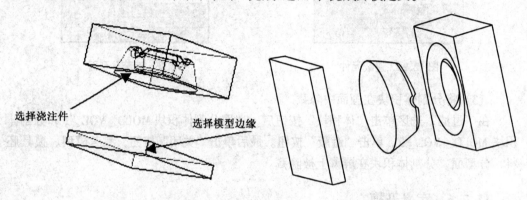

图 12.29 移动浇注件　　　　　　　　　　图 12.30 完成的模具

12.2.7 修改参考模型

修改参考模型,模具的上、下型腔及浇铸件也随之改变,具体步骤如下。

1.打开参考模型

在图 12.31 所示的模型树中右键单击 MFG0001＿REF.PRT 参考模型,在弹出菜单中单击"打开",打开的参考模型如图 12.32 所示。

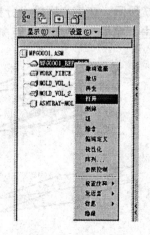

图 12.31 模型树

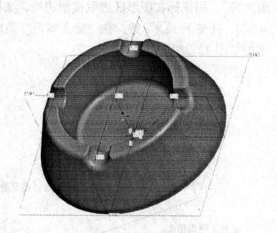

图 12.32 参考模型

2. 对参考模型增加抽壳特征

单击工具栏中的"壳工具"→厚度选用缺省值（缺省值为 0.23）→选择图 12.33 所示的底面为删除曲面→单击"建造特征"，完成后的参考模型如图 12.34 所示，成为一个薄壳零件。

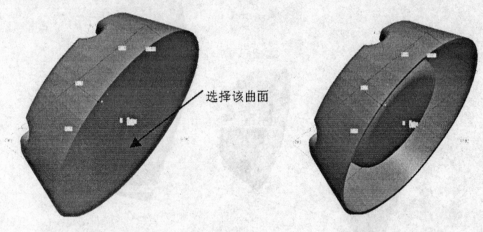

选择该曲面

图 12.33　选择删除曲面　　　　　　　图 12.34　薄壳零件

3. 保存修改后的参考模型

单击工具栏中的"保存活动对象"。

4. 打开 MFG 文件

单击菜单栏"窗口"→单击 MFG0001.MFG 文件→单击菜单栏"视图"→"分解"→"分解视图"如图 12.35 所示，与图 12.30 相比模型并没有什么变化。

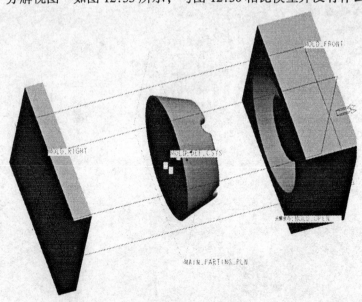

图 12.35　再生前模型

5.再生 MFG 模型

单击菜单栏"编辑"→"再生"如图 12.36 所示，下模腔和浇铸件都发生了明显变化。

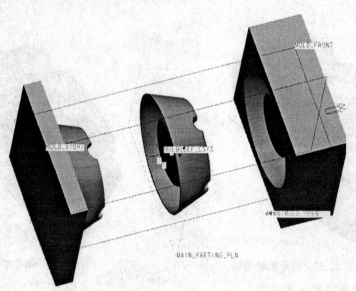

图 12.36　再生后模型